Seu cachorro e você

A história de uma conexão única

Seu cachorro e você

A história de uma conexão única

Alexandra Horowitz

Tradução
Isabela Sampaio

1ª edição

Rio de Janeiro | 2021

CIP-BRASIL. CATALOGAÇÃO NA PUBLICAÇÃO
SINDICATO NACIONAL DOS EDITORES DE LIVROS, RJ

H796s

Horowitz, Alexandra
　　Seu cachorro e você : a história de uma conexão única / Alexandra Horowitz ; tradução Isabela Sampaio. - 1. ed. - Rio de Janeiro : BestSeller, 2021.

　　Tradução de: Our dogs, ourselves : the story of a singular bond
　　ISBN 978-65-5712-120-7

　　1. Cães - Comportamento. 2. Relação humano-animal. I. Sampaio, Isabela. II. Título.

21-71844

CDD: 636.7
CDU: 636.76

Leandra Felix da Cruz Candido - Bibliotecária - CRB-7/6135

Texto revisado segundo o novo Acordo Ortográfico da Língua Portuguesa.

Título original:
Our Dogs, Ourselves: The Story of a Singular Bond

Copyright © 2019 Alexandra Horowitz
All rights reserved. Published by arrangement with the original publisher,
Scribner, a Division of Simon & Schuster, Inc.

Copyright da tradução © 2021 by Editora BestSeller Ltda.

Todos os direitos reservados. Proibida a reprodução,
no todo ou em parte, sem autorização prévia por escrito da editora,
sejam quais forem os meios empregados.

Direitos exclusivos de publicação em língua portuguesa para o Brasil
adquiridos pela
EDITORA BEST SELLER LTDA.
Rua Argentina, 171, parte, São Cristóvão
Rio de Janeiro, RJ – 20921-380
que se reserva a propriedade literária desta tradução

Impresso no Brasil

ISBN 978-65-5712-120-7

Seja um leitor preferencial Record.
Cadastre-se no site www.record.com.br e receba informações
sobre nossos lançamentos e nossas promoções.

Atendimento e venda direta ao leitor
sac@record.com.br ou (21) 2585-2002

*Para todos os cães do passado,
do presente e do futuro.*

Sumário

Aos leitores curiosos: felizmente, os cães surgem por toda parte neste livro — inclusive na abertura de cada capítulo e nas margens. Caso veja um deles na margem, siga-o (se assim quiser): o assunto em questão é discutido com mais detalhes no capítulo correspondente.

Unidos   9

O nome perfeito   17

Ser tutor de um cão   47

Coisas que as pessoas dizem a seus cães   87

O problema com as raças   111

O método científico realizado em casa ao observar cães em uma noite de quinta-feira   169

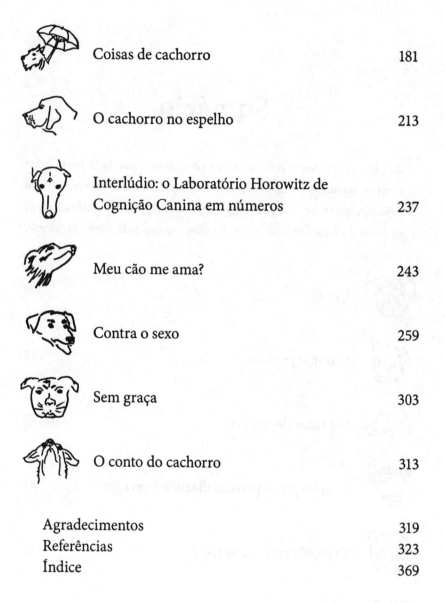

Coisas de cachorro   181

O cachorro no espelho   213

Interlúdio: o Laboratório Horowitz de
Cognição Canina em números   237

Meu cão me ama?   243

Contra o sexo   259

Sem graça   303

O conto do cachorro   313

Agradecimentos   319
Referências   323
Índice   369

Unidos

Quando um cachorro conquista seu coração, já era: não há como voltar atrás. Os cientistas, como sempre nada românticos, chamam isso de "relação cão-homem". O termo "relação" abarca não apenas os laços estreitos que são criados, como também a reciprocidade; não apenas a mutualidade, como também o afeto. Amamos os cães e (assim presumimos) eles nos amam. Cuidamos dos cães, mas eles também cuidam de nós.

Poderíamos chamá-la de relação homem-cão, mas nossas prioridades estariam erradas. O cão tem muito peso nessa expressão usada para sintetizar o relacionamento único e simbiótico entre nós e nossos bichinhos. Quase tudo que os cães fazem serve para fortalecer essa ligação: tanto cumprimentos efusivos quanto comportamentos irremediavelmente ruins. Os escritos de E. B.

White, que viveu com mais de uma dezena de cachorros ao longo da vida — muitos deles conhecidos por seus leitores da *New Yorker* —, exemplificam a humanidade que essa relação nos permite conceder aos cães. Quando os norte-americanos souberam que os soviéticos iriam enviar um cachorro ao espaço, White argumentou que sabia o motivo: "A pequenina Lua fica incompleta sem um cão uivando para ela."

Ou pode-se apenas presumir que, se vamos à Lua, gostaríamos de levar conosco nossos companheiros fiéis. Eles já estavam ao nosso lado milhares de anos antes de sonharmos em fazer uma viagem ao espaço — não somente antes dos foguetes, como também de todas as etapas tecnológicas de sua produção, da metalurgia à fabricação de motores. Antes de vivermos em cidades, antes de surgir qualquer elemento reconhecível de uma civilização contemporânea, já vivíamos na companhia dos cães.

Quando o homem primitivo tomou a decisão inconsciente de começar a domesticar os lobos ao seu redor, mudou os rumos do desenvolvimento da espécie. E, além disso, quando cada indivíduo decide criar, comprar ou adotar um cachorro, se inicia um relacionamento que o transformará. Nossa rotina muda: os cães precisam de passeios, de alimento, de cuidados. O curso de nossa vida se modifica: eles entram de fininho na nossa psique com sua presença constante ao nosso lado. A própria trajetória do *Homo sapiens* também se transformou.

A história entre cães e humanos levou até mesmo ao surgimento, no século XXI, de pessoas que pesquisam a cognição canina. É aí que eu entro: meu trabalho consiste em observar e estudar os cães. Nada de fazer carinho, nada de brincar, nada de ficar admirando. É sempre uma grande decepção quando aqueles que se candidatam para trabalhar comigo no Laboratório de Cognição Canina descobrem que não faz parte das atribuições ficar com os filhotinhos, nem mesmo tocá-los.* Na verdade, quando conduzimos experimentos comportamentais — para saber se os cachorros conseguem farejar uma pequena diferença no alimento ou se preferem um odor a outro —, todos precisam parecer, para os cachorros, completamente entediados, o que significa: nada de falar, fazer vozinha, chamar ou reagir a eles; nada de trocar olhares de adoração nem de fazer cócegas atrás da orelha. Às vezes, usamos óculos escuros na presença deles ou viramos de costas caso um cão nos procure por qualquer motivo. Em outras palavras: na sala de experimentos com cães, ficamos no meio do caminho entre agir feito árvores e ser imperdoavelmente rudes.

Não somos indiferentes; é bastante difícil ver o que está acontecendo sem fazer parte da ação. Como as ferramentas que os pesquisadores de comportamento animal usam — os olhos — são iguais às que usamos para outros propósitos, pode ser difícil ajustá-las para enxergar o comportamento à nossa frente, e não o que esperamos ver.

Dito isso, os seres humanos são observadores naturais dos animais. Em termos evolutivos, precisávamos ser assim. Para escapar dos predadores ou com a finalidade de caçar, nossos ancestrais hominídeos tinham de observar o que os animais faziam, perceber o surgimento de algo novo se movendo pela grama ou pelas árvores: isso os afetava diretamente. A capacidade de observação foi a diferença entre jantar e ser jantado. Assim, meu trabalho é o oposto do trabalho da evolução: não estou à procura do mais novo elemento de um cenário. Em vez disso, meu objetivo é olhar para

---

* E é *realmente* decepcionante: preciso de muito autocontrole para não agarrar um cachorro que vem ao meu encontro, mesmo que só precise me conter por pouco tempo.

aquilo que normalmente ignoramos — e com o qual estamos mais familiarizados — e enxergá-lo de uma nova maneira.

Estudo os cães porque me interesso por eles, e não apenas pelo que podem nos dizer sobre os seres humanos. Ainda assim, cada aspecto do ato de observar de perto o comportamento canino tem um componente humano. Olhamos para nossos cachorros — que nos olham de volta abanando o rabinho — e imaginamos os homens primitivos que encontraram seus primeiros protocães. Fazemos certas perguntas sobre a mente canina porque temos interesse em conhecer o funcionamento de nossa mente. Examinamos como os cães reagem a nós — de modo tão diferente das outras espécies. Nós nos perguntamos quais são os efeitos, salutares ou prejudiciais, de viver com cachorros em nossa sociedade. Olhamos nos olhos dos cães e desejamos saber quem eles enxergam quando nos encaram de volta. Tanto nosso estilo de vida com eles quanto nossa ciência canina refletem interesses humanos.

Ao pensar sobre os cães do ponto de vista científico, me tornei cada vez mais atenta à cultura do mundo canino. Os cães chegam até nosso laboratório com os donos e, embora na maioria das vezes observemos apenas o comportamento do membro quadrúpede da dupla, o relacionamento entre cão e guardião é o elefante no meio da sala. Como alguém que sempre conviveu com cachorros, faço parte da mesma cultura; mas passei a enxergá-la com mais nitidez a partir da perspectiva de alguém de fora, ao vestir meu jaleco de cientista. Nosso modo de iniciar um relacionamento, dar um nome, treinar, criar, tratar, conversar e ver os cães merece mais atenção. Em vez de ser uma ligação que os cães têm conosco, o que fazemos pode representar uma limitação que impomos a eles. Muito daquilo que aceitamos como a maneira de viver com os cães é estranho, surpreendente, revelador, até mesmo perturbador — e contraditório.

Na verdade, o lugar dos cães na sociedade é cheio de contradições. Temos consciência de seu animalismo (costumamos dar-lhes ossos e levá-los para fora de casa para fazer xixi), mas impomos uma falsa humanidade (vestindo-os com capas de chuva e comemorando o aniversário deles). Para manter a aparência de determinada raça, cortamos suas orelhas (para ficarem mais parecidos com canídeos selvagens), mas encurtamos o comprimento do rosto (para se parecerem mais com primatas). Falamos do gênero, mas regulamos sua vida sexual.

Os cachorros têm o status legal de propriedade,* mas damos a eles poder de decisão: eles desejam, escolhem, exigem, insistem. São objetos perante a lei, mas dividem conosco nosso lar — e, muitas vezes, nossos sofás e camas. São parte da família, mas também propriedade; são estimados, mas muitas vezes abandonados. Nomeamos um, enquanto sacrificamos milhões de outros anônimos.

Celebramos sua individualidade, mas os reproduzimos para serem iguais. Ao desenvolvermos raças fantásticas, destruímos a espécie: fizemos cães de focinho achatado que não conseguem respirar direito; cachorros de cabeça pequena com pouco espaço para o cérebro; animais gigantes que mal aguentam o próprio peso.

Eles se tornaram familiares, mas o processo ofuscou sua essência. Deixaram de ser vistos pelo que são. Conversamos com eles, mas não os ouvimos; olhamos para eles, mas não os enxergamos.

---

* É importante ressaltar para o leitor brasileiro que o Plenário do Senado aprovou, em 7 de agosto de 2019, o projeto de lei que cria o regime jurídico especial para os animais. Segundo texto do PLC 27/2018, os animais não podem mais ser considerados objetos.
(Fonte: https://www12.senado.leg.br/noticias/materias/2019/08/07/senado-aprova-projeto-que--inclui-direitos-dos-animais-na-legislacao-nacional). [N. da E.]

Essa situação deveria nos alarmar. Nós nos interessamos pelos cães *como cães*: como animais; como não humanos. Eles são os alegres e amigáveis embaixadores de um mundo animal do qual gradualmente nos distanciamos. À medida que nosso olhar se volta cada vez mais para as tecnologias, deixamos de simplesmente existir no mundo — um planeta povoado por animais. Bichos em sua propriedade, em sua cidade? Um *aborrecimento*. Animais que entram em casa sem serem convidados? *Pestes*. E aqueles que foram convidados? *Membros da família*, mas também *propriedade particular*. Parte daquilo que amamos em relação aos cães que ocupam uma posição importante no lar é que eles são diferentes do restante da família. Existe algo do Outro por trás daqueles olhos arregalados; alguém inexplicado, inexplicável; um lembrete do nosso lado animal. E, ainda assim, hoje parecemos fazer de tudo para eliminar a animalidade dos cachorros enquanto afastamos a raça humana do mundo natural — sem nunca largar nossos telefones, interagimos com nossos amigos através de telas (e não cara a cara), lemos visores (e não livros), conhecemos lugares através de monitores (não a pé).

Eu me pego refletindo sobre os animais com os quais vivemos — e como eles nos espelham. Caminho pela calçada com meu cachorro Finnegan e vejo uma imagem fragmentada de nós dois no mármore polido do prédio pelo qual passamos. Finn saltita com leveza, acompanhando perfeitamente meus passos largos. Somos parte da mesma sombra na pedra, juntos em movimento e espaço por muito mais do que a guia que supostamente nos mantém unidos. Somos cães-humanos. E a magia está no hífen entre nós.

A explicação de como esse hífen foi espremido entre as duas partes encontra-se nas inúmeras maneiras pelas quais os cães nos contam sobre nós mesmos, tanto na esfera pessoal quanto na social. Como pesquisadora de cães e pessoa que ama e vive com eles, meu objetivo é descobrir o que minha ciência tem a nos dizer a respeito dos cachorros, dos animais e de nós mesmos. E, para além da ciência, como as fraquezas humanas e as leis de nossa cultura revelam e restringem a relação cão-homem.

Como vivemos com os cães hoje? Como deveríamos viver com eles no futuro?

O nome perfeito

Enquanto aguardávamos sentados na sala da emergência veterinária, um jovem médico surgiu de jaleco, os olhos fixos na prancheta que tinha nas mãos. "Hum." Todos os presentes levantaram a cabeça, aguardando seu próximo passo. Ele fez uma pausa, intrigado com o papel diante de si. Depois de um instante, anunciou: "Repolhinho?"
Um jovem casal pegou no colo seu husky miniatura — que pouco se parecia com uma couve-de-bruxelas — e seguiu o veterinário pelo corredor.

Nosso cãozinho preto se chama Finnegan. Ah, e também Finnegan Begin Again [em referência ao filme estrelado por Mary Tyler Moore, de 1985], Sweetie [Docinho], Goofball [Boboca], Puppy [Bebezinho]. Já o chamei de Mr. Nose [Sr. Focinho], Mr. Wet Nose

[Sr. Focinho Molhado], Mr. Sniffy-Pants [Sr. Farejador-de-Calças], Mr. Licky [Sr. Lambe-Lambe]. Todos os dias, surge um novo nome: Mouse [Ratinho], Snuffle [Funga-Funga], Kiddo [Filhão] e Cutie-pie [Fofinho]. Além disso, ele é o Finn.

Nós, humanos, gostamos de dar nomes. Se uma criança olha e aponta, nomeamos aquilo para que ela apontou. "Cachorrinho!", ouço quase todos os dias quando pais e filhos passam por mim e meus cães na calçada. ("Garoto!", digo de vez em quando aos meus filhotes em resposta.)

Nenhum animal cria o nome próprio, somos nós que os damos a eles — e *amamos* fazer isso. O simples ato de localizar uma espécie recém-descoberta, que difere em pequenos detalhes de outra espécie próxima, já é motivo para batizá-la. Como é de costume, o descobridor de uma nova espécie ganha o direito de dar a ela um nome em latim: em geral, é uma ocasião que abre as portas para todo tipo de tolice. Assim, temos um besouro chamado *Anelipsistus americanus* ["americano indefeso"], uma espécie de água-viva chamada *Tamoya ohboya* [em referência à exclamação em inglês "Oh, boy!", que alguém pode soltar caso seja queimado por uma delas], uma aranha-de-alçapão conhecida como *Aname aragog* [em referência à aranha da saga *Harry Potter*] e um fungo *Spongiforma squarepantsii* [que lembra *SpongeBob SquarePants*, ou *Bob Esponja Calça Quadrada*]. Também podemos encontrar mal-entendidos e suas consequências nos nomes. O lêmure de Madagascar, que vive nas árvores e é conhecido como indri, recebeu esse nome graças ao francês que ouviu os malgaxes gritarem "Indry!" quando localizaram o animal: ele pensou que os nativos estavam anunciando seu nome, quando na verdade diziam "Veja só!" ou "Ali está ele!".* Do mesmo modo, o conhecido pássaro

---

* O nome em malgaxe é *babakoto*.

nativo das ilhas Canárias pode se ofender ao descobrir que o nome do arquipélago, segundo pensam, vem do latim clássico *canāria* — de ou relativo a cachorros.

Essas classificações e especificações têm seu mérito: o nome de uma espécie nos ajuda a enxergar os animais por trás dele; a notar suas diferenças; a levar sua vida em consideração. Mas, muitas vezes, paramos por aí, com o nome da espécie. Um pássaro nunca visto antes pousa no comedouro e nos perguntamos como essa espécie se chama, satisfeitos quando finalmente descobrimos seu nome: *sanhaçu-escarlate*. Em um safári, existem listas dos animais que podemos ver — os "Big Five", ou "Cinco Grandes". Encontre um elefante, um rinoceronte, um hipopótamo, uma girafa ou um leão e é como se eles tivessem sido capturados. Podemos dizer "Eu vi um elefante africano" para começar uma conversa por muitos e muitos anos. Podemos nos aprofundar além do nome e descobrir algumas informações básicas sobre a biologia do animal: quanto tempo vive, peso, tempo de gestação, alimentação. Mas os animais logo seguem adiante e, na maioria das vezes, nós também.

É muito comum que os nomes sejam usados como substitutos da compreensão: ver os animais sem nos preocuparmos em usar nada além dos olhos.

Ainda assim, sou uma entusiasta dos nomes. Não por profissão: a ciência desaprova a nomeação de animais. Quer dizer, não há problema em dar nomes para as *espécies*, apenas em batizar indivíduos. Minhas áreas de estudo — comportamento animal e ciência cognitiva — são interessantes nesse sentido, já que se baseiam em observar e fazer experimentos com animais. Em particular, o mais comum é que se estudem animais não como indivíduos, e sim como representantes, como embaixadores da própria espécie. Cada indivíduo representa todos os membros daquele grupo: cada macaco do gênero *Macaca* é visto como um exemplo cujo comportamento tem algo a nos dizer sobre todos os outros macacos.

Ter um nome individual seria um empecilho para esse esquema. Nomear é personalizar: se, entre os animais do gênero *Macaca*, cada um tivesse um nome, cada um seria *único*. No desenvolvimento do campo da etologia, porém, o que era visto como "efeitos problemáticos" — aqueles que surgem a partir das diferenças reais entre animais singulares ao estudar o comportamento da espécie — levou a uma mudança. Se antes um comportamento levemente incomum de um único animal — migração tardia; permanecer ao lado de um parente morto; capturar e não matar a presa — era visto como "ruído estatístico", o campo passou a reconhecer a importância de tais diferenças e começou a tentar rastrear os indivíduos. No entanto, não o fizeram por meio de nomes, mas de números e marcações — como, por exemplo, pôr uma coleira em um tigre, tatuar um macaco, tingir as penas de um pássaro, etiquetar uma foca, cortar dedos de sapos e rãs ou fazer um entalhe distintivo na orelha de um rato.* Jane Goodall, contrária à prática acadêmica aprovada, nomeou os chimpanzés que observava, e os nomes são fabulosos: David Barba Cinza, Fifi, Flint, Frodo, Golias, Paixão. Pode-se dizer que o campo da etologia não estava preparado desde o início para acolher uma mulher que estudava um chimpanzé chamado Fifi. Goodall afirmou que os nomeou

---

* Tais métodos, que em sua maioria ainda são utilizados, têm seus problemas: o animal de coleira, tatuado, tingido, etiquetado, cortado ou entalhado muitas vezes muda o comportamento por conta disso. Notou-se que a marcação atrapalha a alimentação, a proteção do território ou o comportamento migratório, e algumas mães rejeitam filhotes marcados. Os pesquisadores agora têm trabalhado para reduzir esses problemas, como os danos causados pelo estresse do manuseio, as consequências a curto prazo da anestesia e, a longo prazo, a energia despendida para carregar a marca (considerável, por exemplo, para um pássaro jovem), o que pode ser fatal.

por ingenuidade, pois não sabia que, em pesquisas acadêmicas, os animais — até mesmo os chimpanzés, cujo código genético é, em sua maioria, indistinguível do código dos humanos — não deveriam ter a personalidade que parece surgir a partir de um nome. "Eu não fazia ideia que teria sido mais apropriado, desde o primeiro encontro, atribuir a cada chimpanzé um número em vez de um nome", escreveu ela.

Desde a época do trabalho etológico de Goodall, os estudos passaram a aceitar como fato que os animais têm um caráter — e os pesquisadores chegaram até a estudar a personalidade de chimpanzés, porcos e gatos. Nomes individuais surgem aos montes, mas de maneira informal e discreta, não em publicações. Um exemplo pioneiro pode ser visto no início do século XX, com o psicólogo russo Ivan Pavlov, que estudou os cães por conta de seu "grande desenvolvimento intelectual" e da implícita "compreensão e obediência" da espécie, mesmo quando passam por experimentos ou vivissecções.* Pavlov deu ao seu cachorro de melhor desempenho o nome Druzhok — "Amiguinho" ou "Parceiro", em russo — e fez com ele, por três anos, experimentos que incluíram separar o esôfago de Druzhok do estômago e inserir um "saco isolado" para alimentos consumidos, com o intuito de examinar suas secreções ao avistar comida. Todas as cirurgias eram feitas sem anestesia, já que Pavlov acreditava que a substância mitigava o comportamento normal. Embora Pavlov tenha admitido que, em virtude da sensibilidade e da proximidade com os seres humanos, um cão é "quase um participante" do experimento feito nele mesmo, Druzhok, as-

---

* Ao contrário dos gatos, que ele julgava serem "animais impacientes, escandalosos e maliciosos". Eles são é espertos.

sim como os outros, adoeceu gravemente e morreu como resultado direto das cirurgias e demais procedimentos do psicólogo.

Os profissionais da psicologia devem muito às descobertas de Pavlov. Ninguém, no entanto, conhece Druzhok, que permaneceu anônimo aos olhos do público. O animal não foi nomeado nem reconhecido no livro *Conditioned Reflexes* [Reflexos condicionados, em tradução livre], lançado em 1927, que relata muitas das descobertas experimentais de Pavlov. Os leitores encontram menções a "animal", "cachorro", "este cachorro", "cachorro agitado", "cachorros números 1, 2 e 3", e até mesmo "nossos cachorros". Mas nada de Amiguinho.

Nos laboratórios de neurociência contemporâneos que estudam primatas, os animais também ganham nomes, mas reservadamente. Muitas vezes, como revelou a antropóloga Lesley Sharp, os macacos de um estudo são nomeados com esmero e afeto — em homenagem a princesas da Disney ou a deuses gregos. Alguns nomes são metade inspiradores, metade irônicos — como os primatas de um laboratório que foram batizados em homenagem a cientistas vencedores do prêmio Nobel. Também é costume usar nomes de animais de estimação: "Spartacus" também pode ser "o macaquinho de Jaime" ou, caso ele goste de morder dedos, "Rat Fink" [em referência ao personagem criado por Ed Roth]. Embora geralmente seja um bioengenheiro ou um supervisor com pós-doutorado que nomeie os indivíduos, até mesmo o chefe de um laboratório, o pesquisador responsável, usará o nome — dentro do laboratório. "Não é permitido usar o nome de um macaco em público ou em publicações", diz Sharp, salientando que, mesmo assim, não é incomum ver laboratórios prestando homenagens — como placas ou jardins memoriais — aos animais que foram explorados até a morte.

"Mas e os cães?", já ouço você me perguntar. Existem inúmeros cães utilizados em estudos neurocientíficos, psicológicos e médicos que passam a vida em laboratórios. Eles podem até ter nomes para os funcionários do local, mas nas publicações são identificados apenas por sexo, idade ou raça (em geral, "beagle"). Mas no meu laboratório as coisas não são assim. Meu Laboratório de Cognição Canina estuda um assunto que nem de longe fazia parte das pesquisas de Pavlov, mas requer a mesma medida de disposição e complacência das quais ele necessitava. Não fico com os cães: meus objetos de estudo vivem com tutores e só me encontram para fins experimentais. Todos eles têm guardiões e nomes. Nos estudos que realizamos em laboratório — que às vezes se dão em creches para cachorros ou em centros de treinamento de cães após o expediente, na casa do dono ou em um parque local —, chamamos os animais pelo nome. Certamente é possível concluir que eles também compreendem o próprio nome. Aos seis meses de vida, os bebês humanos são capazes de reconhecer os sons da fala bem o suficiente para que comecem a destacar o próprio nome das outras palavras proferidas ao redor. Eles ainda estão na fase pré-verbal e, em termos cognitivos, em nível tão avançado quanto a maioria dos cães. Para os cachorros, um nome, quando repetido diversas vezes ao longo de dias e semanas, torna-se o som que faz com que eles saibam quando falamos com eles. Eles sabem.

Em muitas publicações sobre cognição canina, os nomes dos cães são citados. É o único tipo de pesquisa com animais de que já ouvi falar em que isso acontece regularmente.* Na verdade,

---

* Hoje sabemos que animais com nome podem ter um desempenho melhor do que aqueles sem nome: em um estudo, fazendas nas quais as vacas têm nome produziram 258 litros de leite a mais por período de lactação do que fazendas onde as vacas não são nomeadas — presume-se que seja por conta do efeito positivo de serem tratadas com respeito.

alguns críticos — outros cientistas que leem de forma anônima um artigo apresentado para um periódico e recomendam que seja aceito, revisto ou rejeitado — pedem que sejam acrescentados os nomes quando não constam do texto. E é assim que sabemos que em Viena, na Áustria, os participantes de um estudo sobre a capacidade dos cães de seguirem o dono que aponta para a comida se chamavam Akira, Arquimedes, Nanook e Schnackerl. Max, Missy, Luca e Lily também estavam lá, além de French, Cash e Sky. Na Alemanha, pesquisadores pediram que Alischa, Arco e Aslan completassem uma tarefa que levava em conta a perspectiva visual do cão, testando sua habilidade de roubar alimento proibido quando uma barreira impede que uma pessoa os veja. Lotte, Lucy, Luna e Lupo completaram o teste. Na Inglaterra, foram Ashka, Arffer, Iggy e Ozzie, Pippa, Poppy, Whilma e Zippy.

Em 2013, nosso laboratório em Nova York recrutou participantes para a importante missão de farejar e descobrir qual dos dois pratos cobertos continha a maior quantidade de cachorro-quente. Não quero contar quem passou no teste, mas só digo o seguinte: chegamos perto de conseguir completar o alfabeto de farejadores de cachorro-quente prontos para se tornarem profissionais: A.J., Biffy, Charlie, Daisy, Ella, Frankie, Gus, Horatio, Jack (e Jackson), Lucy (três delas), Merlot, Olive (além de dois Oliver e uma Olivia), Pebbles, Rex, Shane, Teddy (além de um Theo e um Theodore), Wyatt, Xero e Zoey.* Naquele mesmo ano, é preciso informar, três dos nomes de cachorros (Madison, Mia e Olivia) figuravam entre os nomes de bebês (humanos) mais populares da metrópole.

---

* E Allie, Amber, Anouk, Asia, Bailey, Batman, Clyde, Dakota, Dipper, Duffy, Ellis, Fern, Fina, Frankie, Grayson, Harris, Hennrey, Henry, Hudson, Jake, outro Jake, Joey, Leila, Madison, Maebe, Maggie, Marlow, duas Mias, Mojo, Monty, Mugsy, Porter, Rex, River, Sadie Alexandra, Scooter, Shakey, Shelby, Stitch Casbar, Walter, Webster, Wilbur e Wilson: não me esqueci de vocês.

O NOME PERFEITO

É óbvio que todos os cachorros têm nomes. "Sem um nome, eles não são indivíduos", disse um dos meus colegas acadêmicos. Por outro lado, cães que não são de estimação, mantidos para outros fins, não podem ser chamados por nome algum. Os galgos corredores têm nomes formais e sofisticados na programação, mas que raramente são usados; nas corridas, eles não passam de um número no flanco, já que têm focinheiras presas no rosto. Poucos cães em nossa sociedade serão chamados de "Cão"; "Senhor Cão", talvez. "Cão" é o nome da espécie; dar um nome àquele que você convidou para o próprio lar significa personalizar o animal. E uma das primeiras coisas que fazemos — um dos primeiros passos após a chegada de um novo membro à família — é nomeá-lo.

* * *

Assim como levar um bebê para casa, um cachorro novo — seja um filhotinho frágil e serelepe, seja um adulto de olhos arregalados que já teve outro lar — exige que você adote novos hábitos.

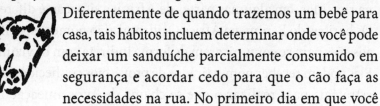

Diferentemente de quando trazemos um bebê para casa, tais hábitos incluem determinar onde você pode deixar um sanduíche parcialmente consumido em segurança e acordar cedo para que o cão faça as necessidades na rua. No primeiro dia em que você sair com o filhote, descobrirá que acrescentou não apenas um novo membro à família, como também ganhou um estranho dispositivo de atração pessoal. Levar um filhotinho para passear é o equivalente social a desfilar com uma bandeja de brownies quentinhos e uma placa com os dizeres "Por favor, me ajude, eu fiz deliciosos brownies além da conta" em volta do pescoço: você não está mais sozinho na calçada. A pessoa que passeia com um cachorro é acessível, suscetível à interação e, pesquisas sugerem, considerada mais atraente do que alguém que não está acompanhado de um cão. Muitas amizades (humanas) nascem a partir de uma interação com o cachorro na guia do tutor — esteja ou não o interlocutor acompanhado de um companheiro de quatro patas.

"Como ela se chama?" é a pergunta mais comum que os guardiões de cães costumam ouvir, juntamente com "Quantos anos ela tem?" e "Qual é a raça dela?". Nessas interações casuais, nenhuma resposta chegará ao cerne de algo realmente importante sobre o cão. Mas o nome de fato parece ser um indicador de alguma coisa. Ele nos diz muito sobre quem o escolheu, com certeza. E, caso eu queira colaborar, pode servir de gancho para darmos continuidade a uma conversa mediada pelo cachorro: "O nome completo dele é Finnegan Begin Again III…"

Mas é raro, ao menos nos Estados Unidos, que o nome de um cachorro tenha relação com o que eu acho de um estranho que vi na rua. Mas, em algumas partes de África, a situação é diferente. Os baribas do Benim, na África Ocidental, dão nomes específicos aos cães para se comunicarem de forma indireta com os vizinhos. Eles podem receber nomes tirados de provérbios conhecidos como estratégia para realizar o que se chama de "atos ameaçadores" contra outro membro da comunidade. Entre os baribas é vergonhoso confrontar alguém cara a cara, mas não é incomum haver desentendimentos por conta do comportamento alheio. Caso o dono de um cachorro pense que o vizinho lhe deve pagamento por um serviço, ele pode dar ao filhotinho um nome que represente o início de um provérbio cujo significado é "Quando a bondade é tardia, o idiota esquece". Então, quando o vizinho devedor se aproxima, "o dono pode localizar o sujeito para quem o nome é direcionado e chamar o cão de propósito no momento exato" — conseguindo, assim, comunicar sua insatisfação e repreender o vizinho, sem jamais ter que olhar para ele ou dirigir-lhe a palavra. Um cachorro de nome "Ya duura", chamado astutamente quando o vizinho entra no campo de visão, avisa que o outro receberá "o que plantou". Em ambos os casos, evita-se qualquer tipo de confronto aberto; mas a pessoa que leva a chamada — graças ao cachorro — é acusada em público, e precisa enfrentar seja lá qual for o erro repreensível que tenha cometido. Às vezes, o destinatário do recado implícito no nome do filhote pode ele mesmo conseguir um novo cachorrinho e nomeá-lo com uma resposta. É de se imaginar que muitos cãezinhos são acolhidos e nomeados para uma briga particularmente intensa.

A estratégia dos nomes proverbiais é um segredo público, tanto é que se os "anciãos da aldeia local, sentados sob o baobá", descobrem que um novo filhote ganhou nome, "isso será pauta de suas conversas". Entre outros povos africanos, nomes de cachorro são usados especificamente para que um indivíduo de status inferior consiga enfrentar um superior — algo que não podem fazer de modo direto. Ao contrário dos encontros nas ruas de Manhattan, usa-se o cão para que as pessoas não tenham que falar umas com as outras.

Começo a imaginar os nomes proverbiais que poderia aplicar em meus encontros rotineiros com alguns dos 1,6 milhão de habitantes de Manhattan, essa pequena ilha onde vivo. Hoje mesmo aquele velho provérbio, "O elevador não é de seu uso pessoal e exclusivo", teria sido útil, caso meu cachorro tivesse esse nome, e não "Upton". Noite passada, um cão chamado "Aquele que escuta música em volume máximo após a meia-noite deverá em volume máximo ser acordado pelos vizinhos na manhã seguinte" teria evitado a vingança orquestrada por Rachmaninoff ao amanhecer.

* * *

Se popularidade for um critério de recomendação, você definitivamente deveria chamar seu cachorro de Max ou Bella, já que têm sido os nomes mais escolhidos na minha região ao longo dos anos. Caso deseje se aprofundar, há muitos outros conselhos. Praticamente desde o início de meus estudos com cães, as pessoas me pedem dicas de nomes. É um assunto sobre o qual alguns gostariam de ter certeza: deve haver um nome que fará o cão ser perfeito — perfeitamente fofo, educado e obediente. Qual nome dar ao seu cachorro, na verdade, não é um assunto que compete à *ciência* em si — e espero que jamais seja. O nome das espécies é científico; o nome do seu cachorro deveria ser assunto seu (talvez com uma ajudinha do próprio animal). Isso não significa que os especialistas em cães não tenham refletido sobre a questão. O nome deve ser curto, sugere um veterinário. Outros exaltam nomes não humanos. Deve ser diferente de outras palavras que poderão ter significado para o cachorro, como *sit* [senta] e *walk* [passeio ou passear] — é raro encontrar um cão chamado Mitt ou Smitt, Chalk ou Squawk. Deve terminar com "o". Terminar com "a". Com certeza, certeza absoluta, deve terminar com "e" ou "y". Até eu acabo botando para fora um pouco da minha sabedoria profissional ostensiva: faço as pessoas se lembrarem de que é melhor escolherem um nome que gostarão de repetir muitas e muitas vezes.

Essas instruções são perfeitamente sensatas e razoáveis, mas desnecessárias ao extremo. Ainda assim, já se costumava dar tais conselhos sem pestanejar pelo menos desde os tempos de Xenofonte, no ano 400 a.C., que recomendava "nomes curtos" que caberiam em um grito. O fato de ele julgar que nomes como Spigot

[Torneira], Bubbler [Bebedouro] e Audacious [Audacioso] fossem aceitáveis já diz o bastante sobre suas recomendações.* Gostaria de ter conhecido os cachorros da época chamados Topsy-Turvy [Às Avessas], Much Ado [Muito Barulho] e Gladsome [Jubiloso]. Alexandre, o Grande, batizou seu cão de Peritas (Janeiro, em macedônio) e deu a uma das cidades conquistadas o mesmo nome do estimado bichinho. Em Ovídio, temos os nomes dos cães de Acteon (que, como reza a lenda, o atacaram e despedaçaram), incluindo Aello (Turbilhão), Arcas (Urso) e Laelaps (Tempestade). As coleiras dos cachorros nas representações de funerais medievais exibiam nomes como Jakke, Bo, Parceval e Dyamant. Chaucer nos apresentou a Colle, Talbot e Gerland em *Conto do padre que acompanhava a freira*. Os nomes recomendados para cães de caça na Idade Média incluíam Nosewise, Smylfeste e, ironicamente, Nameles [semelhante a *nameless*, que em inglês significa "sem nome"].

Nos anos 1870, a questão dos nomes caninos estava tão em alta que um artigo de opinião podia ser quase satírico a respeito do assunto, proclamando que o nome de um cachorro "de certo modo deveria conter implicitamente todos os elementos para uma conversa [com o cachorro] sobre sua personalidade". Ou seja, um vira-lata peludo de nome Frantic Scrabbler [Cavador Frenético] pode ser chamado tanto de Frantic [Frenético] quanto de Scrabbler [Cavador] ou de F. Scrabbler, permitindo diferentes tipos de assunto. Os jornais esportivos publicavam uma seção de "nomes reservados": listas de nomes caninos e sua procedência. Em 19 de agosto de 1876, um homem chamado Carl reservou

---

* Em grego, *Styrax*, *Bryas* e *Hybris* — que também já foram traduzidos como "Espeto", "Vivaz" e "Rebelião".

"o nome Rock para meu setter inglês, filho da cadela Dimple e do cão Belton, de J. W. Knox". Dudley, Rattler e Beauty também foram reservados naquele dia. Em 1888, um criador de foxhounds americanos deu instruções detalhadas para nomear os cães: os nomes deveriam sempre conter duas ou três sílabas, "acentuados na primeira sílaba".* Além disso, deveriam ser "melódicos e sonoros, pronunciados com naturalidade quando proferidos no mais alto tom de voz".

Hoje, apenas o American Kennel Club, organização que faz o registro genealógico de cães com pedigree, propõe — e impõe — regras sérias para a escolha de nomes. Caso queira registrar seu cão de raça pura, o AKC tem algumas informações para você. Não é permitido chamá-lo de Champion ou Champ [Campeão], Dam [Mãe] ou Sire [Pai]; nada de Sr. Dachshund, Madame Whippet ou qualquer nome de raça. Seu nome não pode exceder o limite de 36 caracteres com espaço: exatamente o comprimento de *Frantic Scrabbler o' American Kennel* [Cavador Frenético do American Kennel], com a ressalva de que apóstrofes e nomes com *kennel* [canil] são proibidos. (Você pode pagar US$ 10 a mais para escrever "of the" por extenso.) Nada de números romanos, nada de obscenidades, nada de tremas. E, caso outros 37 cães, em toda a história da nomeação canina, tenham recebido o futuro nome de seu bichinho, você deu azar.

Ainda assim, os cães receberam um número considerável de nomes incomuns ao longo dos anos. Ao folhear um livro de registros genealógicos — a listagem completa dos cães registrados — de

---

* No inglês estadunidense, como seu ouvido já deve saber por intuição, a maioria das palavras dissílabas e trissílabas tem ênfase na primeira sílaba, logo, isso não chega a ser uma exigência. Os nomes maiores, por sua vez, raramente enfatizam a primeira sílaba, pois as regras fonológicas proíbem que uma palavra termine com três sílabas átonas seguidas.

1922, encontrei a seção dos pequineses. Naquela época, chamar seu cão de "Chee Kee", "Chinky of Foo", "Chumy chum", "Clang clang", "Lao tse" ou "Yum-yum" (hoje considerados termos e expressões altamente ofensivos por comunidades asiáticas) parecia perfeitamente aceitável. Esse período indiferente à sensibilidade alheia marcou, no entanto, um momento distinto na história dos nomes — eles mudam de características, mas são, em sua maioria, funcionais, descritivos e bem-intencionados. Um livro de 1706 sobre cães de caça inclui nomes como Bonny [Formoso], Caesar, Darling [Querido], Fuddle [Confuso] e Gallant [Galante]. George Washington tinha uma dálmata chamada Madame Moose [Madame Alce], um terra-nova de nome Gunner [Artilheiro] e os spaniels Pilot [Piloto], Tipsy [Alto] e Old Harry [Velho Harry] para caçar; os cães de guarda se chamavam Chole, Pompey e Frish. No século XIX, foram registrados foxhounds chamados Captain [Capitão], Tickler [Cócegas], Knowledge [Conhecimento] e Light [Luz]; havia também um Chase [Caça], vários Rifles e até mesmo um Fox [Raposa]. Mais ou menos na mesma época, Mark Twain era o tutor de I Know [Eu sei], You Know [Você Sabe] e Don't Know [Não Sei]. Os cães favoritos de Sir Walter Scott e Lord Byron chamavam-se Maida e Boatswain [Contramestre], respectivamente. As revistas infantis do século XIX nos dão uma ideia dos nomes escolhidos na época, com cartas e histórias sobre cachorros chamados Bess e Blinky [do verbo "blink", ou "piscar"]; Jack, Jumbo e Joe; Towser, Spry [Alerta] e Sport [Esporte]. O *Louisville Courier-Journal* de 1875 lista Jack, Jip, Carlo, Fido, Major [Grande ou a patente] e Rover [Andarilho] como alguns dos nomes mais populares entre os cães localmente licenciados — com pelo menos um Bunkum [Conversa-Fiada], um Squiz [Olhadela] e um Duque de Kent representados; o *Chicago Times-Herald* de 1896 encontrou um

Peter Kelley, um Rum Punch [Ponche de Rum] e um Billy Sykes vivendo no South Side. Entre os setters ingleses com pedigree listados em 1874, época da primeira exposição canina de Chicago, havia um Adonis, um Afton, um Arron, dois Bangs, um Baron Peg e um Gooenough [grafia incompleta de *Good Enough*, ou "Bom Demais"]. Os animais de estimação também recebiam apelidos humanos e, de vez em quando, até mesmo o sobrenome dos donos.

Enquanto essas fontes nos oferecem apenas um rápido olhar sobre os nomes caninos, o Hartsdale Pet Cemetery, a 35 minutos de Nova York, funciona como um verdadeiro monumento de mais de 20 mil metros quadrados em homenagem a eles. O projeto teve início em 1896 como um cemitério para cães, quando uma amiga do proprietário das terras estava à procura de um local para enterrar seu querido cachorro falecido.* Hoje em dia, abriga túmulos de todos os tipos de animal de estimação, inclusive galinhas, macacos e um leão — bem como centenas de donos que pedem para ser cremados e ter suas cinzas enterradas ao lado da sepultura do animal. O local lembra uma versão reduzida de um cemitério humano: portões de ferro ornamentados se abrem para campos com lápides de todos os tamanhos e em níveis variados de extravagância, algumas decoradas com uma simples pedra, outras com arranjos de flores; a diferença é que os lotes são menores. E as dezenas de milhares de lápides são esculpidas: de acordo com antropólogos como Stanley Brandes, da Universidade da Califórnia, em Berkeley — que estudou o cemitério —, isso é uma excelente evidência da mudança de status dos animais de estimação em casa. Ao longo do tempo, como relata ele, cada vez mais epitáfios

---

* Embora seu pedido tenha inspirado o proprietário das terras a criar o cemitério para outros donos enlutados e seus cãezinhos falecidos, o nome da mulher e do cão, bem como a lápide do animal, se perderam.

têm feito alusão ao lugar do falecido animal na família, inclusive com sobrenomes dos donos e referências a estes como "mamãe" e "papai". Até mesmo a identidade religiosa é estendida aos animais, que "partiram para o descanso eterno", estão "aos cuidados de Deus" ou têm estrelas de Davi decorando o túmulo.

As lápides mais antigas às vezes não têm nome algum ou apenas uma menção ao "meu animal de estimação". No entanto, não tardou para que homenagens a cães chamados Brownie, Bunty, Boogles, Rags, Rex, Punch e Pippy surgissem. Com exceção de um animal de espécie desconhecida chamado "Robert Burns", a maioria dos nomes até os anos 1930 não era de humanos. Tampouco tinham gênero definido: Teko e Snap podiam se referir tanto a um macho quanto a uma fêmea; talvez não tivesse tanta importância para os donos. Após a Segunda Guerra Mundial, porém, mais e mais nomes humanos começaram a surgir. Claro, existem Champ [Campeão], Clover [Trevo], Freckles [Sardinhas], Happy [Feliz] e Spaghetti. Mas há também Daniel, Samantha, Rebecca, Oliver e Jacob: nomes de gente, com gênero claramente definido.

Quarenta anos depois, em 1985, o colunista do *New York Times* William Safire pediu que os leitores de sua coluna *On Language* [Sobre a linguagem, em tradução livre] lhe enviassem os nomes de seus cachorros e a história por trás da escolha. Ao longo de vários meses, Safire recebeu 410 cartas, algumas com apenas um nome, outras com muitas dezenas, de leitores que decidiram por conta própria consultar os vizinhos. O resultado foi um retrato instantâneo do perfil dos donos de cães norte-americanos em meados dos anos 1980. Naquele ano, Max e Belle foram os vencedores (Bella surgiu depois, ao que parece), junto com Ginger, Walter e Sam. Além de nomes de gente, Safire enumera como resultados comuns personagens de desenhos animados, nomes de comida, cores de pelagem, nomes no diminutivo (como um grande cão chamado Binky) e cães instintivamente batizados em homenagem à profissão dos donos (Topspin, como um efeito de bola curva arremessada, sempre atrás de bolas de tênis; Shyster [Charlatão], devido à longa e sofrida carreira de seu dono advogado; e Woofer [que se refere tanto a "alto-falante" quanto a "woof", a onomatopeia do latido em inglês], cão de um engenheiro de som).

Hoje, depois de mais de três décadas, será que a escolha de nomes caninos mudou? Fiquei curiosa para descobrir. Embora eu goste de verdade de cartas escritas a mão, suspeitei que houvesse maneiras mais fáceis de conseguir essa informação.

Comecei a perguntar para os cães. Ou, melhor dizendo, para as pessoas que têm cães. Bastava sair do meu apartamento em Nova York para encontrar uma ampla variedade de quadrúpedes domésticos e seus humanos. Graças à convenção social de que passear com um cachorro é uma porta aberta para que outras pessoas puxem assunto com você — a respeito do bichinho —, dei início a uma pesquisa informal.

Em pouco tempo, dei um passo além. Certa tarde de verão, em uma exposição de arte para cães em Nova York — para a qual eles foram convidados —, convoquei meu filho para que, munido de papel e caneta, reunisse os nomes dos cachorros com seus donos. Os exemplos que ele conseguiu, incluindo Nashville e Tosh, talvez tenham sido representativos até demais dos cães que frequentam exposições de arte, mas nossa lista ia crescendo. De volta ao escritório, enviei um e-mail aos donos que haviam oferecido seus cães para participar de estudos em meu Laboratório de Cognição Canina no qual perguntava o seguinte: "Como seu cachorro ganhou este nome?" Recebi uma enxurrada de nomes.

E então tirei a sorte grande: o Twitter. Ou melhor, o Twitter canino. Fiz um tuíte que questionava o nome e a explicação por trás do nome dos cachorros dos usuários e, tal qual um passarinho, ele pegou impulso na brisa. Keith Olbermann, comentarista político com um milhão de seguidores e apaixonado por cães, retuitou minha pergunta. Doze horas depois, eu já havia recebido *duas mil* respostas. Em poucos dias, parei de atualizar a planilha depois de passar das oito mil entradas.

Caso um dia você se encontre desanimado ou desesperado, a lista final de nomes e histórias de origem que reuni precisa estar no topo de sua lista de leituras. A espontaneidade com a qual as pessoas responderam ao meu questionamento foi o primeiro indicativo do que eu poderia encontrar: a mais pura e sincera boa vontade das pessoas dispostas a compartilhar informações sobre seus cachorros. *Deixe-me contar sobre meu cachorro.* E raras são as histórias que não sejam engraçadas, adoráveis, bobas ou comoventes. A junção de todas elas reflete apenas as boas qualidades que admiramos em nossos cães: devoção, alegria e uma afeição inabalável. Parece que desde o momento em que levamos um cachorro para dentro de casa, despejamos sobre ele tudo aquilo que ele despeja sobre nós; começamos a tratá-lo como igual desde o início. Os cães abanam o rabo, lambem, requebram e nos olham; nós retribuímos com igual admiração o olhar (não o abano de rabo e o requebrado). Mas nos nomes às vezes encontramos essa agitação, essa alegria, esse carinho. Não se pode inventar o nome "Stella Poopers" [que vem de "poop", ou "cocô"] sem uma boa dose de afeição misturada com bom humor.

O fato de muitos dos nomes caninos serem espirituosos não enfraquece o impacto emocional da leitura dessa lista: muitas histórias de como as pessoas chegaram ao nome de seus cães são realmente comoventes. O peso de cada narrativa vem de suas individualidades.

Então, foi assim que enxerguei uma verdade surpreendente: nos Estados Unidos, escolhe-se o nome de um cachorro com o mesmo cuidado, talvez até mais, com que se decide o nome de um bebê humano. Eu tenho, é óbvio, uma história sobre como escolhi o nome do meu filho. Uma gravidez dura nove meses, devo presumir, para que os pais tenham tempo de ler todos os livros com nomes de bebês, discutir acaloradamente sobre o nome inaceitável que o parceiro sugeriu e experimentar uma dezena de nomes diferentes. No fim das contas, a escolha final combina com o recém-nascido. Existe uma história, mas ela não é boba. É dada a devida seriedade ao processo, que corresponde à aparência de um ser humano que surge por entre as pernas de uma mulher.

Com os cães, por outro lado, pode haver discussões, e até mesmo (como eu já soube) também pode ocorrer a parte da leitura de livros com nomes de bebês, mas o resultado final talvez venha a ser Sr. Picles — e todos ficam mais do que satisfeitos com a decisão. O nome do seu cachorro reflete, com muita frequência, algo sobre você e sua família — alguma coisa que vocês compartilham e acham adorável. O processo de escolha do nome em si faz parte da história que você e seu cão estão criando juntos. Muitas delas são cheias de episódios comoventes e a escolha final é repleta de significados. Eis um exemplo de história não atípica, de um cachorro chamado Rufus Marvel:

Rufus porque nós o encontramos no dia do aniversário de Rufus Thomas.

Rufus Thomas escreveu e cantou "Do The Funky Chicken". O último cachorro que tive antes do Rufus se chamava Chicken. Marvel porque é o nome do filho de Rufus Thomas.

E a história de um filhotinho chamado Cash (um dos quatro Cash da lista):

> *Ele é quase todo preto... e não gosta de 99% das pessoas, então escolhi o nome "Cash" em homenagem ao Johnny Cash (e seu guarda-roupa todo preto)! Parecia apropriado por causa da cor e também por minha primeira cachorrinha ter se chamado "Rose", em homenagem à música "Give My Love to Rose" (do Johnny Cash).*

As histórias da origem de Rufus Marvel e de Cash refletem algumas das explicações recorrentes de como as pessoas chegaram ao nome do cachorro. Muitos deles são homenagens a famosos (Jimmy Carter, Harper Lee, Mark Rothko e Tina Fey, considerem-se honrados). Os sucessos esportivos de uma pessoa ("Trick", em referência ao triplete — ou "hat trick" — de um jogador de hóquei), letras de música (como "Lola", dos Kinks) e personagens de livros ("Paddington"; tanto "Watson" quanto "Sherlock") também podem virar nomes caninos. A personalidade — Sassy [Atrevida], Moxie [Corajosa], Hammy [Canastrão, Exagerado] e Pepper [Pimenta; "ela é uma garota quente"] — também está por trás de muitos nomes; e a cor da pelagem, responsável pelos inúmeros "Blackie" [Pretinho ou Pretinha] ao longo do tempo, também explica uma boa quantidade de nomes. A tentativa de ligar um cão do passado ao atual também representa um punhado de escolhas. Não é incomum que se encontre como explicação para um nome — como Franklin, por exemplo —, uma tentativa de mesclar nomes de cães do passado com os do presente — Faraday e Edison. Alguns cães de fato recebem, sem rodeios, o nome de um cachorro do passado — geralmente um cãozinho muito amado, ou o primeiro cãozinho, ou o amado primeiro cãozinho. Mas esse tipo de homenagem não se restringe aos canídeos. E, assim, temos uma nítida mudança em relação à amostragem de Safire em 1985. O nome de muitos cães é escolhido como forma expressa de prestar homenagem a uma pessoa: seja um amigo ou, muitas vezes, um parente, que já se foi.* As avós estão bem representadas.

Escolher o nome do cachorro e, em especial, dar ao cão o nome de um parente é tratá-lo abertamente como parte da família. Tome como exemplo uma Ph.D. em literatura casada com um homem cujo sobrenome é Hyde: ela resolveu chamar o cão de Jekyll, então a *família* passou a ser ela, a Doutora, Jekyll e Mr. Hyde. Ou a mãe de Julian e Juan, cujo cão se chama Júpiter, para combinar. Muitos cachorros "pegam" — ou *recebem* — o sobrenome de seu humano, e a escolha do nome segue alguns dos mesmos códigos usados para homenagear pessoas próximas, como acontece na nomeação de bebês.

A tendência de dar nomes humanos aos cães deixou de ser tendência: tornou-se o *caminho*.** Na listagem de quase oito mil nomes, muitos deles de fato não são de humanos — Addendum [Adendo], Fizzing Whizbee [Delícia Gasosa], Honey Bee [Abelha], Oreo, Razzmatazz [Uma casa noturna de Barcelona], Sprocket [Uma impressora portátil], Toblerone. (Eu deveria dizer "ainda não são de humanos": nunca se sabe.) Mas apenas uma pessoa manifestou-se contra a ideia de dar um nome de gente ao próprio cachorro — embora, na verdade, Daisy [Margarida] seja um nome

---

* Os tlingit, um povo do Alasca, nos precedeu nessa forma de prestar homenagem. Como Bob Fagen descreveu para mim: "Se uma pessoa não tem um filho a quem conceder um estimado nome pessoal, é permitido que não raro se conceda tal nome a um cão."

** ...nos Estados Unidos. Mas nem todas as culturas seguem o mesmo modelo. Em Taiwan, por modelo, poucos cães ganham um nome em mandarim. Em uma pesquisa, o tipo de nome mais comum era uma reduplicação, como *mao mao* (peludo) e *qian qian* (dinheiro). O que se compartilha é a natureza afetuosa dos nomes escolhidos.

humano. Mais comum foi o sentimento do dono de Donald. "Eu amo nome de gente para cachorros... O NOME DELE NÃO TEM NADA A VER COM TRUMP." "Eu sempre quis ter uma Lucy, fosse criança ou uma companheira canina", disse a tutora da cadelinha. Muitos nomes de futuras filhas foram aparentemente planejados e, agora, por motivos de filhos homens ou filho nenhum, existem cachorros com os nomes que já haviam sido escolhidos: Zoey, Gracie, Greta, Chloe, Sylvia.* "Eu não chamaria meu filho de Bowser, então por que daria esse nome ao meu cachorro?", questiona o dono de Silas. (Na lista, o único cão chamado Bowser foi uma homenagem ao personagem do game Super Mario.)

Todos, exceto um, dos vinte nomes mais populares da minha amostra são de humanos: Lucy, Bella, Charlie, Daisy, Penny, Buddy, Max, Molly, Lola, Sophie, Bailey, Luna, Maggie, Jack, Toby, Sadie, Lily, Ginger e Jake. É preciso descer bastante na lista até chegarmos aos Peppers, Bears, Luckys, Peanuts e Busters, que são mais (se não exclusivamente) *Canis* que *Homo*. É digno de nota que muitos desses nomes mais usados também experimentaram um pico de popularidade entre os nomes de bebê recentemente, e não eram tão famosos quando os tutores foram nomeados por *seus* pais. Portanto, não há nenhuma tutora chamada Bella e apenas uma Lucy entre milhares de participantes — embora ambas tenham entrado na lista do Censo dos cem nomes de bebê mais escolhidos todos os anos da última década.

Por mais que haja nítidas tendências de nomeação, a singularidade dos nomes evidencia suas origens peculiares. Quase três

---

* Em fóruns de nomes de bebê, não é incomum ouvir que um nome surgiu como um substituto, após determinado amigo ou um membro da família antecipar-se e dar o nome ao cachorro. Poucos ficam contentes com isso. Embora a prática de dar nomes humanos aos cães tenha se difundido, batizar uma pessoa com nome de cachorro ainda é anormal.

quartos dos nomes só foram listados *uma* vez. Existe *um* Schultz, *uma* Sonja, *um* Studmuffin (é provável que o mundo não fosse saber lidar com a existência de mais de um Studmuffin). Dada a adorável complexidade das explicações para um nome de cachorro, essa singularidade faz sentido: o nome da mãe de um cão (Callie) nos faz lembrar a Califórnia; se juntarmos com a pelagem cinzenta do animal, pensaremos na banda californiana Grateful Dead e na música "Touch of Grey" [Um toque de cinza] — cuja letra inclui o verso "I will survive" [Eu sobreviverei], que, em italiano, traduz-se para "Sopravvivrò", que, por sua vez, para fins de simplificação da pronúncia, se transformou no nome do cachorro: Soapy.

O que mais me atrai nessas histórias é o significado que se despeja nelas. É como se, assim que um cachorro entra em nossa vida, começássemos o relacionamento entregando a ele pedaços muito bem selecionados de nós mesmos: os livros que já lemos, as pessoas que conhecemos, nossos sentimentos em relação a diferentes tipos de chocolate e aos personagens de *Harry Potter*. Se formos casados ou tivermos filhos, é possível que cada indivíduo contribua com uma parte do todo. Ele gosta da Zelda, personagem de um game; ela gosta da Zelda Fitzgerald. Prontinho: Zelda, o cão. Ela é fã do filósofo Stanley Cavell e do poeta Stanley Kunitz + ele ama a dupla de comediantes (Stan) Laurel e Hardy [ou o Gordo e o Magro] = um cão chamado Stanley. No entanto, o sentido às vezes é pouco evidente: "Eu queria Marvin, minha esposa queria Oliver. Chegamos a um meio-termo e ficamos com Sherman", escreveu uma pessoa.

Foram várias as categorias que surgiram após horas e horas de dedicação à lista, minha vista embaçando e meu cachorro, Finnegan, olhando com espanto para mim. Os cães de uma família de neuropsicólogos podem receber nomes de neurotransmissores; o cão de um professor de ciências chama-se, naturalmente, Nimbo (um dos muitos tipos de nuvem); aqueles que vivem em um ambiente musical tornam-se Timbre ou Coda (a seção com que se termina uma melodia); caso o dono seja um chef, o cão pode ser Mignon. Quando uma família deixa os filhos escolherem o nome, as chances de viverem com um Sparkles [Faíscas], um Shaggy [Felpudo], um Sprinkles [Granulado] ou um Doodle Butt [Doodle = desenho, rabisco; Butt = traseiro] pelos próximos quinze anos só aumentam.

Os próprios cães costumam fazer parte do processo de escolha. "Ele nos disse o próprio nome", responderam algumas pessoas; outras chamavam nomes em voz alta e esperavam por algum tipo de reação do cachorro. Uma grande parcela das decisões aconteceu porque o nome "combinava com ele", categoria que inclui o perplexo Finnegan. O que mais me agrada nesse tipo de escolha é a sugestão de que os cães já tinham personalidade própria antes da vida conosco, e cabe a nós embarcarmos na jornada para descobrir quem eles são, a começar pelo nome.

Muitos afirmam que seu cachorro "se parecia" com um Charlie, um Monty ou uma Missy, ou com outro animal — urso, coelho, coala, raposa, ursinho de pelúcia (bem, nesse caso, um quase animal). Um cão saltitante pode receber um nome de gafanhoto; um cão robusto, Tank [Trator]. Um cão medroso, ou calmo, ou manco ou simplesmente do sexo feminino leva a nomes que se encaixem com essas características. Um cão de raça alemã pode se chamar Fritz; o de uma raça irlandesa, Murphy. Graças à lista, aprendi que Krekel significa "grilo" em holandês, Tasca é "bolso" em italiano e Saburo é "terceiro filho" em japonês.

Há também muitas bobagens no processo de escolha do nome. Isso faz com que eu me lembre de uma de nossas pesquisas no

Laboratório de Cognição Canina, para a qual pedimos que as pessoas nos enviassem vídeos delas brincando intensamente com seus cachorros. Avaliamos todos eles e transcrevemos o que o cão e o indivíduo faziam em uma lista extensa de comportamentos, com o objetivo de compreender melhor como funciona as brincadeiras entre cachorros e humanos. Embora eu estivesse na solene missão de analisar os vídeos do ponto de vista científico, havia diversos momentos adoráveis — brincadeiras ativas, cheias de energia, todos se divertindo e rolando pelo chão — que tornavam toda a experiência muito prazerosa. As pessoas se deixavam ser lambidas, uivavam feito lobos, chegavam de fininho por trás do cachorro e, em geral, comportavam-se maravilhosamente como se tivessem metade da própria idade. Os cães inspiram agir feito bobo. William Safire escreveu em sua coluna do *New York Times* sobre o pastor-alemão cujo nome ele escolheu em homenagem a Henry A. Kissinger (que o tirava do sério). "Eu queria poder dizer 'Chega, Henry!' impunemente" — e, sem dúvida, ele teve muitas oportunidades. Existem cachorrinhas chamadas *Stellllaaaaa!*; outras, chamadas Irene (permitindo que se cante *Goodnight, Irene*); e ainda as de nome *Luuucy!* (proferido com a falsa indignação de Desi Arnaz). Semelhante à ideia do "Henry", havia até um "Maldição". Ponto de exclamação implícito.

Dito isso, mesmo com toda a frivolidade, é nítido que a maioria das pessoas que escolhem um nome leva a questão muito a sério. Na verdade, muitos dos que responderam à pesquisa mencionaram a importância de um nome que tivesse "dignidade"; outros se concentraram em um nome que concedesse ao cachorro o merecido "respeito". Alguns cães que já haviam sido nomeados no antigo lar ou no abrigo mudam de nome, de acordo com os seguintes termos:

O NOME PERFEITO

O nome do Biffy no abrigo era "Beefaroni", que achamos cruel e incomum... (mas) ele parecia responder quando chamado de "Beef". Assim, modernizamos o nome para "Biftek" (que significa "bife" em turco/francês), que logo se tornou Biffy.

Por sua vez, o nome de outros é mantido, para que não se cause ainda mais estresse e ansiedade a um cãozinho que já passou por tantas coisas na vida. Sobre Gordon:

Foi o nome que deram a ele no abrigo em que o adotamos. Nós não quisemos mudá-lo para não confundir o cãozinho.

Mas a convergência definitiva de respeito e leveza talvez venha da última categoria: os nomes completos, irônicos e brincalhões. Mister Biscuit, Tibbs, Barns, Dog, T Bree, Big, Wilson e Waddles juntam-se a Miss Moneypenny, Mini Cooper e Kitty. Anseio pelo dia em que poderei anunciar as chegadas caninas em um baile.

Eu vos apresento:

Macaroni Noodle, o Famoso Goldendoodle;
Abigail Heidi Gretchen von Babón (também conhecida como "Abby");
Mr. Tobérculo, o Incrível Cão Caramelo (também conhecido como "Toby");
Cobber Corgwyn's Gwilym, o Ruivo Rebelde;
Grover Nipper Puccini da Bexiga Solta Lambe-Lambe da Silva;
Napoleão Bon-Au-parte;
Sir Pugsley;
Sir Franklin Humphrey;

Sir Carlos Ladrador;
Barão Bobalhão;
Nenê von Forza;
Doutor Frederick do Caos;
Maximillian von Salsburg;
Otto von Bism-Au-k;
Theodore von Kármán;
Barão de Schnappsie;
e
Dr. Picles

* * *

Antes de ser "Finnegan", Finnegan se chamava "Upton". Gostávamos do nome e estávamos satisfeitos de batizá-lo assim, mas ainda não sabíamos muito sobre nosso cachorro. Assim, fizemos um teste durante uma semana — chamávamos esse serzinho desajeitado que corria por entre pilhas de folhas caídas; murmurávamos o nome enquanto nos abaixávamos para sermos cumprimentados com lambidas no rosto e atrás da orelha. Mas... não tinha nada a ver com ele. Nosso cão era um *Finnegan* e, assim que mudamos o nome, ficou bem explícito como combinava.

Cinco anos depois, porém, conhecemos nosso Upton. Bem, no abrigo ele se chamava "Nicholas", e antes disso também teve outro nome. Já adulto, com um sorriso bobalhão, nenhuma experiência com coleiras e uma necessidade urgente de ter o ligamento cruzado anterior operado, ele foi devolvido ao abrigo de onde havia sido adotado alguns anos antes. Temos uma foto de sua primeira adoção, exibindo um filhote comprido de rostinho adorável que só viemos a conhecer como um adulto grande de rostinho adorável. Dessa vez o nome pegou, e assim ganhamos nosso Upton.

    Hoje em dia, o nome de um cachorro, assim como o cachorro por trás dele, não é mais uma reflexão posterior. A particularidade do *seu filhote* combina com a particularidade do nome. Em alguns casos, o nome se ajusta ao cão e, em outros, o cão se ajusta ao nome. Em ambas as situações, o nome é como um par de óculos que nos aproxima da singularidade do animal. Você começa a enxergar o que seu cão tem especificamente de "Xantipa", esposa de Sócrates, ou de "Teddybear" [Ursinho de Pelúcia], a perceber seus medos e prazeres, a observar seus hábitos e esquisitices. Há quem sugira que um nome predestina a pessoa a ter determinada vida; pode-se dizer o mesmo dos cães. Pois o cão é um paradoxo que é ao mesmo tempo criado intrinsecamente com seu humano e também um ser único. Quando imagino os futuros cães que espero conhecer na vida (e os que conheço), penso em seus nomes. Um cachorro ganha um nome e torna-se um de nós.

Ser tutor de um cão

Você é tutor de seu cachorro. Eles fazem parte de uma grande variedade de itens sob sua responsabilidade, o que pode incluir: a cadeira em que você está sentado; o carro que dirige; as roupas, o relógio ou os óculos que você usa; e este livro que você tem em mãos (à exceção dos livros de biblioteca, que são responsabilidade das bibliotecas). Afirmar que uma cadeira é sua significa dizer que você tem o direito absoluto de fazer o que bem entender com ela. Você pode sentar-se nela, virá-la de cabeça para baixo; forrá-la com veludo laranja; deixá-la encostada no porão por vinte anos; ou jogá-la fora. A cadeira não tem voz em nada disso. Não pode reclamar, não pode processar você e, na verdade, não pode tomar qualquer tipo de decisão. Caso você lhe corte as pernas ou cubra o assento com uma túnica xadrez, só resta à cadeira sofrer calada.

Estranhamente, embora consideremos os cães parte da família, não mobília,* o mesmo se aplica em parte tanto ao seu cachorro quanto à cadeira. Embora os cães, ao contrário das cadeiras, tomem decisões, sintam dor, sofram quando são abandonados, gostem de rolar por cima de folhas caídas e da neve e, presume-se, não queiram virar um assento nem vestir túnicas, eles também não têm direito algum sobre a questão. Existem *alguns* limites em nosso comportamento com os cãezinhos: as leis contra maus-tratos proíbem que os animais sejam machucados e jogados fora. As ressalvas em ambas as advertências, porém, são astronômicas: é permitido ferir um cachorro, caso seja "justificado", bem como se desfazer dele, contanto que seja para entregá-lo aos cuidados de outras pessoas (como, por exemplo, abandoná-lo em um abrigo). Mesmo quando uma atitude cruel se volta contra o criminoso, as penalidades são notavelmente pequenas. Aos olhos da lei, um cachorro e uma cadeira são a mesma coisa. E uma cadeira bem baratinha, diga-se de passagem.

Os cães não são invisíveis à lei. Mas, tal qual uma cadeira, não são tratados com a devida seriedade quando surgem em um contexto jurídico. Ao julgarem casos de divórcio em que um ou mais cachorros entram na disputa do casal infeliz, os juízes costumam rejeitar o caso e gostam de escrever coisas como: "Afinal de contas, um cachorro é apenas um cachorro." "Jamais traga à minha atenção um problema besta como este", respondeu um juiz sobre a possibilidade de aceitar um caso de custódia de um animal de estimação. "Saia daqui e vá comprar outro cachorro."

---

* Embora os cães tenham seu próprio tipo de mobília: uma variação genética em algumas raças resulta em mais pelos, que formam especialmente um bigode, uma barba ou sobrancelhas cabeludas, o que, em inglês, chama-se *furnishings* (que remete a "fur", de pelo, e significa o mesmo que "mobília" decorativa).

Nesse tipo de disputa, os cães são "bens atribuíveis" e devem ser concedidos a um ou ao outro cônjuge, junto com todos os outros pertences domésticos, sob as leis de "distribuição equitativa" do estado em que o cão (e o casal) reside. Um labrador chocolate de 5 anos é "propriedade conjugal", de acordo com o juiz de um caso: "bens móveis". Pedir direito de custódia ou de visita de Barney, um cão adotado, é o equivalente, como escreveu outro juiz, a "fazer um cronograma de visitas a uma mesa ou a uma lâmpada". Decretou-se que Gracie — que tinha 11 anos, catarata e uma lesão no ombro — e Roxy, cães que sofriam com a separação dos tutores, seriam propriedade somente da tutora, com base apenas no detalhe de que era ela quem os "abrigava" nos últimos tempos. A idade, as condições de saúde e as preferências de Gracie não tiveram importância no caso, já que ela não passava de propriedade de alguém.

Em resposta a uma solicitação de "posse provisória exclusiva" de Kenya e Willow, de 9 e 2 anos, o juiz encarregado do divórcio observou que os cães equivalem essencialmente à prataria — e que o pedido soava tão absurdo quanto solicitar propriedade exclusiva de um jogo de talheres. Será que um juiz deveria conceder a uma das partes a posse das "facas de manteiga da família", perguntou ele, transbordando sarcasmo, "mas, devido à profunda ligação emocional tanto com a manteiga quanto com as facas, ordenar que a outra parte tenha acesso limitado a elas por uma hora e meia semanal para que possa passar manteiga em sua torrada"?

É de se esperar que o juiz Faca-de-Manteiga nunca tenha convivido com um cachorro. Na verdade, no sistema judiciário, o efeito de se ter um cão não é insignificante. No caso de um jovem dachshund miniatura chamado Joey, que vivia em Nova York com os tutores em processo de divórcio, o juiz determinou que, por mais que os cães sejam "maravilhosos", seu destino "não tem o mesmo nível de importância" dos casos de custódia de crianças. (O juiz chegou a mencionar seu pit bull mestiço, Peaches, como exemplo de como os cachorros são maravilhosos.) Os casos de custódia canina seriam "um desperdício de recursos judiciais", alegou ele. Mas reconheceu que uma breve audiência, de não mais do que um dia, deveria ser realizada para determinar o que seria melhor "para todos os envolvidos" — incluindo Joey, mas não se limitando a ele — a respeito do destino do cão.

Casos que levam em consideração de modo significativo a perspectiva do animal praticamente inexistem. E, quando são vistos como mais do que uma faca de manteiga, são fatores casuais, como a guarda recente do cachorro (quem ficou com ele após a separação), o dono original (quem foi por impulso até o abrigo ou canil e saiu de lá com os olhos arregalados e um novo bichinho na coleira), ou até mesmo quem levou o cachorro para as aulas de adestramento (onde aquilo que conta como "aula" é indefinido e sua utilidade, irrefletida) que determinam a "disposição" correta da propriedade quentinha, babona, mansa e amorosa. No século XIII, como diz a história, resolvia-se a disputa entre duas pessoas quanto à custódia legítima de um cão ao chamá-lo e ver para qual lado iria. Até mesmo isso seria um progresso em relação à nossa abordagem legal do assunto no século XXI.

Mesmo antes de dezenas de milhões de famílias norte-americanas terem cachorros, o conflito de guarda e importância familiar já surgia nos tribunais. Em 1944, um caso foi julgado a respeito da disposição adequada de um boston terrier sem nome conhecido, avaliado em US$ 25, depois da separação de seus donos. Ao verificar a idade do animal, o juiz falou de maneira antropomórfica: "É notório que ele esteja prestes a entrar naqueles agradáveis anos, quando as qualidades mais desejadas em um cão atingem o auge e sua inclinação natural e juvenil para vaguear sem rumo, comum a todos os machos de qualquer espécie, entra em declínio." Apesar disso, foram consideradas irrelevantes a idade e todas as outras particularidades do cão, uma vez que ele apenas se encontrava entre as propriedades (sem idade) a serem distribuídas entre os bens do casal.

Sem dúvida, quando cabe aos tutores decidir quem deve ter a guarda do cachorro, os depoimentos, às vezes, não são menos incongruentes do que a abordagem da lei. No Tennessee, uma das partes envolvidas em um divórcio alegou que ela deveria ficar com a custódia do doberman mestiço, já que, como relata, manteve o cão longe das "cadelas malcriadas". Mais tarde, ela comprovou a integridade moral do cachorro ao mencionar a participação do animal no grupo de estudos bíblicos que acontecia em sua casa e a vigilância para que ninguém consumisse álcool na frente dele. O marido, por sua vez, lutou pela custódia, argumentando ter ensinado vários truques ao cão, inclusive subir na motocicleta — e, além disso, absteve-se de beber cerveja na frente do animal. (O juiz concedeu propriedade conjunta, o que fez com que a mulher fugisse com o cachorro: ela foi encontrada com ele fora do estado — em uma cervejaria.)

Casualmente inserida em todas essas considerações encontra-se a linguagem da *propriedade*. Somos donos de cadeiras, de carros, de facas de manteiga, de cães. Mas será que ainda é adequado referir a nós mesmos como proprietários de cachorros, do mesmo modo que afirmamos possuir cadeiras, carros e facas de manteiga? Ou será que somos seus pais — ou, ainda, seriam eles nossos irmãos, tios, primos distantes? Somos seus chefes, seus amigos ou parceiros? Eles são nossos companheiros? Ou são apenas *coisas* nossas?

A lei diz "coisas"; meu coração nega. E estou mais disposta a dar ouvidos ao meu órgão cardíaco do que ao órgão governamental. Se eu paro para pensar nos cães que estão na sala comigo — se olho com atenção para seus corpinhos aninhados nas almofadas espalhadas pelo tapete, dividindo o mesmo espaço com meu filho —, eles são visivelmente mais parecidos com meu bebê do que com as almofadas. Assim como os filhos, os cães têm interesses, sentimentos e experiências. Mesmo que uma criança não consiga articular o que quer, julgamos ser importante tentar adivinhar e satisfazer seus desejos; embora ela não possa se responsabilizar nem por si mesma, temos responsabilidades em relação a ela. O mesmo se aplica aos cães. Eles são, sem dúvida, parte da família — mesmo que não exista um simples termo familiar que dê conta de captar seu papel nesse vínculo.

A inadequação do status legal do cão norte-americano do século XXI como propriedade é evidente. Os cachorros são parte da família não só para mim, mas para noventa e cinco por cento das pessoas que responderam a uma pesquisa nos Estados Unidos e para os milhões de indivíduos que compartilham feriados, férias, camas, aniversários e brincadeiras com os cães — o que *não* fazemos com nossas cadeiras,* por mais lindo que seu tom de verde seja ou por mais confortáveis que elas sejam (mas agradeço à minha robusta poltrona verde por tudo que ela faz por mim).

Nossas leis, que refletem e são refletidas por nossa cultura, não expressam essa noção. E, assim, o tratamento dos cães nas mãos da lei é dissonante. Nossa sociedade abandona legalmente milhões de cachorros em abrigos todos os anos. Na verdade, em alguns estados, não é ilegal abandonar seu cão *na rua* (embora

---

* Se você costuma viajar de férias com sua cadeira ou levá-la para sua cama... aí é com você.

seja ilegal abandonar seu carro velho). O bioeticista Bernard Rollin escreveu que no início de sua carreira, nos anos 1960, já havia precedentes de pessoas que levavam os próprios cachorros para serem sacrificados antes de viajarem de férias — já que saía mais barato do que pagar a passagem.* Nada em relação a essa atitude era ilegal. Até mesmo nos anos 1990, quando eu vivia no campo, um veterinário comentou, em resposta a uma preocupação de que minha cachorrinha Pumpernickel estivesse com ansiedade de separação, que uma possível solução seria "sacrificá-la". E, ao concluir a frase, deixou de ser o veterinário dela. Hoje em dia, a ideia de dar fim à vida de um cachorro quando assim for conveniente para o tutor pode ser execrável — mas não é criminosa.

De fato, o status legal dos cães possibilita comportamentos que variam de negligentes a desumanos. Embora possamos alegar que os consideramos membros da família, temos permissão para tratá-los de forma bem diferente. Certamente existem bem menos "eutanásias de verão". Mas, desde bem novinhos, costumamos deixá-los sozinhos (uma ocorrência diária para a maioria dos cães); não damos a eles estímulos suficientes (o que faz com que encontrem outras posses do dono para mastigar em sua ausência); e, em casos graves, mas não raros, nós os violentamos, abandonamos ou matamos.** A semelhança dos cães com as crianças expõe com nitidez a gravidade desse tipo de conduta. Além de muitos tutores verem os cães como filhos, a capacidade deles de tomar conta de si é quase infantil, na melhor das hipóteses: os

---

* E existe ainda um fenômeno chamado "eutanásia por conveniência", quando, por exemplo, um cão fica velho demais e passa a dar muito trabalho e despesas demais.
** Embora ilegais, as rinhas de cachorros — com cães que passam fome e são provocados e torturados para brigar com outros até a morte — ainda são comuns até hoje, mais de uma década após Michael Vick, *quarterback* da NFL, ser preso por envolvimento com cães em brigas organizadas.

cachorros dependem de nós para tudo e só lhes resta aceitar a vida que damos a eles. Nós nos aproveitamos de sua cooperação para, em grande medida, ignorar aquilo que encaramos como necessidades não urgentes — ou para descartá-los quando se tornam inconvenientes.

* * *

Penso que o próximo passo é evidente: descobrir como chegamos a esse ponto paradoxal e de que maneira podemos alinhar o modo pelo qual nossa cultura, com suas leis e seus costumes, trata os cães com aquilo que pensamos deles.* Por que consideramos propriedade um membro de nossa família e como podemos transformar esta hidra de duas cabeças em um ser com uma só — singular e adequada?

Para agirmos, precisamos voltar no tempo. Nossos hábitos de hoje vêm dos hábitos de ontem e de todos os dias anteriores. Podemos ligar diretamente a incongruidade do atual status legal dos cães em um país no qual eles também são vestidos com roupinhas de tricô feitas a mão — que podem custar mais do que o próprio animal — às origens do pensamento consciente sobre animais e ao surgimento de nosso sistema jurídico. Nosso sistema jurídico evoluiu do direito consuetudinário inglês (*common law*), que data da Idade Média, e do sistema romano-germânico (*civil law*). O uso que fazemos dos animais não é repensado todos os

---

* O paradoxo que saliento aqui é visível na cultura ocidental — em particular, na cultura americana contemporânea. Nas Américas, os cães vivem com e entre os humanos há milhares de anos — mas o comportamento em relação a eles, que moldou nossa cultura atual, veio com a chegada dos europeus ao continente. Vale notar, também, que muitos dos cães vivos neste momento não são americanos; por ora, deixarei os enigmas de sua existência nas respectivas culturas para os nativos desses países.

meses, mas evidentemente vem de como os usávamos antes — como cães de trabalho ou de exposição —, tendo em mente as pressões de nosso trabalho e a ociosidade. Podemos ligar sua capacidade de serem "usados" às primeiras ideias sobre o lugar do homem em meio aos animais e à história natural do que eles são.

> *Sede férteis e multiplicai-vos! Povoai e sujeitai toda a terra; dominai sobre os peixes do mar, sobre as aves do céu e sobre todo animal que rasteja sobre a terra!**

Grande parte do comportamento ocidental em relação aos animais, em termos legais e, em sentido mais amplo, culturais, vem da ideia de domínio. A imagem dos animais a serviço dos seres humanos — existindo para o uso próprio — ainda ecoa nas leis atuais. Curiosamente, como o autor Matthew Scully observa, o versículo seguinte do livro de Gênesis, depois do famoso trecho sobre "dominação", instrui o homem a ver frutas e sementes de plantas como "carne" — e não os animais vivos e ativos. A instrução foi prontamente ignorada. Outras partes do Antigo Testamento descrevem o dever de os seres humanos agirem com responsabilidade em relação aos animais: "O justo zela com carinho seus rebanhos" (Provérbios 12:10) ; descrevem até mesmo o "pacto" da humanidade com "todos os animais silvestres, com as aves do céu e com os animais que rastejam pelo chão" (Oseias 2:18) . Essa noção de dever, atenção e inclusão não teve o mesmo impacto, historicamente falando, que a ideia de domínio. Aderimos à palavra em determinado ponto e ignoramos os chamados para uma leitura mais ampla.

---

* Gênesis 1:28, versão King James.

Como escreveu o historiador Keith Thomas sobre a Inglaterra moderna, até mesmo a docilidade — a facilidade de se lidar e a receptividade — dos animais domésticos era vista como prova do domínio humano: podemos domá-los, então devemos ser seus superiores. No século XVIII, a domesticação era vista como boa para os animais: ela os "civilizava" e permitia que sua população crescesse. A linguagem da "dominância" do mestre humano sobre os cães, como se afirma muitas vezes, evoca novamente o domínio — e ambos os termos têm a mesma raiz latina.* O verbete da *Enciclopédia Católica* sobre "crueldade animal" especifica que os seres humanos "podem legalmente usar [os animais] para satisfazer nossos desejos e bem-estar razoáveis, mesmo que tal emprego lhes inflija dor".

Enquanto o uso dos animais nos foi concedido pelo Antigo Testamento, nosso jeito de pensar legalmente sobre objetos naturais vem da lei romana. Para os gregos e romanos antigos, o mundo foi criado para os seres humanos, e todas as leis, como escreveu o advogado e jurista Steven Wise, "foram estabelecidas em prol dos homens". E por "homens" eles querem dizer *homens* mesmo — para ser mais específica, *homens brancos*: mulheres, bem como crianças, escravizados, não humanos e loucos não passavam de propriedade dos homens. Eles tinham direitos e poderiam ser donos. As propriedades, não, e nem havia essa possibilidade. Vale notar, comenta Wise, que o lugar ocupado pelos animais na lei norte-americana atual é precisamente o mesmo de há dois mil anos em Roma.

Dentro desse quadro, os filósofos (primeiro) e os cientistas (por fim) refletiram sobre as primeiras distinções entre humanos e não

---

* Para o *Oxford American Dictionary*, "Latim *dominium*, de *dominus*: 'senhor, mestre'".

humanos e se tinham ou não fundamento. Descartes achava que sim: segundo ele, os animais são como "autômatos ou máquinas móveis"; não são conscientes. Os cães que se contorciam e uivavam de dor enquanto Descartes e outros indivíduos de mentalidade similar os manipulavam em vida para experimentos eram como uma roda barulhenta, uma buzina quebrada, um relógio cuja mola havia se soltado. Mais de um século depois, Kant reconheceu a sensibilidade dos animais, mas alegou que eles não deviam ser levados em consideração, dada sua notável irracionalidade e falta de autoconsciência.

No século XX, os cientistas passaram a questionar esse tipo de declaração geral sobre os animais. Após Darwin propor a noção, hoje aceita, de continuidade entre as espécies — "A diferença mental entre o homem e os animais superiores, por maior que seja, certamente é de grau, não de tipo", escreveu ele —, portas foram abertas para que se imaginasse que os humanos eram apenas versões dos animais, e era de esperar encontrarmos nossas habilidades refletidas neles, até certo ponto. Nos últimos cinquenta anos, questionamentos sobre a dor animal (eles a sentem), bem como sua racionalidade e sua autoconsciência (alguns demonstram), foram propostos e respondidos do ponto de vista científico. Infelizmente, a lei não reflete muito daquilo que hoje sabemos.

A lei anglo-americana e a cultura ocidental antes do século XIX não levam em consideração os animais por si só: somente como "coisas", como "instrumentos do homem". O questionamento de haver ou não um jeito melhor ou pior de tratar um cachorro não existia. Os cães não eram agentes morais; seu status moral "não era diferente do status de objetos inanimados", como escreveu o filósofo Gary Francione.

Paradoxalmente, os cães eram dotados de mais iniciativa do que um objeto em um caso: quando se comportavam mal, matando ou mutilando outro animal ou uma pessoa. Um cão desse tipo era julgado perigoso, culpado de um crime e sumariamente executado. Por seu status, no entanto, o cachorro não era de fato considerado a parte moralmente responsável e, sim, o dono que recebia uma multa.* Os donos dos animais acusados eram considerados "desviantes sociais", compartilhando as "tendências violentas" que seus cães supostamente agressivos haviam demonstrado. O mesmo se deu na Grã-Bretanha do século XIX, quando, em uma epidemia de raiva, qualquer cachorro de aparência suspeita era recolhido e morto, caso fosse portador da doença. Ser dono de tal cão levantava suspeitas para a própria pessoa, já que os donos eram considerados responsáveis pelo desenvolvimento da natureza do animal, especialmente dos ferozes e perigosos.

* * *

À medida que as noções da natureza, do uso e do lugar dos animais ainda se desenvolviam, a sociedade ocidental criava um cenário caótico de atrocidades. A crueldade era generalizada. Os cachorros não eram as únicas vítimas de maus-tratos, ferimentos ou mortes; todos os animais eram vítimas de crueldade. Os cães eram bichos de estimação, eram guardas, mas, sobretudo, estavam apenas *ao nosso redor* — ainda não especialmente *entre nós*.** Na história

---

* Situações semelhantes ainda acontecem, como no caso de um cão que morde: a atitude do cachorro resulta em sua eutanásia e o dono é multado. Nos tempos medievais, um cão poderia ser enforcado em público por suas transgressões, depois de um julgamento público. Hoje em dia, não lhes oferecemos o julgamento.
** Podemos dizer o mesmo de muitos animais — ratos, guaxinins, pombos, esquilos — que hoje são considerados pestes.

jurídica norte-americana, os cães fizeram sua primeira aparição significativa nos estatutos contra a crueldade animal — mas não foram os pioneiros. As leis de bem-estar animal datam do século XIX, com os primeiros estatutos de proteção contra maus-tratos intencionais a cavalos, vacas, ovelhas e porcos. Tais leis absorveram a convicção do filósofo inglês Jeremy Bentham de que a capacidade de sofrimento dos animais exige que sejam tratados com humanidade. Ele lamentou que, "por conta de seus interesses terem sido negligenciados pela insensibilidade dos juristas antigos, [os animais] permanecem rebaixados à classe de *coisas*", em vez de estarem em pé de igualdade com os seres humanos. Ele esperava que chegasse "o dia em que o restante da criação animal venha a adquirir os direitos que jamais poderiam ter-lhe sido negados, a não ser pela mão da tirania".

Tal dia não chegou no século seguinte. Embora, a princípio, pareça adequado falar sobre o surgimento do "bem-estar animal" no século XIX, essa definição se desintegra sob um olhar um pouco mais minucioso. É possível observar que animais selecionados eram protegidos de serem maltratados intencionalmente; mas não tinham proteção nenhuma contra maus-tratos. Em 1821, o primeiro estatuto dos Estados Unidos, no estado do Maine, tornou crime "agredir cruelmente" vacas ou cavalos. De modo implícito, a legislatura reconheceu que ainda era aceitável ferir os animais de outras maneiras: mutilando-os, por exemplo, ou matando-os. E era isso que acontecia: eles eram mutilados e mortos.

Em 1829, Nova York aprovou uma lei um pouco mais abrangente, que proibia a qualquer um "matar, mutilar ou ferir maliciosamente qualquer cavalo, boi, ovelha ou qualquer tipo de gado pertencente a terceiros", ou "agredir ou torturar cruel e maliciosamente esses animais, seja pelas mãos do dono, seja pelas de outras pessoas". Isto é, a lei era explícita na permissão para que se matasse, mutilasse ou ferisse de modo intencional seus *próprios* cavalos e bois — contanto que não fosse por espancamento.

Em ambas as leis, é um adjetivo que dá o tom. É o adjetivo que define e circunscreve os limites da crueldade: agressões "cruéis" e "maliciosas" são proibidas — mas não a agressão em si. De modo similar, apenas a "inflição injustificada" de dor, "sem nenhum propósito razoável", é ilegal — mas não a própria inflição. Essa regra é quase sinônima da linguagem das leis atuais contra a crueldade animal. A centralidade da lei no ser humano é notória: talvez se tenha presumido que o interesse financeiro no animal retirava do comportamento do homem a malícia.

Na Nova York daqueles tempos, os cães perambulavam por todas as ruas da cidade, escondiam-se embaixo de carroças, roubavam comida e fugiam do alcance dos humanos; os cavalos transportavam as pessoas e movimentavam o comércio; os penicos eram esvaziados pelas janelas e os porcos vagavam pelas ruas em busca de lixo doméstico para sobreviverem; quem chegava de navio na cidade sentia seu cheiro antes mesmo de avistá-la. Os zoológicos mantinham elefantes dentro de jaulas que tinham quase o tamanho deles; cavalos debilitados eram abandonados nas ruas para que lá morressem. Cachorros, outros bichos de estimação e animais selvagens não tinham nenhum tipo de proteção. Só eram protegidos aqueles que apresentavam valor comercial para os seres humanos: animais de fazenda e de trabalho. A linguagem jurídica, no entanto, destinava-se menos a proteger de fato os animais do que a resguardar os donos de perderem suas posses materiais (excluindo, assim, os animais selvagens sem dono). Naquela época, os cães não tinham nenhum "valor socialmente reconhecido". Eles eram dispensáveis e podiam ser descartados, roubados, negligenciados ou agredidos.

Ainda assim, a simples existência de uma lei que protegia os animais representava uma grande mudança. Os avanços se concretizam quando começamos a usar o termo "cruel" em relação aos animais e a considerar, do ponto de vista legal, que alguns comportamentos humanos precisavam ser refreados. Por fim, graças às orientações e ao entusiasmo do diplomata e filantropo Henry Bergh — que veio a fundar a organização não governamental ASPCA [American Society for the Prevention of Cruelty to Animals, ou Sociedade Norte-Americana para a Prevenção da Crueldade contra Animais] —, a lei foi modificada e expandida; em 1867, ela passou a incluir todos os animais, não só aqueles que apresentavam valor comercial. Os tipos de crueldade considerados ilegais se estenderam para "sobrecarregar", atormentar e mutilar desnecessariamente. Mesmo assim, ainda havia muitas questões semânticas na limitação sobre o que contava como crueldade: embora causar danos físicos "desnecessários" fosse ilegal, a ostensiva "necessidade" era ditada pelo agente humano, não pelo animal. Então, se um animal "precisasse" de chicotadas para se mover, assim seria; se ficasse doente demais para ser útil, poderia ser morto. Mas o espírito da lei, que com o tempo ultrapassou os limites de Nova York, fez avanços: passou a ter seções que proibiam o uso de animais em rinhas ou em outros esportes que envolviam lutas;* criminalizou o abandono de animais deficientes, idosos ou

---

* As rinhas ainda eram comuns depois de promulgada a lei, sendo até mesmo publicadas nos jornais: "Se havia algum torcedor nas três cidades que não sabia que haveria uma briga de cachorros ontem de manhã, só pode ser porque estava falido, cego, surdo ou mudo", reportou o *Cincinnati Enquirer* sobre o embate entre os cães conhecidos como Thursday e Dan. [Como sempre, foi uma briga até a morte (de Thursday).]

enfermos; e introduziu requisitos não só para evitar a crueldade, como também para, de fato, cuidar do animal, fornecendo-lhe alimento e água. Por fim, os animais foram se tornando o centro das preocupações. A lei determinou que os cães (e outros animais) tivessem direito a uma vida livre de dor e de sofrimentos desnecessários.*

Por mais estranho que pareça, foi somente depois do surgimento dessas leis, no início do século XX, que os cães conquistaram um status legal: o de propriedade. Antes disso, apenas os animais de fazenda, ou aqueles considerados "úteis", podiam pertencer a alguém e, portanto, precisavam de proteção. Em alguns estados, a classificação custou a surgir: o estado da Virgínia só passou a chamar cachorros (e gatos) de propriedade particular em 1984. Assim como acontecia com os animais de fazenda, o status legal dos cães tinha como objetivo a proteção contra a *perda* da propriedade: o roubo de um cachorro era considerado um verdadeiro crime contra o dono.

Mas, no que diz respeito aos cães, tornar-se propriedade legal não significa necessariamente um progresso. Com a nova classificação, eles passaram a ser legalmente equivalentes aos móveis da casa. Móveis que não podem apanhar até a morte, mas, ainda assim, móveis.

Portanto, a lei de hoje não representa uma melhoria categórica para o bem-estar canino. As leis atuais do estado de Nova York — bastante representativas das leis da maioria dos estados — complementam os primeiros estatutos de modo a testemunhar a

---

* Um entendimento do que o "sofrimento" canino poderia significar avançou consideravelmente no último século. Um artigo de 1890 do *Baltimore Sun* observou que "o envenenamento indiscriminado de cães não é permitido em Baltimore. A solução humana para se livrar de vira-latas sem valor é por meio do afogamento". Este foi o método escolhido por caçadores de cães em Nova York e em outras cidades por muitas décadas.

bizarrice do comportamento humano: hoje em dia existem restrições a respeito de tatuar e perfurar um cachorro, proibições contra deixar cães ao ar livre em condições adversas e contra cortes cirúrgicos em suas orelhas sem anestesia.*
Mas as seções principais que detalham o tipo de comportamento proibido em relação aos cães (e alguns outros animais) permanecem praticamente idênticas aos estatutos de dezessete décadas atrás. Qualquer indivíduo que "sobrecarregue, torture, agrida cruelmente ou machuque, desfigure, mutile ou mate sem justificativa" um cachorro, ou que o prive de "sustento, comida e água necessários" é culpado de uma contravenção. A punição é uma multa de gravidade criminal semelhante a roubar um saco de marshmallows no mercado: é "o limiar da criminalidade", como escreveram os juristas David Favre e Vivien Tsang. Durante esse tempo, a mentalidade cultural sobre onde os cães deveriam dormir à noite passou de achar que o lugar deles era na rua ou acorrentados do lado de fora da casa para acolhê-los debaixo dos lençóis de quatrocentos fios da cama do dono (ou, no mínimo, em uma caminha de cachorro com as iniciais do animal bordadas).

O agravante determinado recentemente como "crueldade gratuita", em que alguém, "sem nenhum motivo, mata de propósito ou causa sérios danos físicos intencionais" a um cachorro — ou seja, com intuito de causar dor extrema ou fazê-lo "de maneira

---

* Ler os estatutos anticrueldade é aterrorizante do início ao fim, porque, embora eles proíbam que os indivíduos submetam os cães a climas perigosamente quentes ou frios; matem os animais de forma sádica; pintem as penas dos pintinhos para serem vendidos como bebês; eletrocutem animais para arrancar suas peles; vendam cavalos deficientes; joguem vidros ou pregos com o intuito de ferir animais; furem as orelhas dos cães sem anestesia; ou vendam a pele ou o pelo de cachorros, isso significa que tais atos foram repetidos tantas vezes que justificaram a criação de uma lei que os proibisse.

especialmente depravada e sádica" — agora é considerado em si um crime grave. Não sou capaz nem de me permitir imaginar qualquer cachorro que eu já tenha conhecido sendo alvo do tipo de comportamento descrito como crueldade gratuita. No estado de Nova York, a sentença por uma condenação criminal consiste em apenas dois anos de prisão em regime aberto. A maioria das condenações resultará em muito menos tempo de prisão.

Vale observar que a linguagem dos estatutos — em especial os modificadores ("sem justificativa") e especificadores ("sem nenhum motivo justificável") — ainda propicia margem a crueldade, se os indivíduos pensarem que a crueldade tem explicação. Bater e punir fisicamente um cachorro que não responde ao comando "senta", manifestado como forma de disciplina necessária e justificável, é um ato completamente aceito pelo Estado. "Com que força você bate no cachorro?", perguntam os monges de um monastério ortodoxo oriental de New Skete, autores de diversos livros sobre adestramento canino, para aconselhar o leitor a dar um castigo a um animal desobediente. "Uma boa regra geral é que, caso você não tenha obtido uma resposta, um ganido ou qualquer outro sinal depois de bater pela primeira vez, a pancada não foi forte o bastante." Os tribunais consideraram que maus-tratos "intencionais" significam "algo pior do que boas intenções associadas a um mau julgamento". "Os estatutos promulgados para proteger os animais da crueldade não tinham como objetivo impor restrições exageradas à inflição de dor que possa ser necessária para adestrar ou disciplinar um animal", afirmou-se. Somente "um estado mental maligno" representa malícia nessa interpretação. Falta de consideração, ignorância, negligência: tudo pode ser usado para justificar a crueldade.

Além disso, os estatutos se ocupam, na mesma medida, de expor suas numerosas exceções e detalhar comportamentos proibidos. Qualquer indivíduo armado que se depare com um cachorro que pareça estar doente ou que represente uma ameaça está isento até mesmo de acusações de crueldade gratuita: o animal pode levar um tiro (disparado por alguém sem aptidão com porte de arma). Pesquisadores estão isentos de acusações em casos de experimentos científicos com cães: é permitido realizar pesquisas com cachorros vivos, o que é, sob todos os critérios, absurdamente cruel. Contanto que o estudo seja conduzido "de modo adequado", é justificável, de acordo com o Estado.

Assim como no século XIX, a preocupação com a crueldade animal nas leis diz respeito ao uso humano, não à saúde e à felicidade dos animais. Não existe nenhuma lei federal contra a crueldade animal.* Recentemente, o FBI de fato começou a recolher informações sobre casos de crueldade animal. Mas eles não estão preocupados com o animal, e sim com o sujeito cruel — pois é comum que um agressor de animais possa cometer assassinatos ou crimes sádicos contra outras pessoas.

Esses estatutos existem no contexto da visão jurídica geral dos cães: como propriedade. Os estudiosos da lei, como David Favre, descrevem a lei da propriedade como fundamental para o

---

* Existe uma lei federal de bem-estar animal, com o intuito de regulamentar o uso de animais para pesquisas; e onde o comércio interestadual entra em jogo, como no caso de animais transportados para participar de rinhas, o Congresso promulgou leis. Estas, no entanto, não equivalem a uma verdadeira proteção federal contra a crueldade animal — e nos últimos anos seu cumprimento caiu abruptamente. Enquanto escrevo este livro, a Câmara dos Representantes está *levando em consideração* um projeto de lei chamado "Lei de Prevenção à Crueldade e à Tortura Animal", que tornaria crime federal participar de condutas nas quais um animal é "propositadamente esmagado, queimado, afogado, sufocado, empalado ou submetido a lesões corporais sérias" (com a exceção de atividades que infligem lesões "usuais", tais como caça, pesquisas médicas, abate de animais para alimentação, defesa pessoal, e assim por diante).

sistema jurídico, graças ao interesse constante dos seres humanos em poder "controlar, dirigir ou consumir". Tal desejo resulta em uma divisão conceitual simples: para a lei, as coisas podem ser propriedade ou podem ser pessoas.

Bem, os cães não são pessoas.

Ainda.

* * *

A estranheza de se pensar os cães como bens materiais fica evidente toda vez que surge alguma norma sobre a posse e o uso de objetos pessoais. "Adicione uma bicicleta, um animal de estimação ou tacos de golfe à sua viagem", sugere alegremente a companhia de trem Amtrak quando você adquire uma passagem. A propósito, é obrigatório que o cão "não tenha cheiro, não cause perigo ou incômodo e não exija atenção durante a viagem"; e também deve ser transportado em uma caixa específica no chão ou *debaixo* do seu assento. Essa é uma descrição perfeita para lidar com bagagens — tento sempre levar comigo bagagens sem cheiro* —, mas são normas tão inadequadas para se lidar com um ser vivo que chegam a ser engraçadas. "Prepare seu cão para o frio", diz o *New York Times*, acrescentando os cães em uma lista prestativa de objetos a serem preparados para o inverno, assim como botas e carros. A Ikea, loja de móveis e decoração, inaugurou um ambiente externo para deixar os cães em suas lojas na Alemanha (mas a ideia mostrou-se menos perturbadora quando foi inaugurada a "Homenlândia" nas lojas australianas, um lounge reservado para homens que não gostam de fazer compras quando estão com seu

---

* Exceto pelo queijo que meu marido trouxe da França. Peço desculpas.

par). A equivalência entre corpos quentinhos com personalidade própria e tacos de golfe ou veículos é extremamente inadequada. Minha bicicleta fica trancada e pendurada de cabeça para baixo, com os pneus esvaziando, em um porão coberto de poeira. Meu cão acabou de fazer um lanche, aproveitando-se dos ovos mexidos que caíram no chão de nosso apartamento aquecido.

Algumas das consequências do status dos cães como propriedade são surpreendentes. Os cachorros podem virar uma espécie de moeda. Você pode usar um valioso labradoodle como garantia de um empréstimo, já que o cão é uma propriedade.* Ainda não existe um mercado de câmbio para raças especiais, mas poderia existir.

De fato, o valor do cão como mercadoria — o valor de sua raça — é alto. Como observou o biólogo Patrick Bateson em um estudo de 2010 sobre a criação de cães no Reino Unido, o potencial de mercado de um cachorro é "espantoso". Canis comerciais são capazes de produzir milhares de cães em um ano. No minúsculo País de Gales, com três milhões de habitantes, pelo que se sabe, são quase mil criadouros: só isso já representa potencialmente um milhão de novos cães galeses. Essa densidade é mais ou menos como se houvesse três mil canis apenas em Nova York: 1.300 a mais do que o número de escolas públicas. A grande maioria dos criadouros de cães no Reino Unido (e nos Estados Unidos) é isenta de *quaisquer* padrões relativos ao bem-estar dos animais, inclusive protocolos para atendimento veterinário. Até mesmo os que são regulamentados precisam apenas de licenças, cuidados

---

* Isso não é exclusivamente ocidental, tampouco recente. Por exemplo, os animais eram uma importante fonte de capital no Egito rural do início do século XIX, de acordo com o historiador Alan Mikhail. As pessoas compravam títulos de animais, ações de animais, trabalho animal compartilhado, além de venderem e separarem os direitos dos proprietários dos pais e da prole.

veterinários e certificados, bem como uma "regra de devolução" para garantir o retorno de um filhote "defeituoso". A venda de cães é basicamente um negócio lucrativo sem supervisão. Como no caso de todos os cachorros que tenham donos, crueldades não vistas por olhos alheios nunca sofrerão punições.

A avaliação do governo sobre o valor dos cães — quando vão para uma casa — é praticamente nula (não espere uma garantia alta). O "valor de livre mercado" de um cachorro é como um custo de substituição: o mesmo que você pagou por ele. Se você comprou seu cachorro em um canil comercial que cobra caro por filhotes aparentemente de raça, esse valor pode chegar a alguns milhares de dólares. Se seu cão tiver sido adotado, o valor é o custo da adoção — provavelmente menos de US$ 100. Além disso, talvez você receba de volta o custo de castração, vacinas ou aulas de adestramento. Em outras palavras, o "valor" oficial do cão inclui todas as suas características não caninas. Não é nada intuitivo, mas o valor de "substituição" não leva em conta a substituição do *animal com suas individualidades*. O meu Finnegan, com seu olhar de súplica até eu permitir que entre debaixo das cobertas à noite, ou com sua dança atrapalhada quando percebe que vamos sair para correr, é inestimável. O que não quer dizer que ele não tenha valor. Eu nem sequer poderia imaginar um "custo de substituição", mas certamente seria diferente de zero.

Outra consequência de tornar-se propriedade é observada no destino das cadeiras: elas podem ser *usadas*. Milhões de animais são usados todos os anos nos Estados Unidos para pesquisas simples, testes de produtos, experimentos médicos e em salas de aula. A maioria desses animais constitui-se de ratos, camundongos e pássaros (que não são sequer considerados "animais" dentro da discussão sobre boa qualidade de vida), mas também existe um número significativo de cães. Isso ocorre há bastante tempo. Apesar de Ivan Pavlov não ser conhecido por fazer experimentos humanizados em cães — suas operações eram sem anestesia —, comparado aos fisiologistas da época, ele era um exemplo de gentileza. Claude Bernard, um quase contemporâneo, era obcecado por vivissecções, e realmente acreditava que experimentos em animais vivos como forma de *espetáculo* era algo apropriado. Suas aulas na universidade sobre a fisiologia animal geralmente incluíam demonstrações em um cão vivo, cujas cordas vocais eram rompidas. Então, Bernard seguia removendo os órgãos internos, observando os resultados, até que o animal (inevitavelmente) morria. Bernard e seus colegas executaram diversos cães dessa maneira.

Quantos cães? Isso importa? Apenas um cão — um cãozinho doce, de orelhas grandes e rabo em movimento ao ver a mão amigável se aproximar através da grade — já seria um número alto demais.

Houve um cachorro, conhecido como "cão marrom" — dissecado múltiplas vezes no decorrer de mais de dois meses antes de finalmente morrer —, que foi homenageado em forma de estátua no Battersea Park, em Londres. O cão da estátua é familiar:* olhar alerta e curioso, orelhas de abano balançando distintamente. Sua pelagem, esculpida na pedra, está despenteada. Ele se senta desajeitado. É o bicho de estimação de alguém. "Homens e mulheres da Inglaterra, por quanto tempo as coisas serão assim?", dizia originalmente a placa.

---

* A segunda delas. A primeira foi intencionalmente destruída depois de protestos e atos de vandalismo, como os de estudantes de medicina enfurecidos que queriam realizar suas dissecações.

De fato, por tempo demais. Embora a situação dos cães de laboratório seja bem conhecida, com pesquisadores encarando sua responsabilidade moral, métodos novos e diferentes de usar os cães também surgiram. Foi criada uma indústria de cães "cultivados". Não por sua carne ou por outros produtos animais. Mas por seus óvulos ou seu útero: são peças em um novo modelo de negócios de clonagem de cães. Quando Barbra Streisand sentiu falta de sua falecida cadela Samantha, da raça coton de tulear, foi o que ela fez: por cerca de US$ 50 mil, Barbra conseguiu dois simulacros de Sammie: Srta. Violet e Srta. Scarlett. A posse do primeiro cão se transforma não apenas na posse de um segundo (bem diferente do primeiro), mas na criação de vários outros. Os cães são usados como doadores de óvulos e mães de aluguel, que serão fertilizadas com os óvulos desnudados e repletos de material celular do amado cão original. Esses cães ficam nos bastidores, no laboratório: não são animais de estimação de ninguém. Eles não vão para a casa de Barbra. Diversas crias não viáveis são geradas no processo de clonagem, e morrem após um período curto ou longo, ou simplesmente não são parecidas o bastante com o cão original. Elas são, portanto, descartadas.

Talvez devêssemos tentar não usar os cães dessa forma.

* * *

Todo ano, por volta do mês de abril, no nordeste dos Estados Unidos há uma convergência entre o clima atmosférico e a mente humana. O frio dá uma trégua, os casacos não precisam mais ser fechados até o pescoço, as pernas de vez em quando ficam à mostra e os cabelos são soltos das gaiolas de lã representadas pelos gorros. Há uma leveza no passo. Um verde forte começa a surgir em alguns galhos, depois de semanas ensaiando sua reaparição por entre as folhas secas, ainda marcadas pelo inverno. Crianças saltitam, pedestres sorriem.

Algo também acontece no espaço entre nossas orelhas. Quando a brisa morna bate nos cabelos soltos e na barra da saia, sente-se uma leveza na mente. Há *perspectiva* — é possível terminar aquele livro, começar as aulas de yoga, esvaziar os armários e o porão do peso de objetos físicos que não fazem mais falta. Existe a possibilidade de *mudança*.

Na faculdade em que leciono, o semestre está terminando e as últimas aulas da minha disciplina sobre cognição canina são ministradas em uma sala cada vez mais abafada, em um prédio construído para conter o calor, não para gerar um fluxo livre de ideias. Meus alunos passam quatorze semanas assimilando ensinamentos sobre história, genética, fisiologia, comportamento e a mente dos cães, até que levanto uma última reflexão: o futuro da espécie. Pergunto sobre o que devemos fazer pelos cães. Este ser que observa nossas idas e vindas e tudo o mais com reverência e atenção; que nos oferece suporte emocional, companheirismo e até mesmo ajuda em nossa saúde — o que devemos dar em troca a essa espécie?

A sala fica em silêncio. Alguém comenta que talvez não devêssemos *ter* animais de estimação. Todos reclamam. Olhares circulam pela sala, buscando no rosto uns dos outros a confirmação de que deve ter sido uma piada. Todos nós estudamos sobre os distúrbios hereditários dos cães, suas habilidades sociais e emocionais, sua capacidade de cooperação, nossas falhas de interpretação em relação a eles. O cão como temática. Estudamos o cão sob a suposição de que sempre poderemos viver com eles.

Outra pessoa responde: sem dúvida há inadequações no modo como lidamos com esse animal tão estimado que podemos resolver hoje, agora. Impedindo cruzamentos de risco. Não deixando o cachorro sozinho e isolado a maior parte de sua vida. Aprendendo a interpretar seu comportamento para descobrir se ele está pedindo por algo ou se está assustado, com dor ou confuso. Todos relaxam um pouco. É isso que devemos fazer.

Mas e aquela sugestão levantada por um aluno corajoso e apoiada por alguns outros? Os cães não deveriam ser propriedade. Talvez não devêssemos *ter* cães. Não apenas por não ser papel dos humanos permitir que outras espécies sejam suscetíveis ao sofrimento, mas também porque... os cachorros talvez não devessem ser passíveis de *posse*.

O filósofo Gary Francione quer que paremos de viver com cães — ou, mais especificamente, que paremos de *ter* que viver com cães, porque interrompemos sua evolução. Para ele, uma vez reconhecido o status moral do animal, a única decisão plausível para a sociedade é a abolição de seu uso, inclusive como animais de estimação. Os animais se tornam agentes morais — seres de importância — porque sabemos que são conscientes, capazes de sentir dor e sofrimento. Francione acredita que o status legal dos animais não apenas ignora esse fato, como também contribui para seu total descaso.

Temos uma "esquizofrenia moral" ao lidar com animais, acredita Francione, devido ao seu status de propriedade. Já que animais são como bens materiais, os critérios que ditam seu bem-estar sempre serão muito baixos. "É custoso proteger os interesses animais, o que significa que, na maioria das vezes, tais interesses só serão protegidos em casos onde haja benefícios econômicos", escreve ele. Seu raciocínio enxerga as leis regulatórias — por exemplo, aquelas contra a crueldade animal — como instrumentos que consolidam o status de propriedade do animal, sujeitos ao nosso ("justo") uso. As leis dizem para tratarmos os cães com respeito e sem crueldade para que não soframos as consequências de descumpri-las, e não por ser algo natural que devamos fazer. Portanto, afirma o filósofo, simplesmente não deveríamos mais usá-los de forma alguma.

Por essa perspectiva, não deveríamos soltar os cães que já temos noite afora, mas continuar vivendo com eles, tratando-os com dignidade. Já que nós, humanos, cedemos o lugar à mesa, devemos permitir que esses cães continuem se sentando conosco. Mas, para Francione, "quase todos os animais são utilizados *apenas* por hábito, convenção, divertimento, conveniência ou prazer".

A lógica de Francione faz sentido, mas seus resultados são terríveis. Sinto uma rejeição visceral a qualquer proposta que proíba amplamente o convívio com os cães. E também me preocupo com a forma de *des*domesticação proposta por Francione. Se erramos ao domesticar os cães e outros animais, como ele aponta, deveríamos ter tanta confiança assim ao ditar o melhor para os cachorros agora? Somos não apenas ruins em planejar o futuro das espécies, como também péssimos em determinar o que cada cão ou animal precisa agora, enquanto estão bem à nossa frente.

Além disso, a rota abolicionista levaria à extinção dos cães da forma como os conhecemos. Eu não quero viver em um mundo sem cães.

É possível simpatizar com a indignação de Francione a respeito do tratamento dos animais provocado pelo rótulo de "propriedade", mas enxergando outra solução. Se existe uma dissonância entre família e propriedade, por que simplesmente não mudamos o status de propriedade? É um conceito antiquado que não reflete mais a cultura e a ciência acerca dos cães.

Existem algumas propostas, e elas são de dois tipos: o que mantém o modelo atual e o que o expande. O advogado Steven Wise é defensor da primeira opção, mas usa seu trabalho para questionar o sistema e o significado da terminologia usada. Wise talvez seja mais conhecido por sua luta para que chimpanzés sejam considerados pessoas do ponto de vista legal. Por meio de sua organização, a Nonhuman Rights Project [Projeto dos Direitos de Não Humanos], ele requereu ao estado de Nova York um *habeas corpus* — geralmente usado para garantir a liberação de uma pessoa vítima de encarceramento injusto — para o chimpanzé Tommy, cujo dono o mantinha em uma gaiola de aço e cimento do lado de fora de um trailer no norte de Nova York.*

Individualidade pessoal para chimpanzés — ou golfinhos, elefantes e cachorros — não é algo tão peculiar quanto parece. Para a lei, ser membro da espécie *Homo sapiens* não é o que transforma alguém em pessoa legal. Empresas podem ser pessoas. Sociedades de responsabilidade limitada, investimentos, consórcios, parcerias, entidades não constituídas, associações, sociedades por ações ou, em termos legais, entidades "de qualquer natureza" podem ser pessoas. Ser uma pessoa quer dizer que você conta com certos interesses significativos — não que você seja uma pessoa de fato.

A partir do direito romano, instituiu-se que "pessoas" têm direitos e interesses; e "coisas" são propriedade de "pessoas", não têm direito algum. Nunca houve uma época em que apenas seres humanos fossem considerados pessoas (e por bastante tempo muitos

---

* Três outros chimpanzés, chamados Kiko, Hércules e Leo, também são alvos de processos simultâneos envolvendo o uso de *habeas corpus*. O paradeiro de Tommy ainda é desconhecido.

humanos também não o eram). Contudo, até na era romana havia confusão sobre a distinção humanos/pessoas. "Não há direitos na relação entre o homem e o animal", escreveu Cícero, citando as ideias de outro filósofo estoico: "O homem pode fazer uso dos animais para proveito próprio sem cometer qualquer injustiça." Desde o princípio foi construída uma ambiguidade sobre quem ou o que realmente merecia ser detentor dos direitos. É aí que Wise enxerga uma abertura. Sua abordagem cita primeiro a complexidade social cognitiva demonstrada por chimpanzés — semelhante à de pessoas humanas. Chimpanzés são, afinal, praticamente humanos do ponto de vista genético. Além disso, ele se aproveita das diversas maneiras pelas quais o pedido de *habeas corpus* já foi acionado historicamente sem haver uma relação com seu uso legal primário. Essa flexibilidade permite que Wise questione o status dos chimpanzés como "coisas" que podem ser possuídas.

O tribunal negou o pedido.* Tommy, presume-se, permanece em cativeiro desconhecido. Entretanto, em 2016, em um zoológico argentino, uma chimpanzé chamada Cecilia foi declarada pessoa legal não humana, e sua soltura e posterior transferência para um santuário de animais foi ordenada.

Será que a individualidade pessoal permite que cães escapem de ser objetos? "Durante a história do meio jurídico", escreveu Christopher Stone no artigo "Should trees have standing?" [As árvores deveriam ter direitos?, em tradução livre], "qualquer extensão de direitos para uma nova entidade havia sido, até então,

---

* Em maio de 2018, o tribunal de apelação do estado de Nova York negou a permissão de recorrer na primeira instância. Mas, de maneira concordante, o juiz Fahey expressou por escrito sua preocupação: "A inadequação da lei como instrumento para a resolução de alguns de nossos dilemas éticos mais difíceis vem à tona neste caso." Sobre o tratamento dos animais, ele disse que "em última análise, não é possível ignorar a questão. Embora possa ser argumentado que um chimpanzé não é uma 'pessoa', não há dúvida de que também não é apenas uma coisa".

inconcebível. Temos uma predisposição para supor que a ausência de direitos das coisas que não as têm é um decreto da natureza, não uma convenção legal agindo em prol do *status quo*". Em 2017, o rio Whanganui, na Nova Zelândia, ganhou o status de pessoa. Logo depois, o rio Ganges e um de seus afluentes, o rio Yamuna, na Índia, também receberam tal distinção.

* * *

Estender e revisar a terminologia é outra opção. David Favre introduziu a ideia de "propriedade viva", que seria uma mudança sutil, mas profunda. Conforme Favre me contou, a ideia de caráter pessoal para animais "tenta derrubar o muro", enquanto a noção de propriedade viva remove "alguns de seus tijolos". Esse conceito remete à separação dos objetos entre propriedades ou pessoas legais e sugere que encaixar todos os objetos, vivos ou não, em apenas uma dessas categorias é redutivo. Enquanto seres humanos se encaixam muito bem na categoria "pessoas", não é surpreendente observar que não faz tanto sentido encaixar todo o restante na categoria "propriedade". Por exemplo, nem todas as coisas são propriedades explícitas de outras, já que isso requer uma relação entre objetos e pessoas. O Sol, a Lua e a sequoia-gigante não são propriedades de uma pessoa. Ah! Mas a sequoia pode estar dentro de um parque nacional — neste caso, apesar de sua vida ter surgido séculos antes de o governo ter sido formado, arrastamos essa árvore colossal para o grupo das propriedades: propriedade do governo.* Favre se interessa pelo fato de que essas divisões são construções humanas e não características intrínsecas do Sol ou da sequoia. Desse modo,

---

* É possível argumentar que nos considerarmos "donos" de uma árvore que nos precede em tanto tempo é como dizer que o Sol é "nossa propriedade" com base no fato de termos olhado para o céu.

a atribuição a uma categoria ou outra é passível de ajustes — assim como as próprias categorias também o são.

Por exemplo, nessa enorme árvore podemos encontrar o pica-pau de cabeça branca (*Picoides albolarvatus*), que estabelece nela seu habitat. Seria o pica-pau propriedade da sequoia? Claramente não, já que propriedades são posses de pessoas, e a sequoia não é uma pessoa. Seria o pica-pau propriedade do parque? É possível. Mas Favre defende a ideia de que o pica-pau, enquanto estiver no parque, não está sob o controle de ninguém, e seria melhor descrito como "dono de si". O que os administradores do parque têm são responsabilidades em relação ao bem-estar do animal: protegendo-o da caça ou preservando seu meio ambiente. De modo semelhante, um bebê recém-nascido, que está sob total responsabilidade dos pais, não é *propriedade* deles, mas também não chega a ser uma pessoa legal, já que mal tem controle de seu próprio corpo. Ele também pode ser considerado "dono de si". Os pais estabelecem limites, monitoram o comportamento e fazem diversas escolhas para o bebê. Ele não tem total liberdade, e nem deveria.

Chegamos, então, aos cães. Favre sugere que eles se encaixam melhor na categoria dos pica-paus silvestres e recém-nascidos do que na das sequoias: como donos de si — mesmo que ainda sejam propriedade de alguém, de acordo com a visão binária da lei. Atualmente, eles são mais sequoia do que bebê. E, por mais incríveis que as coníferas sejam, temos uma ideia diferente delas da que temos sobre as maravilhas peludas como a que me fareja neste momento. Assim, nossa "posse" atual se transformaria em algo mais próximo de "tutela". O termo "tutor" já é usado em algumas cidades — como Boulder, São Francisco e Amherst —

para descrever melhor a relação entre humanos e cães.* É preciso apenas que o status legal alcance as finalidades do termo.

* * *

O primeiro ser vivo que vejo pela manhã, antes de meu marido e meu filho, é meu cachorro Upton. Percebendo meus movimentos na cama, ele me chama com a patinha para que eu faça carinho em sua barriga. Do outro lado da cama, Finnegan reage ao meu olhar sonolento e se levanta, se sacode e se aproxima para me cumprimentar. Os dois cães esperam na cama até que eu esteja pronta para me levantar; eles me seguem pelo corredor, me oferecem brinquedos, comunicam-se com o gato, dão uma conferida no meu filho e em seu café da manhã e fazem seus alongamentos matinais. Eles fazem parte do dia a dia de nossa família. Passo a tarde conhecendo novos cães — voluntários para uma pesquisa em meu laboratório, para onde são levados sob o olhar cuidadoso de seus humanos. Cada cão chega ao local com receio, encanto ou curiosidade; são cooperativos e sentam-se com seus humanos; farejam e examinam tudo que mostro a eles, exibindo suas personalidades individuais, até que, enfim, olham para seus humanos quando terminam. Encerro o dia jantando com minha família — os cães comem quando nós comemos —, e depois seguimos para o tapete ou para o sofá com a finalidade de ler, brincar (Finnegan

---

* Acho o termo imperfeito, porém mais adequado do que "animal de estimação" ou, como vem ganhando popularidade, "companheiro" — cada vez mais usado em expressões como "animais de companhia". (Sim, eles nos fazem companhia, mas são companheiros que comem separadamente, são obrigados a seguir nosso cronograma e devem aguardar em estado de pausa total quando saímos de casa. Que baita companhia nós somos.) Assim como os filósofos Sue Donaldson e Will Kymlicka, há também quem sugira que seja estendida aos animais domésticos a categoria de *cidadania*, com todos os direitos que a acompanham.

gosta de uma bolinha que faz barulho; Upton atualmente tem escolhido o porquinho de pelúcia), assistir a um filme, rolar pelo chão (Upton faz festa com qualquer um, contanto que estejamos no tapete vermelho; Finnegan está mais para um jogador reserva, entrando na brincadeira apenas quando já está a todo o vapor), ou apenas ficar sentado, juntos um com o outro (Finnegan é quem gosta de ficar mais próximo).

Tendo essas imagens em mente, o status atual dos cães como propriedade — como bem material — é inadequado. Meus cães operam perfeitamente como pessoas: eles são indivíduos.* A única diferença é a espécie: eu sou a humana deles e eles são meus cães. Se existe o conceito de posse, ele funciona nos dois sentidos: nós com eles e eles conosco.

As leis mudam para refletir o pensamento de nossos tempos. Dois estados — Alasca e Illinois — mudaram recentemente seus estatutos para incluir o "bem-estar" de um cachorro como aspecto relevante na decisão de onde o cão viverá depois do divórcio de seus humanos. Essas considerações incluem a percepção de com qual humano o cão tem mais intimidade; o estresse do cachorro ao mudar de lar ou perder seus amigos caninos; a idade e a saúde do animal; e as responsabilidades relativas atribuídas a cada um de seus humanos. A mudança nas leis representa um aceno sutil para aquilo que não é nada sutil a respeito dos cães: o fato de que eles estão vivendo; que eles vivem; que eles têm uma vida.

O que significaria, então, atribuir o status de "propriedade viva" aos cães, como Favre sugeriu? Ocasionaria uma pressão para a

---

* Assim como outros animais certamente também são — apesar de aqueles que não convivem com animais de fazenda terem dificuldades de estender essa individualidade para esses animais e aqueles que não observam ou interagem com animais silvestres terem dificuldades de estender a individualidade para tais animais.

melhoria de vida deles; representaria, segundo Favre, um reconhecimento direto das preocupações reais a respeito da qualidade de vida dos cães. Seríamos obrigados a manter seus interesses em primeiro plano. Isso não é apenas questão de sensatez, mas também destaca a peculiaridade de nunca termos tido que considerar os animais dessa maneira até hoje.

Já reconhecemos que temos *algum* sentimento de obrigação pelos cães — no mínimo, não sermos cruéis (como dita a lei), como também agirmos com responsabilidade em relação a eles. O status de propriedade viva refletiria a compreensão comum e difundida sobre o significado dessa responsabilidade com relação a algo que tem vida particular, com suas experiências e consequências — e cuja própria existência melhora significativamente a vida humana. Não temos esse dever com propriedades inanimadas: por mais confortável que uma cadeira seja, não devemos nada a ela. Mas devemos, sim, aos cães. Além disso, o compromisso é com os indivíduos caninos, não com o Estado — como acontece nas leis contra crueldade. Cada cão tem seu direito de ser cão. "Atualmente na história, os animais não humanos de nosso planeta não são nossos irmãos nem nossos semelhantes, mas, sim, o que poderíamos chamar de filhos", escreveu Favre.

Teríamos que prestar atenção ao que importa para os cães; como consequência, isso deve também ser importante para nós. As leis anticrueldade funcionam para evitar que os cães sintam determinados tipos de sofrimento (ou, como é mais provável, para impor algum tipo de punição àqueles que infligiram a dor); alguns estados contam com decretos que exigem "condições sanitárias", exercícios periódicos e cuidado veterinário quando necessário. Mas parar por aí sugere igualar uma *vida* à falta de negligência.

Viver, para humanos e não humanos, não significa evitar sofrimentos, e sim buscar sentido, felicidade, conexões.

Os cães deveriam ter a permissão — a possibilidade — de conhecer o potencial de sua espécie: ser um cão por completo. Um pássaro deve voar, um porco deve rolar na lama, um cachorro deve:

brincar
caçar
explorar
correr
descansar
buscar
mastigar
rolar
saltar
montar
fuçar
tocar
cavar
farejar o mundo livremente

Eles devem estar junto de outros cães; junto de pessoas. Devem conhecer novos lugares, novos cães, se engajar em novas atividades. Devem ter permissão para fazer escolhas, negar a participação em alguma atividade forçada, ser ativos na condução da vida deles.

É certo que alguns dos comportamentos naturais que os cães expressam podem chocar seus donos. James Serpell, da Escola de Veterinária da Universidade da Pensilvânia, destaca, dentre eles, "o apetite por lixo, a promiscuidade sexual, a inquietação olfatória, a forma como fazem suas necessidades e os eventuais casos de hostilidade com estranhos e visitas". Nossa complacência com o comportamento canino normalmente se limita àqueles que não nos causam nojo e desconforto. Apesar de eu não incentivar que nossos cães subam nas visitas fazendo movimentos estranhos, me pergunto que tipo de *animal* nós achamos que os cachorros são. Declaramos nosso amor por eles, mas suas características animalescas parecem nos enlouquecer.

Um cão precisa ser um cão — e os elementos essenciais da vida deles devem ser atendidos. Apesar de a indústria dos animais de estimação nos contar há décadas que esses elementos são, de maneira geral, treiná-los, alimentá-los e passear com eles, tais requisitos são totalmente inadequados e superficiais. Além disso, a facilidade relativa de cumprir essas demandas (contratar aulas de adestramento, servir ração, amarrar o cão em uma coleira e levá-lo para um passeio pelo quarteirão) deturpa de forma perigosa a inadequação de uma vida desse tipo para uma criatura capaz de nutrir sentimentos. Não faz parte da rotina imaginar, muito menos cumprir, aquilo que o cão quer, precisa ou até mesmo *pode* fazer.

Nas últimas duas décadas, o gotejar de pesquisas sobre cognição canina transformou-se em um verdadeiro rio, e os resultados desse trabalho podem ser usados para elucidar aquilo que os cães podem fazer e o que deveriam ser encorajados a fazer. Como o fato de certas raças terem predisposição para correr atrás de outros animais, reunindo-os e conduzindo-os (como ovelhas, ou, na ausência delas, crianças); como certas raças são atiçadas a perseguir um objeto ao vê-lo voando; como alguns cães têm a respiração restrita e rendem melhor em ritmo moderado, com bastante descanso; como o focinho comprido possibilita uma visão do horizonte mais aguçada (permitindo que eles sigam com eficiência uma bolinha ao quicar) e como o focinho curto traz uma visão mais nítida no centro dos olhos (usados para focar em qualquer rosto humano que se aproxime) — tudo isso deve ser considerado no mundo canino. Hoje sabemos que os cães têm muita habilidade (e adoram fazê-lo) para reconhecer cheiros, que identificam pessoas e outros cães através dos odores e que podem até ter essa capacidade de faro reduzida se os afastamos dos aromas. Como, então, poderíamos ser capazes de impedir que farejassem? Entendemos a importância do companheirismo social — pessoal ou canino. Como, então, poderíamos ser capazes de negar essa companhia? Deveríamos valorizar o fato de que cães são destros ou canhotos (e têm, portanto, algumas tendências que possivelmente negligenciamos), de que não gostam de carinho em algumas partes do corpo (eles apenas aturam com bom humor os afagos na cabeça e os cafunés excessivos... até cansarem) — em resumo, que são indivíduos com *maneiras próprias de sentir*.

Mudar o status dos cães traria mudanças na sua posse, passaria a ser um direito (ou privilégio) que podemos deixar de ter. Nós *podemos* ter cães. Mas não se os tratarmos de qualquer maneira. Individualmente, caso alguém se mostre incapaz de oferecer uma vida adequada para o cão, ele seria transferido para o cuidado e a posse de outra pessoa. Isso já é feito hoje em dia, em casos de acúmulo de animais — mas esse é apenas o tipo de caso mais gritante da incapacidade de se manter animais de maneira efetiva.

Além disso, nem todas as pessoas legais podem ser "donas adequadas", como Favre coloca. Algumas (como as corporações) "não apresentam o interesse ou a habilidade de tomar conta da propriedade". Canis comerciais que exploram os animais (as chamadas "fazendas de filhotes") se encaixam diretamente nesse panorama. As particularidades da vida dos pequenos ou de seus pais em um criadouro de cães em grande escala só importa de acordo com o objetivo do lucro. O cão tem "importância", mas apenas comercial, como produto; não como um cão de fato. Se é mais fácil manter vários cães em uma gaïola pequena, separar os filhotes de suas mães cedo demais, ou isolar os cães por conveniência, isso será feito. Qualquer cuidado ostensivo só é realizado em prol do negócio.

E se, sob o status de propriedade viva, não fosse mais aceitável tratar cães como mercadoria? Não seria um baque na economia proibir a venda de cães. O excedente populacional de animais de estimação — boa parte dele originado nos grandes canis comerciais — seria extinto. A criação de cães seria feita por pessoas sem interesse comercial nos animais, com os devidos tempo e cuidado necessários para a tarefa. Isso desencorajaria todos aqueles que não se preocupam diretamente com os cães e suas necessidades. Canis extensivos e distribuidores não deveriam lucrar com criaturas conscientes, cuja população excede nossa capacidade social de cuidarmos dela.

Se o dinheiro *estiver* envolvido no negócio, uma diferente forma de distribuição é necessária. Se os cães forem usados de maneira produtiva — ou seja, se forem "empregados" —, eles devem receber uma parcela de qualquer valor monetário pelos seus serviços. Como ferramenta cujo o propósito é encontrar pragas indesejadas para clientes, por exemplo, uma porcentagem do lucro deveria ser separada a fim de cobrir os custos de bem-estar e cuidados com o cão.

Ao encararmos a necessidade de rever noções legais antiquadas sobre os animais, nós guiamos os cães para um mundo melhor. O próprio "uso" dos cães — um dos termos legais que nos levou ao paradoxo atual de nossa relação canina — pode ser reduzido. Podemos ter a posse de cachorros, mas não podemos realizar uma vivissecção. Podemos tê-los em casa, mas não se isso significar apenas mantê-los vivos e parados. Caso sejam usados para algo que não seja da natureza deles, o dono deve perder a posse do cão. Isso não daria passe livre aos cães, mas limitaria nossa liberdade de tratá-los de qualquer jeito. É uma vitória para os cães, mas não chega a ser uma derrota para os humanos — a não ser para aqueles que se beneficiam dos maus-tratos ou ostentam sua crueldade intencionalmente. Ou seja, todos saem ganhando.

Meu cão, querido e honesto, está sentado em minha poltrona, macia e confortável, e eu o vejo de maneiras completamente distintas. Nossos cães olham para a gente; nós somos vistos por eles. Quero que minhas ações — as ações de nossa cultura — sejam dignas desse olhar.

Coisas que as pessoas dizem a seus cães

O que é que os cães têm para fazer com que homens inteligentes, mulheres brilhantes — grandes mentes — olhem para eles e digam [com vozinha de bebê]: Quem é um bom menino? Aimeudeuso iti malia!

(Stephen Colbert)

Por mais que recebamos um silêncio impassível como resposta, nós conversamos com os cachorros. Ainda bem, pois poucas coisas são mais tristes do que ver alguém lendo as notificações do celular enquanto arrasta um cão pela coleira durante o "passeio dele". Falar com cachorros é algo tão natural que, por muito tempo, eu nem sequer me dava conta de que fazia isso. Mas, assim como tenho certeza de que calcei meus sapatos pela manhã, abotoei meu casaco e conferi se tranquei a porta, certamente também conversei com meus cachorros. Não tenho nenhuma lembrança de ter feito nada disso; apenas evidências de que meus sapatos estão nos pés, o casaco está abotoado e a porta está trancada. E agora? Agora tenho provas de que converso com meus cães.

Porque passei a escutar.

Por muitos anos, tenho escutado — tudo aquilo que minha família e eu dizemos aos nossos cães, em primeiro lugar, como também ao que *você* diz. Encontro cachorros aonde quer que eu vá: nas calçadas, nos parques, nas lojas e nos aeroportos, em recitais, no meu laboratório. E a maioria deles tem pessoas ao lado. Assim, não demora muito até que eu as ouça falando com seus cães.

Você é tão fofo e esperto.
E vale dinheiro! Eu poderia me casar com você.
(Mulher com seu goldendoodle, 13 de setembro)

Por mais antropomórfico que falar com cachorros possa parecer à primeira vista, nós já conversávamos com eles muito antes de começarmos a vesti-los com roupinhas feitas a mão (suéteres com pontos decorativos e lã de alpaca para dar maciez) e comemorarmos o aniversário deles (com bolo de manteiga de amendoim e fígado personalizado e decorado). Os cães eram apenas um dos animais com quem conversávamos. Há centenas de anos, no início da era moderna, aqueles que hoje chamamos de animais de fazenda eram onipresentes nas cidades e viviam entre os cidadãos. Porcos andavam lado a lado com pedestres (e, de vez em quando, derrubando e ferindo crianças), galinhas eram bem-vindas dentro de casa e não era incomum encontrar vacas sendo ordenhadas nas ruas. Livres das preocupações de se manter distância desses animais, muitas vezes conversávamos com eles — afinal, por que não nos entenderiam? As conversas definitivamente eram unilaterais, e costumavam ser mais comandos do que assuntos em si: podiam-se dizer expressões antigas como "Coom biddy", "Yuly, yuli" ou "Bawk up" para uma vaca que estivesse acomodada em seu lugar. De certo modo, os animais compartilhavam uma linguagem em comum com os donos, já que os cavalos de tração *entendiam* que "Gee" significava "giddyup" [ou "eia", expressão usada para tocar animais de carga]; que "Heit" significava "vire à esquerda"; que "So boy, there boy" era uma declaração elogiosa. Ou, ao menos, eles pareciam entender: um bom cavalo era aquele que se comportava de acordo com o que lhe era pedido (caso contrário, não duraria muito tempo).

Historicamente, a língua falada com os animais reflete a noção bíblica de domínio, da posição do homem acima deles. Falar é dizer ou comandar, não perguntar ou querer saber. Em um mundo pós-darwiniano, no entanto, a ideia de domínio é não apenas cientificamente falida, como simplesmente não se aplica ao relacionamento que nutrimos com os animais, em especial os de estimação. Embora possamos ordenar a um cachorro "Senta!" ou "vem!" (se ele obedece ou não já é outra questão), os comandos não representam uma conversa de fato — e hoje, quando falamos com eles, nós *estamos* de fato em uma espécie de conversação. Como se fosse um de nós, seu cachorro faz parte do diálogo: falado, não apenas ordenado.

Essas conversas, no entanto, nunca foram iguais aos famosos, porém fictícios, diálogos encontrados em A *história do Dr. Dolittle*, de Hugh Lofting, que abandona a prática da medicina humana quando percebe que consegue se comunicar com os animais (além disso, eles são mais legais.) A interação de Dolittle com os bichos me inspirou, quando criança, a imaginar a possibilidade de falar com eles e ouvir uma resposta — pois, no mundo dele, os animais falam, e falam bem, exatamente como os seres humanos, e Dolittle conversa com os bichos como se fossem amigos ou colegas. "Ora, ora!", diz ele a Jip, o cão que se ocupa em farejar para descobrir aonde uma pessoa desaparecida poderia ter ido. "Sabe, isso é de fato bastante extraordinário, bastante... Eu me pergunto se você poderia me ensinar a farejar tão bem assim..." O "Ora, ora!" de Dolittle é o tipo de marca de oralidade que poderia ser usada, digamos, em uma história de aventura britânica do início do século XX. E, no fim das contas, é exatamente o tipo de coisa que *não* dizemos aos nossos cães — mesmo quando somos formais. A formalidade exige um "Sr. Jip, de Jip Jipsons", ou, lá em casa, o nome completo do Upton: "Upton Horowitz Shea...", não um "Diga-me, meu bom cão, seria o momento de passearmos?". Também não damos continuidade à conversa, ponderando ou fazendo comentários com os cães do mesmo modo que fazemos com um parceiro ou um amigo: o que é notável, já que o cão, ao menos, é um público cativo.

Muito obrigado. Valeu, cara.
(Homem para Finnegan, que o farejava, 5 de dezembro)

Por sua vez, isso não significa que o diálogo que temos com nossos cães seja uma fala simplificada. Não é igual àquele que ocorre entre os pais e o filho na fase pré-verbal, por exemplo. A ideia de os cães serem filhos dos donos está arraigada. Impregna a nossa linguagem: os donos são chamados de "mamãe" ou "papai" do cachorro (termos comuns em clínicas veterinárias), e as pessoas se referem a eles como seus "bebezinhos" peludos. A ideia está em nosso cérebro: um estudo com ressonância magnética funcional concluiu que as mães apresentam os mesmos padrões de atividade cerebral ao olharem para fotos dos cães e dos filhos. Ela está presente até mesmo nos estereótipos culturais: faz parte do senso comum (mas incorreto) afirmar que os cachorros têm a inteligência aproximada de uma criança de 2 anos; casais jovens podem considerar a possibilidade de adotar um cãozinho como um período de experiência antes de terem filhos.*

Mas não falamos com cachorros do mesmo modo que falamos com bebês. Decerto existem coincidências. Em ambos os casos, usamos "vozinha de bebê" — ou aquilo que os pesquisadores chamam de "discurso dirigido a bebês" (o que soa muito mais acadêmico do que estudar *vozinha de bebê*). Quando usamos a vozinha com os bebês, nosso tom de voz se eleva — um "Oi, neném!" digno de soprano — e se torna mais melódico, com muitas variações. Nossas vozes ficam harmônicas, mais semelhantes à de uma criança do que à de um idoso. O mesmo se dá quando nos dirigimos aos cães.** Imagine dizer um "Oi, cachorrinho!" na voz

---

* Uma rápida busca por artigos acadêmicos revela dezenas de ocorrências da construção específica "Assim como as crianças, os cães" ["(...) nem sempre respeitaram", "(...) exibem traços comportamentais", "(...) usam seus responsáveis", "(...) exploram o ambiente", "(...) são conhecidamente não confiáveis"].
** E ainda mais com cachorrinhos: o "discurso dirigido a filhotes" exagera nesse efeito. Os filhotinhos respondem com entusiasmo a esses sons da fala — muito mais do que à enxurrada de palavras que despejamos na cabecinha deles.

do famoso dublador do Darth Vader, James Earl Jones: absurdo. Até mesmo Jones se veria forçado a soltar um falsete. Também usamos um vocabulário bastante limitado tanto com crianças quanto com cachorros. Raramente discuti a possibilidade de abster-me de qualquer perambulação devido à precipitação (por mais agradável que seja a pronúncia dessas palavras) com meu filho pequeno ou com meus cãezinhos. Em vez disso, tendemos a repetir palavras, falar mais devagar, encurtar as frases e abandonar por completo algumas classes gramaticais, como os artigos. As falas mais parecem um telegrama: enquanto hoje eu digo "Você poderia encontrar a bola para que a gente possa jogar?" para meu filho de 8 anos, exclamamos "Pega a bolinha!" com os bebês — e com nossos cães de 10 anos.

Conversar com filhotes (ou com cachorrinhos já crescidos) difere de outras formas: quando falamos com bebês, costumamos dar muita ênfase às vogais: dizemos de forma exagerada "Olha só o cachorrinhooooooooo!" para eles, mas não muito para os cães. É uma diferença sutil, mas fundamental, que marca uma divisão em nosso modo de pensar sobre crianças e filhotes. Dar ênfase às palavras parece ser um recurso didático: uma forma de ensinar nosso idioma a um ser humano em fase de desenvolvimento. Quando falamos com os cães, porém, não temos a mínima ilusão de que eles vão aprender a falar nossa língua.* Assim, fazemos uso da vozinha de bebê com o intuito de chamar atenção e causar um efeito positivo nos bichinhos, mas deixamos de lado o didatismo.

Por outro lado, ao morar com três indivíduos do sexo masculino de 10 anos ou menos — sendo apenas um deles humano —, me

---

* Fiéis à forma, fazemos uso da ênfase em frases dirigidas a estrangeiros que estudam inglês como segunda língua: por um lado por condescendência e, por outro, como forma de instruir (ou com essa intenção).

dei conta de que, embora eu valorize meus cães e sinta um imenso respeito por quem eles são, existem coisas que digo para eles, mas não para meu filho. É provável que eu fale "Bora!" para Finnegan e (especialmente) para Upton todos os dias, mas se preciso pedir a meu filho que se mexa, eu incluo a informação em algo mais elaborado: "Vamos lá, Sr. Preguiça"; "Você vem comigo, filho?"; "Vamos andando, por favor". Do mesmo modo, minhas sobrancelhas erguidas com um estridente "Mas o que é isso?" são exclusivas para cães; o mesmo vale para a solicitação de "Vá pra cama!" que precede um petisco. Se eu tivesse que gritar "Senta!", seria para os cachorros, não para o menino (mas costumo não pedir: quem sou eu para insistir em um local específico para seus traseiros?). Certa vez, me peguei dizendo "Bom menino!" para meu filho quando ele ainda era bem novinho — e nunca mais aconteceu de novo.

O que é que você está fazendo? Eu não consigo te entender.
(Mulher para seu cachorro preto e branco bastante
fungador, 22 de outubro)

Eu, no entanto, converso com meus cachorros, e muito. Ao acordar, os dois cães que aquecem uma ou outra perna talvez sejam as primeiras criaturas com quem falo no dia: "Oi, amiguinhos, como é que vocês estão hoje?" Fico imaginando quais foram os sonhos deles, mas não pergunto. Em vez disso, é possível que eu peça a Finn que se aproxime para receber um carinho enquanto ele se espreguiça da maneira que sempre faz — patas dianteiras que agarram o lençol e o impulsionam para a frente, patas traseiras esticadas, como se fosse alçar voo. Pergunto para Upton se um passeio ou um café da manhã lhe caem bem. E assim tem início um dia de conversas com os cachorros.

Não espero uma resposta por parte deles, é claro. Isso não é uma preocupação para mim — e se eu achasse que eles pudessem responder, mudaria o que eu digo. Mas existe ao menos uma cultura que tem, sim, essa preocupação, e é por isso que seus membros permanecem calados. James Serpell reportou que o povo indígena Yurok, da Califórnia, apesar de dar imenso valor aos cães de caça e organizar cerimônias de enterro quando eles morrem, não nomeava nem falava com os animais, "pois acreditava que eles poderiam responder-lhes, e assim perturbariam a ordem natural das coisas, provocando uma catástrofe generalizada". Como se, caso eles respondessem, a importante distância entre os cães e os humanos viria à tona.

Ou talvez os cães apenas tivessem terríveis vozes anasaladas e dissessem coisas radicalmente inteligentes (ou estúpidas), e nós preferimos não ter que lidar com as consequências disso. Só que o silêncio na presença de cachorros me tira do sério. Nem todo mundo conversa com seus cães, mas, se os donos não falam, falo eu. Embora eu me contente com o simples fato de coexistir em um mesmo ambiente ou em uma trilha de floresta com um cachorro, eu o considero um agente, alguém que vale a pena abordar.

Não sei, você vai ter de pedir a ele. São dele.
(Dono de cachorro despreocupado para outro cachorro
que farejava seu bolso, 7 de junho)

Quando passei a prestar atenção nos monólogos que os donos dirigiam aos cães, descobri que estavam por toda parte. Ao passar por uma calçada pela manhã, quando cachorros e donos sonolentos saem cambaleantes para a micção matinal do bichinho, é possível que eu presencie dois ou três trechos de conversa em um longo quarteirão. Na verdade, começou a parecer que, às vezes, o próprio ato de alguém passar por perto *induzia* uma conversa do dono com o cão — como se a intenção fosse enfatizar que ele não estava caminhando sozinho e devagar pela calçada. Nem um pouco sozinho: ele estava *com* alguém.

Comecei a anotar cada trecho que eu ouvia.* Cinco passos depois de cruzar com uma mulher que caminhava com dois cachorros pequenos, ambos de roupinhas, um dos quais havia levantado a pata traseira para mirar diretamente em um andaime, eu parei, tirei um envelope fechado da bolsa e anotei suas palavras: "Você vai primeiro: *Excellente!* Ótimo trabalho!"

Eu não só não conseguiria ter inventado essa fala, como também provavelmente não me lembraria dela no minuto seguinte. Se eu não tivesse eternizado seu momento de entusiasmo bilíngue e inusitado no mesmo instante, ele teria se perdido. Nem o cachorro e, talvez, nem a própria mulher se ouviam. Ninguém mais parecia prestar a mínima atenção enquanto eles seguiam em frente com o passeio. Depois de uma tépida reverberação na parte de baixo do andaime, suas palavras desapareceram em meio aos ruídos da manhã. Coloquei o envelope de volta na bolsa e olhei para a mulher. Ela e seus cãezinhos dobraram a esquina e se foram.

Centenas de anotações depois, comecei a notar um padrão. A maioria das conversas caninas que ouvi se encaixava em categorias — não gramaticais ou conceituais, mas visivelmente direcionadas aos cães. A mulher que elogiava seu cãozinho mijão e bem-vestido

---

* Você pode encontrar alguns no Twitter: #ThingsPplSayToTheirDogs.

faz parte da primeira: Comentários Maternos sobre o Comportamento. Com olhos fixos no cachorro, ela enxerga *tudo*. E precisa falar sobre isso.

Você tem muito o que aprender! Muito o que aprender!
(Mulher para seu filhote de dachshund na calçada)
Qual o seu lance hoje com grama, cachorro?
(Mulher para um vira-lata peludo que lambia gotas de orvalho)
Você fez um amiguinho?
(Mulher para seu cachorro que se aproximava abanando o rabinho)
Sei que você ficou animado ao ver outro filhote... Mas eu preciso que meu braço continue no lugar.
(Mulher para um retriever que puxava a coleira)
Ah! Você gosta de montar!
(Mulher para cachorro que montava em outro)
Você realmente ama uma testosterona, né, garota?
(Mulher para sua cadela, que estava de olho em um cachorro do outro lado da cerca)
Você poderá sentar quanto quiser quando a gente chegar em casa.
(Mulher para um cão que não queria ir a lugar algum)
Você é M-A-U.
(Mulher para um cão que devia saber soletrar)
Você não gosta mesmo de pombos, né?
(Mulher para um beagle indiferente)

Como se poderia esperar da categoria, quase todas as falas são de mulheres. Na verdade, entre as anotações no meu caderno, as mulheres surgem seis vezes mais do que os homens. Elas falam com mais frequência, mais depressa e por mais tempo do que os homens — nas calçadas e em estudos científicos de pessoas que conversam com cachorros. Elas repetem mais as palavras e não têm vergonha de soltar expressões carinhosas. Isso não significa que os homens sejam imunes aos Comentários Maternos:

Comporte-se! Quando você se cansa, fica malvado.
(Homem para cão bagunceiro)
Ah, qual é, dá um tempo. Sou eu.
(Homem para cão latindo)
Amigão, você não pode parar no meio da rua.
(Homem para cão preguiçoso)
Tudo bem, já saquei, garoto. Entendi perfeitamente bem. Vai chegar a qualquer momento. Quase lá. Vai ser demais.
(Homem para cão uivando por um petisco)

Comum a todos os gêneros — comum aos seres humanos — são os comentários que refletem as profundas dificuldades que os bípedes orientados pela visão encontram ao tentar compreender os quadrúpedes centrados no olfato do outro lado da guia:

Fala sério! É um poste de luz.
(Homem para cão que desfrutava os maiores prazeres olfativos de uma noite chuvosa)
Inspeção simultânea de traseiros! Uau!
(Mulher para labrador amarelo sendo muito bem investigado)
Não consigo entender o que tem aí de tão interessante.
(Mulher para pequinês que não tira o focinho do chão)

Na verdade, a madame *Excellente* ultrapassa categorias: ela também faz parte do Time dos Torcedores, encorajando e apoiando sua equipe:

Boa parada. Gostei mesmo, meninos.
(Passeadora de cães para seus cinco clientes ao dobrarem uma esquina)
Pelo menos até o fim do quarteirão, bebê.
(Mulher para seu grande e imóvel buldogue)
Vamos lá, você já fez todo o caminho. Só mais um degrau!
(Homem no último degrau para filhote esparramado no penúltimo)
Vamos na frente! Líder! EBA!
(Mulher saindo de casa com cachorro minúsculo)
Vai, fareja um pouco da sabedoria dele.
(Mulher para cão que cheirava o focinho grisalho de outro cão)

Levando em conta que os novos donos de cães são instruídos desde o início a ensinar comandos aos filhotes — senta, fica, vem e até mesmo, por razões que vão além da minha compreensão, gira —, não é de surpreender que outra categoria seja a das Instruções. Já ouvi muitos "Senta! Fica!", mas o que mais me impressionou foi como quase todas as instruções são perfeitamente implausíveis. É muito diferente da lista comum de comandos:

Certo, rapazes: dividam.
(Homem apresentando um prato para dois cães lamberem)
Nada de pizza! Não!
(Mulher e yorkshire terrier de olho em uma fatia caída na calçada)
Vamos indo? Certo, vamos lá.
(Mulher para cão que, ao que parece, compreende polissemia)
Para! Aqueles cachorros são maiores que você. Tsc, tsc.
(Mulher para dois dachshunds que latiam)
Nada de cocô de coiote antes do café da manhã, cachorros.
(Mulher para cães inadvertidamente fissurados por fezes de coiote)

Prestem atenção, nós só vamos fazer um xixi. Nada de cachorros, nada de nada.
(Mulher explicando)
Se você chegar até o fim da cerca, vai ganhar um cookie. Se deitar, nada de biscoito.
(Mulher para um corgi que provavelmente não vai conseguir chegar ao fim da cerca)
Agora não. Vamos deixar para cheirar na volta.
(Mulher para cão determinado a farejar certo trecho da calçada)
Vai correr! Vai brincar! Espera, na lama não!
(Mulher — inutilmente — para um labrador)
Para! Vai brincar com os outros cachorros. Vai!
(Mulher para um poodle que tentava brincar com ela)
Pode vir, faz o que tiver que fazer.
(Mulher para cachorrinho no meio-fio)
Vocês vão ter de se organizar.
(Mulher para dois cães que puxavam para lados diferentes)
Anda logo! Estamos atrasados!
(Mulher para cão que não parecia particularmente a fim de cooperar)
Atenção! Atenção! Fica de olho na rua!
(Mulher para labrador chocolate que corria de lado em minha direção)
Vamos por aqui. Eu sei que não tem planta nem lixo nenhum, mas adivinha só? Talvez tenha um cachorrinho!
(Mulher para filhotinho serelepe)
Vai pegar a bola! Pega a bola! Pega a... Então tá. Eu pego.
(Mulher para um cão de caça que não caça nada)
Vamos nos organizar, mocinhas.
(Mulher para um grupo de terriers)
Só um pouquinho de privacidade aqui, cara.
(Mulher para cão que cheirava com vontade outro cão que fazia suas necessidades)

Seu cachorro e você

Allez! Clarence está indo para o outro lado. Allez vous.
(Mulher para um shiba inu)
Seja parte da solução, cara.
(Mulher para cão desobediente)
Estou vendo você fazendo coisa errada. Pode parar.
(Mulher para um de seus quatro cachorrinhos)
Você precisa me dizer como está se sentindo! Está constipado?
(Mulher para cão cabisbaixo)
Deixa pra lá. Nós temos melhores em casa.
(Homem para cão que procurava desesperadamente por uma bola de tênis perdida)
Olha os modos.
(Homem para cão aparentemente educado)

E, misturando instruções não apenas com o implausível, mas também com o impossível:

Fala sério. Seja homem.
(Homem com boné de beisebol e buldogue sendo farejado)

Muitas vezes, as instruções são repetidas de tal maneira que ficariam extraordinárias em qualquer outro tipo de conversa:

Bora bora bora bora bora, vamos embora, vamos embora.
(Mulher para cão que farejava o meio-fio)
PARA. PARA COM ISSO. PARA. PARA. PARA!
(Mulher com uma bola para um labrador latindo pela bola)
Mata ele! Mata ele! Mata ele! Mata ele. Mata ele, eba!
(Mulher, cão e brinquedinho de pelúcia)
Dá patinha! Dá patinha!
(Idoso na rua para cão de três patas)

No espírito das conversas que exigem apenas uma voz, direcionamos pontos de interrogação aos nossos filhotes, envolvendo-os *como se* eles pudessem nos responder — e então esperamos alguns instantes a fim de dar-lhes o devido tempo para fazer isso. Eles nada dizem, porém, e raramente ficamos tristes ou deprimidos com isso. Este é o reino das Perguntas Para Sempre Sem Resposta:

Será que eu ainda sou interessante?
(Mulher para filhotinho interessado em outra coisa)
O que é isso, você está reinventando o cocô?
(Mulher para cão que fazia longas fezes)
Você ganhou brinquedinho novo? Você ganhou brinquedinho novo?
VOCÊ GANHOU BRINQUEDINHO NOVO?
(Mulher para cão que aguardava com brinquedinho na boca)
Qual é seu nome, bebê?
(Mulher para "Spike")
Está aqui? E aqui? Tem certeza que é aquele? Tem certeza?
(Treinador para cachorro, próximo a colmeias)
Vamos ao parque? Ou vou ter de ir sozinho?
(Homem para cão de longas orelhas e olhos tristes)
Vocês gostariam de participar de um grupo de leitura?
(Mulher para cães no parque)
Por que você sempre faz isso quando ela está farejando?
(Homem com dois cães, um puxando para o leste, outro com o focinho para baixo)
Oi, meu bem. Você votou?
(Mulher para cão contente do lado de fora do centro de votação)

Por trás de cada pergunta não respondida existe a sensação de que talvez já saibamos a resposta, dado que nós e nossos cães vivemos juntos, nos vemos pelados e, é claro, *sabemos tudo um sobre o outro*. Isso explica o surgimento de frases como "Nós já falamos sobre isso": usando de maneira implícita do nome completo do cachorro, reviramos os olhos para seu fingimento de não entender exatamente o que ele deve fazer:

> *Nós dois sabemos que a gente tem que ir agora.*
> (Mulher para cão saltitando na neve)
> *É sério isso?*
> (Mulher para cão que fazia um longo xixi)
> *Já falamos sobre isso: nada de comer coisas que você acha na rua*
> (Homem para cão que procurava por comida)
> *Lembra que combinamos de cooperar? Boa menina.*
> (Mulher para cadela indiferente)
> *Ei! Parou! [sussurros] A gente falou sobre isso ontem.*
> (Mulher para cão que a puxava)

* * *

Mesmo quando passei a dedicar o máximo de atenção ao momento em que o tutor começa a falar com seu cachorro a meio quarteirão de distância, por muitos meses deixei de prestar atenção em mim mesma. Certo dia, me peguei conversando com cachorros, alegre e descontraída. Não demorou muito até que eu percebesse que os papos aconteciam não apenas diariamente, mas muitas vezes ao dia. No fim das contas, sou uma típica tutora de cães que conversa com eles — e as frases que saem da minha boca... Bem, muitas vezes abrangem mais de uma categoria, com certeza:

> *Talvez ele sempre tenha morado aqui ... Que estranho, né?*
> (Eu, ao entrar em um elevador com outra pessoa dentro e meus cachorros a farejarem.)

Quer dizer, é o que eles devem estar pensando...
(Comento com o homem.)

Nossas conversas com os cães são diferentes quando temos outras pessoas por perto. Quase todas as frases que ouço são *entreouvidas* — não eram direcionadas a mim. No entanto, falar com cachorros na presença de outros indivíduos serve como uma espécie de lubrificante social, uma maneira de possibilitar que conversemos uns com os outros. Se fizermos a pergunta "Qual é seu nome?" voltada para o cão, nunca, jamais teremos uma resposta — exceto, obrigatoriamente, se o dono respondê-la.* Os cães não são apenas um reflexo de nós mesmos, mas também nossos intermediários sociais. Qualquer hesitação que eu possa vir a ter a respeito de uma pessoa que se aproxima de mim na rua é ofuscada pela saudação alegre e serelepe de Finnegan para seres humanos de quase todos os tipos e comportamentos. Além disso, tanto a pessoa quanto eu podemos seguir nos esquivando de qualquer desconforto ou constrangimento que sentimos: basta falarmos com o cachorro, não um com o outro. "Olá! Que ótimo dia para um passeio!" Muitos cumprimentos envolvem pontos de exclamação, o tipo de abordagem por parte de estranhos que costuma deixar um autêntico nova-iorquino de cabelo em pé: viver tão perto de outros milhões de pessoas funciona, em parte, por não termos que admitir que de fato enxergamos uns aos outros. Mas, direcionado ao cachorro, o ponto de exclamação ultrapassa nos-

---

* As relações entre tutores, que se iniciam a partir de conversas com seus cães, muitas vezes se desenvolvem sem que as pessoas jamais *se* apresentem. Demorei anos para descobrir os nomes dos rostos humanos familiares que acompanham os cães que conheci, em cujas orelhas fiz carinho e vi crescer. (E, quase imediatamente, me esqueço de como os humanos se chamam — é inevitável.)

sa ideia de invisibilidade mútua. Cada um de nós reconhece a presença do outro através da admiração compartilhada que sentimos pelo cão. "Seu pelo é tão brilhante!", ele (eu?) costuma ouvir. Ao que eu respondo: "Obrigada; limpo você quase todos os dias, não é, Finn?"

Em um parque canino, o "cachorro novo" é saudado pelos cães do pedaço com seus focinhos — e também ganham a atenção dos donos que frequentam o local. "Quem é você? Que gracinha que você é. Ah, você gosta de pular!" Depois de falar com o cão — e enquanto olha para ele —, o pessoal "de sempre" ergue a cabeça para falar com o dono. Mesmo quando os humanos engatam uma conversa, o encontro termina através do cachorro: "Tchauzinho, Max. Vejo você amanhã, rapazinho." Atuando como elo de interação entre humanos, os cachorros, com seus hábitos e particularidades, são um assunto bem mais agradável do que o clima. Mas são mais babões.

Você, você, você, você, você.
(Mulher para seu cão malhado, 11 de novembro)

Não são apenas os estranhos que se envolvem em conversas caninas. Nós também nos comunicamos com nossos parentes — parentes humanos — através dos cachorros. Você se lembra dos cães dos Baribas, na África Ocidental, que são nomeados e chamados como forma de resposta ao comportamento de outro membro da comunidade? Linguistas norte-americanos detectaram algo parecido no caso de pessoas que falam com o cachorro em vez de se dirigir ao próprio companheiro, por exemplo. A linguista Deborah

Tannen observou uma briga de casal, e então "de repente, o homem se virou para o cachorro deles e disse, com vozinha de bebê: 'Mamãe está tão malvada hoje... É melhor você sentar aqui e me proteger.'" Os cães possibilitam a conversa, mas não são de fato os interlocutores.

Acho que você está forçando a barra um pouquinho.
(Mulher para seu grande cachorro barbudo, 5 de agosto)

Em meio ao nosso falatório, os cães ficam em silêncio. Alguns acadêmicos acreditam que isso representa uma "fantasia humana" de como a comunicação deveria ser: escutar mais e falar menos. Para dizer de forma mais generosa, seria simplesmente um descanso do mundo verbal ininterrupto em que vivemos entre as pessoas. Mas não demora até preenchermos a parte deles do roteiro. "Gostamos do silêncio de nossos animais de estimação porque permite que inventemos palavras para eles", sugere Erica Fudge. Na Inglaterra vitoriana, os tutores levavam essa ideia a sério e escreviam autobiografias de cachorros — para cães de exposição, cães perdidos, idosos, animais que haviam fugido. A trajetória que tais textos seguiam era visivelmente similar às autobiografias humanas: apresentavam detalhes sobre a juventude do filhotinho, sua criação, aventuras, desventuras e o surgimento da sabedoria na velhice. Luath, da raça collie, faz a seguinte observação ao contar sua história: "'O que os cães podem saber sobre a morte?', questionam alguns humanos. Muito mais do que eles imaginam." Ao que parece, cachorros do século XIX escreviam para seus veterinários: "Estou passando muito mal esta manhã... O senhor precisa prometer que não contará nada à minha mãe, mas ela deu um jantar ontem à noite e eu *realmente* fiz a festa... O senhor acha possível que isso tenha me causado o enjoo que sinto agora? [...] Agradecimentos de seu paciente, [...]" Eles também escreviam poemas: "Odeio andar só / Meus olhos se cansam e / Os ouvidos dão dó; uma mosca / Me derruba, de tão fraco que estou; / As patas tremem a cada passo que dou." Além disso, eram delatores, criticando os "males" e o "abuso de animais" nas recém-criadas exposições caninas.

Os cães de Instagram são os autobiógrafos de hoje — os humanos expressam seus pensamentos tanto em forma de imagens quanto em palavras. Um buldogue francês de pijaminha listrado senta-se na cama com travesseiros macios, o jornal do dia e um prato com croissants; a legenda "Melhor festa do pijama de todos os tempos" representa seus sentimentos em relação ao cenário. A completa falta de interesse do dono por qualquer coisa que se pareça com os pensamentos reais do cachorro fica visível com a pretensa recomendação de uma marca de garrafa d'água (preço: US$ 8 por 500 ml; link para o fabricante disponível) colocada entre as patinhas dianteiras. Os cães de Instagram fazem propagandas de roupas; vendem de tudo, de produtos de limpeza a coleiras; e, como não é de surpreender para um cachorro com centenas de milhares de seguidores, muitas vezes têm um agente. Esse tipo de diálogo não é exatamente *para* o cachorro, e sim *em nome* dele — outra consequência supérflua das conversas com os cães. Os seres humanos comunicam os supostos pensamentos caninos e ficam, eles mesmos, em silêncio. Embora não engate em um diálogo, este tipo de ventriloquismo demonstra o mesmo desejo de incluir o cão na conversa.

De vez em quando, fazemos algo parecido uns com os outros. A maioria das interações interpessoais envolve conversas de um ou outro tipo — em grande parte verbais.* Às vezes, a outra pessoa não está em posição de falar: pode ser um bebê de quatro meses, por exemplo, alguém que sofre de Alzheimer ou que simplesmente esteja preocupado com outras coisas. Nesses casos, falamos por nosso interlocutor. Os sociólogos sugerem que, além disso, pessoas com poder ou autoridade tendem a traduzir o discurso daqueles que estão sob seus cuidados em significados "verdadeiros": os pais falam no lugar do filho ("Ele queria saber se você pode dividir seu brinquedo", uma mãe explica ao ver seu bebê agarrado ao tesouro de outra criança); o chefe fala no lugar do funcionário ("O que você parece querer dizer..."). Os cães se encaixam perfeitamente nos dois casos: nós falamos por eles, traduzindo seus sentimentos e suas experiências ou preenchendo o espaço após uma pergunta. Quando se deitam no consultório veterinário: "Ah, estou tão cansado, preciso me deitar aqui"; quando anteveem como vai ser a realização dos exames: "Não vamos gostar nem um pouco disso"; quando observam o ambiente ao redor: "Humm, sinto um cheiro que não é meu". Nós fazemos comentários e pedidos no lugar deles, além de relatarmos seu estado de espírito, seus medos e suas esperanças. Em todas as situações, os cães estão no centro, são a parte mais importante: é o ponto de vista deles que buscamos. Quando falamos pelos cachorros, fazemos ao menos uma tentativa de imaginar seu ponto de vista — o que significa conceder-lhes um ponto de vista que vale a pena imaginar.

Nem ouse pensar nisso.
(Mulher para cão pensativo, 10 de agosto)

---

* ... mas também não verbais: um aceno de saudação; um sorriso de agradecimento por terem segurado a porta; um erguer de sobrancelhas mútuo marcando a proximidade compartilhada de dois estranhos com um casal afetuoso no metrô.

Se nosso discurso para os cães não representa um típico diálogo entre adultos nem nossa forma de falar com as crianças, e se não esperamos uma resposta, com quem estamos falando, afinal? Creio que a resposta seja: com nós mesmos. Com a criança falante que existe dentro de nós. É como se nossas conversas íntimas, os diálogos que travamos dentro da cabeça, escapulissem. Este tipo de bate-papo com nós mesmos está longe de ser trivial: ele tem ligação com a solução de problemas (murmurar sua resolução em voz alta pode acelerá-la) e é etapa integrante da aquisição de linguagem. Ao formular suas teorias sobre desenvolvimento infantil, o psicólogo Lev Vygotsky descreveu uma fase em que as crianças internalizam os diálogos com aqueles que as rodeiam — fala socializada — na forma de conversas dentro da própria cabeça. Ele chamava o processo de "discurso interior" e acreditava que dessa maneira as crianças poderiam usar a linguagem para refletir e levar em consideração seu próprio comportamento. Ao entrarmos na fase adulta, os monólogos internos continuam. No entanto, não é bem assim que falamos com aqueles que nos cercam, com sintaxe encurtada e como se estivéssemos escrevendo um "rascunho", representando a familiaridade que temos com nossos próprios pensamentos. Mas é exatamente assim que conversamos com os cães — como se eles estivessem *em nossa cabeça*.

Eles são, é óbvio, uma preocupação perene em nossa mente: desejamos, sentimos preocupação, temos afeto por eles. Narramos nossos pensamentos enquanto os observamos, e os pensamentos deles enquanto nos acompanham. É tudo coisa da nossa cabeça, evidentemente — só que alguns de nós deixamos as palavras escapulirem pela boca.

É melhor você ficar bem aqui, raiozinho de sol.
(Mulher para pug iluminado, 7 de outubro)

Há anos tenho andado para lá e para cá ouvindo as conversas das pessoas com seus cães e minhas conversas com os meus. Entre os dois cachorros e eu, às vezes eu não fecho a matraca. Boa parte daquilo que dizemos aos cães não faz sentido e pressupõe muito mais compreensão por parte deles do que temos o direito de esperar. Mas, quanto mais eu ouço, com mais carinho escuto. O romancista Donald McCaig escreveu sobre um famoso adestrador de border collies que, ao ser perguntado se deveríamos falar com os cães, respondeu: "Mas é óbvio que devemos falar com os cães, madame... Mas apenas de maneira racional." Eu, pelo contrário, acredito que a parte mais prazerosa dessas conversas é ser irracional, sentindo que nossos cães entendem as besteiras que falamos. Sabemos que eles não vão responder, mas os incluímos na conversa mesmo assim.

Uma das frases que dizemos todos os dias aos nossos cães — dois terços de nós, segundo uma pesquisa feita com tutores de animais de estimação norte-americanos — é "Eu te amo". Até mesmo o simples som de nossa voz é uma forma de expressar esse amor, não importa o conteúdo das palavras. Ao conversarmos com eles, permitimos que tenham intimidade conosco. Eles ouvem nossos segredos, nossos pensamentos íntimos.

Agora você já sabe: se passar por mim numa calçada, talvez eu esteja escutando. Você está ciente da possibilidade de haver pessoas enxeridas ouvindo sua conversa com os cães em um passeio noturno ou enquanto espera a consulta veterinária. Por favor: não deixe que isso o impeça de falar.

Este é o momento em que você é mais humano, e isso lhe cai muito BEM.
                             (Cão para você)

O problema com as raças

Sua estatura é digna, a expressão, pensativa [...] (Ele tem) a forma retangular [...] é um cão dócil, leal e carinhoso [...] Pensador independente e inteligente, ele demonstra determinação e um forte senso de propósito no trabalho. Um cão com dignidade [...]

(Padrão da raça clumber spaniel)

Imagine um cachorro. É provável que tenha pensado em uma raça ou em características reconhecíveis de alguma delas. As pessoas se identificam com certas raças; amam aquelas com as quais passaram a infância; sentem-se atraídas por expressões, travessuras, posturas, traços humanos ou pela simples improbabilidade de algum tipo de cão. Os cães como conhecemos — retratos idealizados do Cão — são resultado da criação seletiva. Essa espécie única conta com uma surpreendente variedade de tamanhos, habilidades e personalidades graças à ideia de nossos ancestrais de diversificá--los para cumprirem certas funções e, mais recentemente, à ideia dos criadores de diversificar suas formas.

Quando encontramos um cachorro na calçada, tornamo--nos genealogistas amadores. "Qual é a raça do seu cachorro?" é uma pergunta tão comum que os tutores estabelecem uma lista de respostas prontas. Se seu cão é de raça pura, ou então o que chamamos de cão "híbrido" (resultado do cruzamento de duas raças puras), o nome já está na ponta da língua — junto talvez de alguma história e a aprovação da raça ou do criador. Se seu cão é vira-lata, existe a possibilidade de uma licença criativa. Adivinhar a mistura de raças que explica um rabinho charmoso, uma combinação de patas curtas e cabeça grande ou um sorriso cativante é uma forma de arte praticada por todos os amantes e conhecedores de cães. Ou, então, inventa-se um nome de raça: meu marido costumava chamar Zoe, sua cadela tipo pit bull, de "brooklyn shorthair", graças à onipresença de cães parecidos com ela na região em que moravam (e à necessidade urgente de elevar a reputação dos cachorros). Na esperança de aumentar o número de adoções, um abrigo na Costa Rica se aproveitou tanto do toque de classe inerente aos nomes de raça quanto do nosso senso de individualidade intrínseca de cada cachorro e passou a dar aos filhotinhos mestiços um nome de raça único: "shepterrier escocês rabo de coelho"; "terrierhuahua pintado"; "border cocker cauda de fogo".

Há anos, abrigos e centros de recolocação animal têm participado da prática duvidosa de determinar raças sem confirmação.

Foi o que aconteceu com nossos últimos três cachorros: Finnegan e Pumpernickel foram descritos como os comuníssimos "labradores mestiços"; já Upton, como plott hound e dogue alemão. Sem dúvida, não há precisão nenhuma nessas informações; na verdade, elas eram apenas um meio pelo qual poderíamos oferecer uma história para nossos cães, um passado.

Nossa ânsia por conhecer a raça de nosso cachorro nos apresentou a um novo comportamento generalizado dos donos. Entre as mudanças imprevisíveis na vida de alguém que acolhe um cachorro dentro de casa (levantar-se tarde da noite para levar o bichinho para fazer xixi; disposição para vasculhar os arbustos atrás da querida bola de tênis babada; conhecimento surpreendente sobre o substrato ideal para se fazer cocô), temos a possibilidade de nos encontrarmos com um cotonete na mão, esfregando-o entre a gengiva e a bochecha do filhote até que se acumule saliva o suficiente para encharcar o objeto. Pode acontecer. É até provável que aconteça, por conta de uma das características caninas que nos atraem para estes seres serelepes, mijões e babões para início de conversa: nossa fixação por sua história, elucidada através de sua raça.

Grandes empresas, auxiliadas pelo crescente campo dos testes genéticos, estão prontas para satisfazer essa sede por conhecimento. Tanto os donos de cães de raça pura quanto os de mestiços têm agora a possibilidade de enviar o cotonete pelo correio e, nas palavras das companhias de genealogia canina, preparar-se para "entender e cuidar de seu cão melhor do que nunca". "Conhecer a linhagem de seu cachorro pode ajudar você a criar um programa de bem-estar personalizado para atender às necessidades únicas do animal", afirma outra empresa.

E assim podemos comprar a ideia. A questão que se levanta por esse tipo de investigação da "linhagem" dos nossos cães, no entanto, quase nunca é apresentada: o que a resposta de fato nos traria?

Pensar nos cachorros em termos de raça é uma ideia limitada, limitadora e, muitas vezes, perigosa. Nosso pensamento tipológico pressupõe hoje um sério problema para as raças caninas. É óbvio, nenhum membro de uma raça é, por si só, responsável por esse problema. É algo que ocorreu *com* os cães e, até certo ponto, até mesmo com os criadores.

O que tem acontecido é a celebração das improváveis e insustentáveis variações do tema "Cão". Cruzando dentro de padrões limitadores, criamos espécimes fora do comum, com diversos e alarmantes problemas de saúde. A seleção natural foi substituída pela seleção artificial — domesticação — e, hoje em dia, por um tipo lamentavelmente equivocado: nossa escolha de quais cães procriar em meio a um fundo genético fechado. O que tem impulsionado essa seleção no mundo das raças? Um juiz de exposição canina que entrega o troféu de Melhor Cachorro. É isso que impulsiona a seleção.

* * *

É um cão de caça robusto, mas elegante e atlético, sem nenhum exagero no comprimento do corpo ou das patas, no desenvolvimento muscular, na angulação ou na curvatura do lombo [...] Não é um cão frágil, mas tem classe e graciosidade. Sua postura é nobre e um pouco indiferente, e a expressão dos olhos escuros é suave e melancólica.

(Padrão da raça sloughi)

O PROBLEMA COM AS RAÇAS

Em um dia quente de setembro, percorro o caos em que se transforma a região central de Nova York no horário de almoço. Funcionários de escritório se lançam das portas giratórias para as calçadas em meio a conversas telefônicas; banqueiros de ternos monocromáticos marcham na minha frente; transeuntes equilibram celulares e sanduíches. Entro em um prédio comercial pouco atraente e sigo em direção ao elevador. No quarto andar, as portas se abrem para um saguão de mármore e carpete ladeado por colunas baixas. Em cima de cada coluna há uma estatueta, protegida por vidro, representando diferentes raças de cachorro. No canto, há uma estátua em tamanho real de um pastor-alemão pintado como a bandeira norte-americana. Ao virar o corredor, cerca de cem cabecinhas de cachorro olham para mim da extremidade de uma centena de bengalas, como se disputassem um petisco ou um afago dos visitantes.

Uma sala se abre diante de mim. Vejo cães por toda parte, mas os únicos ruídos vêm do ar-condicionado, do deslizar de estantes de rodinhas e do som abafado dos quatro andares abaixo. Faço carinho na pequena estátua de um basset hound fungador, troco olhares com alguns setters de expressão tristonha e com fox terriers atentos reproduzidos em telas a óleo, além de conhecer Belgrave Joe, o "Abraão" dos fox terriers, que morreu em 1888. Seu esqueleto completo, com o rabo curvado em um gancho, encontra-se sob uma proteção de vidro. Acabo de chegar à biblioteca do American Kennel Club.

Para todos aqueles que se interessem por cachorros, a biblioteca oferece uma infinidade de livros e revistas sobre cães de qualquer época. Temos a *Dog World*, *Dog Fancy*, *The Dog Fancier*, e *Dogdom*; *Kennel World*, *Kennel Review*, *Western Kennel World*;

Dog Craft, *Popular Dogs*, *The Dog News*. Volumes encadernados da *Schnauzer Shorts* e da *Springer Bark* acomodam-se tranquilos ao lado da *Doberman Quarterly*, *The Bulldogger*, *Dane World*, *Puli News*, *Boston Barks* (apresentando um boston terrier) e *The Barker* (apresentando um shar-pei), independentemente de como seus respectivos representantes se comportariam na vida real. Eu também me acomodo. À minha frente, vejo trinta anos de livros de registros genealógicos da instituição.

Com a fundação dos *kennel clubs*, os *stud books*, ou livros de registros genealógicos, tornaram-se a literatura-chave para assegurar a superioridade dos cães ali inscritos. Estão listados todos os membros registrados que têm pedigree: árvores genealógicas de cada raça, crescendo exponencialmente (com bem mais de 50 milhões de cães nos Estados Unidos, na virada do século XXI). Sua distinção repousava no fato de que os livros logo eram "fechados" — ou seja, só aceitavam a filiação de cães nascidos de outros cães com pedigree. Desta forma, cada raça formava literalmente um clube cuja adesão é limitada: recusando novos membros, a não ser que sejam descendentes de membros atuais e antigos. Inicialmente, alguns cruzamentos de raças distintas eram permitidos: para abrandar um buldogue, por exemplo, era possível cruzá-lo com um terrier. As primeiras exposições caninas norte-americanas chegaram até a listar cães "híbridos" da raça setter como categoria oficial de participantes. Mas, no fim das contas, para se registrar em um clube, exigia-se que o cão fosse comprovadamente descendente dos animais fundadores. Em outras palavras: os pais, os avós e até mesmo os diversos bisavós de um cachorro precisam ser descendentes dos cães fundadores. Isso é viável de uma maneira: pela endogamia, ou cruzamento dentro de um fundo genético fechado.

O PROBLEMA COM AS RAÇAS

Assim como havia sido planejado com cavalos, aves domésticas e gado de raça, os cães com pedigree deveriam ter características estabelecidas. Antes desse momento, a criação não acontecia de modo inteiramente indiscriminado: para as pessoas que tinham cães de trabalho, ao menos, a intenção era cruzar seus animais com outros modelos de bom comportamento que pudessem encontrar, do mesmo modo que os criadores de gado desejavam animais que produzissem mais e melhores carnes. "O homem do campo tinha uma matilha de cães de caça. Caso visse um sujeito com um excelente cachorro em outra caçada, dizia: 'Tenho uma cadela entrando no cio, que tal juntá-la com o Prince aqui?'", disse-me Stephen Zawistowksi, especialista em comportamento animal aplicado. Zawistowski foi consultor científico da ASPCA por muitos anos e tem diversos trabalhos sobre a história do comportamento e do convívio com os cães. Um cão de caça com faro aguçado, foco, resistência (eles precisavam correr 160 quilômetros por semana) e bom latido era premiado e conseguia uma parceira para dar continuidade à linhagem. As pessoas mantinham registros dos pares de animais altamente valorizados. Ainda assim, esse tipo de criação acontecia ao acaso: não era totalmente controlada — a maioria dos filhotes resultava de cachorros sendo cachorros — nem ninguém se preocupava com nada além de conseguir um espécime com o melhor comportamento possível para as necessidades específicas do criador. O parceiro nem sempre precisava ser aristocrático ou até mesmo outro cão de caça. Cruzar um cachorro com outra "raça" — um cão submetido a um propósito diferente — pode resultar em uma nova característica para o filhote, como disse Zawistowski. "Um criador de coonhounds ou beagles em Kentucky que deseje aumentar a agilidade de seu cão", tornando-o mais veloz em uma trilha de coelhos, por exemplo, "poderia cruzar os coonhounds e, então, prosseguir com uma espécie de cruzamento consanguíneo com os beagles". Como Bronwen Dickey informa em seu livro *Pit Bull: The Battle over an American Icon* [Pit Bull: A batalha por um ícone americano, em tradução livre], os buldogues, usados para brigas de cães ou para caçar animais daninhos nos anos 1800, às vezes eram cruzados com terriers para gerar um cão mais "ágil" para as funções que precisavam cumprir.

A criação de raças puras transformou essa abordagem um tanto quanto casual e deu a ela um foco diferente: os cães eram criados não para terem as melhores funções, mas a melhor forma — mais refinada, mais pura, superior. Aquilo que contava como "melhor forma" era, por vezes, adequado, mas em geral era puro capricho. Para que serve uma raça que privilegia a forma em detrimento da função? "É um questionamento estúpido", escreveu Clara L. Dobbs, criadora de chihuahuas, na *AKC Gazette*, de 1927. "Para que serve a beleza?"

* * *

É um cão atraente, de tamanho adequado,
que exibe substância sem rispidez.
(Padrão da raça welsh springer spaniel)

A criação de raças puras teve início na Inglaterra vitoriana, no fim do século XIX, e o sucesso foi imediato. Caso tenha registro no American Kennel Club, seu pastor-alemão com pedigree pode seguir a árvore genealógica até chegar à menina dos olhos de Max von Stephanitz, em 1889: um cão com o majestoso nome de Horand von Grafrath (nascido Hektór Linksrhein), escolhido por ele para iniciar a criação de uma versão aperfeiçoada do que até então era simplesmente um cão de pastoreio ou um cão pastor. Horand foi o primeiro cachorro a ser chamado de pastor-alemão. A descrição de Von Stephanitz sobre o animal revela um pouco de suas ambições ao criá-lo: Horand tinha "belos traços", escreveu ele; tinha "aspecto puro e vigoroso" e "bastante energia". Além disso, exibia "a natureza simples e direta de um cavalheiro com um gosto infinito pela vida". Uma fotografia de Horand ao sol de meio-dia nos mostra um cão alerta e atlético, de proporções saudáveis e rabo peludo pendendo casualmente por trás dele. Embora fosse um tanto quanto desgrenhado, não era muito comprido e as costas não eram curvadas. Além disso, por mais que seja reconhecido como pastor-alemão, ele jamais ganharia o prêmio de Melhor da Raça hoje em dia.

Pode-se atribuir o aumento na popularidade da criação de cães de raça pura ao surgimento das primeiras exposições caninas: uma delas aconteceu no Zoológico de Londres, apenas com a participação de spaniels; a outra, uma exposição completa em Newcastle upon Tyne em 1859, incluindo apenas pointers e setters. A exposição de Newcastle pegou carona em outra de aves domésticas que já existia; na verdade, as de cães tiveram como base eventos tradicionais de outros animais domésticos. Entre a aristocracia, a criação de animais de fazenda servia também para estabelecer pedigree para os melhores exemplares; a criação de cavalos com foco na linhagem tivera início um século antes.

Em Newcastle, o vencedor entre os pointers foi "Bang, cria de Lord Derby e Dora"; o setter campeão foi um gordon chamado Dandy. Talvez não por coincidência, o dono do setter vitorioso era um dos jurados dos pointers, e o dono do pointer premiado era um dos jurados dos setters. Cada um deles recebeu uma "célebre espingarda de cano duplo", fabricada pelo patrocinador W. R. Pape. Embora os primeiros criadores tivessem certeza de que reconheciam beleza quando a viam, havia muita confusão, inicialmente, a respeito de qual cão deveria ser o "melhor" nas exposições. "Em muitos casos, a escolha de pontos a serem avaliados é totalmente arbitrária", escreveu um jornalista. Um aspecto positivo de uma raça era considerado uma falha em outra. Não só para determinar quem deveria ganhar os concursos, como também para distinguir os melhores cães da exposição dos abomináveis cães comuns, os clubes das raças desenvolveram padrões. "Onde havia um nome, havia uma raça, e onde havia uma raça, precisava haver um padrão", escreveu o historiador Harriet Ritvo. Assim, o buldogue, antes usado para a prática do *bull-baiting* (o "esporte" no qual um cão atormentava um touro perseguindo-o e atacando-o, com o objetivo de amaciar sua carne antes do abate), teve sua reputação recuperada por um padrão que causou mudanças em sua forma. "O cão transmite uma imagem de determinação, força e atividade", diz o padrão da raça em 1892: com um enorme e protuberante maxilar, uma cabeça "notavelmente grande", um rosto "o mais curto possível" e pele "profunda e intimamente enrugada" — a ponto de favorecer aquilo que um entusiasta da raça chamou de "um belo rosto segmentado"; quanto ao crânio, "quanto maior, melhor". Os ombros "largos, inclinados e profundos" serviam para suportar o peso de um tórax amplo e um peito bastante "espaçoso" — largo a ponto de parecer deformado. Houve algumas discussões, não a respeito de tais deformidades serem ou não úteis ou agradáveis, mas se características como focinhos de cor mais clara deveriam ser aceitos. (A resposta foi "não".) Os collies passaram de felpudos cães pastores para estrelas de cinema com pelagem longa e brilhante e focinhos excessivamente pontudos, cujo rosto distendido, comentaram os críticos de exposição canina, deixava pouco espaço para o cérebro.

Nos padrões de uma raça, costuma-se especificar o tamanho do cachorro: tanto o peso ideal quanto também o comprimento de todas as partes do cão. O focinho do sussex spaniel deve ter de sete a nove centímetros; o do setter gordon, de dez a 11,5 centímetros "do canto do olho até a ponta do nariz". Uma antiga publicação com resultados de exposições caninas incluía uma fotografia de um dos setters gordon vencedores, chamado Belmont. No mesmo livro, há o perfil de Harry Malcolm, fundador do Clube Setter Gordon e criador de Belmont. Ele estabeleceu o primeiro padrão da raça, especificando que os olhos, "cheios de animação", deveriam ter a cor do "ovário de uma abelha italiana". A fotografia em preto e branco de Belmont não nos mostra seus olhos cor-de-ovário-de-abelha, mas ele é lindo: esbelto e confiante, as sobrancelhas erguidas em expectativa. O texto que acompanha a foto do Sr. Malcolm o descreve como tendo "físico esguio (...) ativo (...) de grande resistência". Tanto o homem quanto o cão têm pelos eriçados ao redor do nariz.

Muitos padrões fazem alusão à altamente desejável característica da "simetria corporal"* e, alguns, às proporções exatas: o clumber spaniel deveria ser duas vezes e meia mais comprido do que alto; o cocker spaniel, duas vezes mais comprido, "contando a partir da ponta do focinho até a base do rabo", do que alto, con-

---

* Com a exceção do spaniel d'água irlandês: "A simetria deste cão não é tão boa."

tando até os ombros; o mastiff, um terço mais largo no peitoral do que sua altura até os ombros, e a largura de sua cabeça, exatamente dois terços do comprimento. A respeito do pug, o padrão é insistente: "Ele deve ser *multum in parvo*" — ou, literalmente, "muito em pouco" —, com focinho curto e quadrangular, cabeça arredondada, patas fortes e retas, além de corpulento. A pelagem deve ser brilhante; as rugas, "grandes e profundas"; quanto ao rabo, "o caracol duplo é a perfeição". Uma tirinha satírica da época, intitulada "Dog fashions for 1889", mostrava uma mulher vestida nos trajes longos e franzidos da Inglaterra vitoriana, acompanhada de um dachshund reptiliano, um tipo de terrier que parecia varrer o chão com seu pelo, um buldogue cabeçudo e prognata, um pug com rabo bastante espiralado e um gigantesco e leonino wolfhound irlandês. Sátiras à parte, alguns desses cães não diferem muito daqueles que hoje são considerados ótimos membros de suas respectivas raças.

As exposições caninas foram um sucesso instantâneo, e em questão de poucos anos havia concursos (incluindo internacionais) com mais de mil animais inscritos. Criar e expor cachorros tornou-se a "moda canina" e seus donos, os responsáveis por sustentá-la. A competitividade e o surgimento de prêmios em dinheiro levaram os donos a trapacearem, falsificando seus cães — tingindo o pelo e usando tesouras para moldar o formato "correto" de orelhas e rabos — ou adulterando os animais concorrentes. Para combater essa perversidade, formou-se um Kennel Club oficial em Londres em 1873, com o objetivo, como citado por Ritvo, de separar aqueles "que criam para vencer e que levam a sério as questões pecuniárias" da gentalha, através da implementação de um método de rastreamento de cães com pedigree e seus donos. Logo depois, em 1884, formou-se um Kennel Club norte-americano na Filadélfia.* A constituição, os estatutos, as regras e os regulamentos do clube mencionam os pré-requisitos para a associação de cães (nome registrado e linhagem estabelecida), impõem condições para a participação em certas categorias da competição e reforçam a exclusão absoluta de cães "com sarna" dos procedimentos.

Os primeiros criadores começaram com poucas raças, todas consideradas "esportivas" (como referência ao seu antigo trabalho no campo ou buscando caças), de acordo com seus pedigrees honoríficos: alguns setters, spaniels, pointers, e um retriever. Cães de caça das variedades basset, blood (ou cão-de-santo-humberto), deer, dachs, fox e grey logo se juntaram a eles; uma década depois, foi a vez do improvável clube de buldogues, pugs, dogues alemães, mastiffs e os terriers bedlington, irlandês, skye e yorkshire. Até o início do século XX, surgiram quase três dezenas de novas raças — terriers, em particular, deram origem a novas e elegantes variedades caninas —, bem como raças hoje conhecidas, como chihuahuas, dálmatas, chow-chows e poodles.

De uma população de zero cães com pedigree em meados do século XIX, hoje existem cerca de duzentas raças reconhecidas pelo American Kennel Club — e quase 350 em todo o mundo. Outras tantas são incluídas regularmente pelo AKC; inúmeras raças novas, ainda sem registro ou pedigree, surgem sem parar: diver-

---

* Embora as exposições caninas dos Estados Unidos tenham surgido muito depois das exposições do Reino Unido, encontrei evidências de um antigo concurso de cães em solo norte-americano em maio de 1862, comandado por Phineas Taylor Barnum, o grande *showman*: "Uma competição entre CÃES ADESTRADOS!", estrelando "QUATRO MIL CÃES SELECIONADOS, incluindo MAIS DE QUARENTA RAÇAS DIFERENTES". Crufts, a exposição canina do UK Kennel Club, estreou no fim do século XIX, inspirando-se nas exposições de Barnum.

sas derivações de poodle terminadas em "oodle", incluindo o golden mountain berdoodle; pit bulls XXL; cavachons e cavapoos — cavalier king charles spaniel misturados com bichons ou poodles.* Os cavapoos podem ser comprados on-line sem compromisso dentro de uma promoção que inclui um kit de saúde "farmacêutico", uma coleira de grife e uma "chupeta especial para filhotes".

Dessa maneira, os cachorros, que já foram arrancados do reino dos animais selvagens para serem domesticados, além de terem sido modificados irreversivelmente por sua tolerância e cooperação conosco, passaram por uma segunda era do gelo. O último século e meio marca sua evolução de animais a obra-prima a ser exposta. O questionamento a respeito de ter ou não um cachorro deixou de ser um *se* para se tornar um *de que tipo*. A raça do cachorro passou a ser um indicador de status, identificando seu dono como sensível ou digno. As listas das raças mais populares de Nova York demonstram como os habitantes de diversas partes da cidade querem ser vistos. Adivinhe onde os pit bulls são mais comuns? Não é no Upper East Side, lar do histórico Metropolitan Museum, de calçadas incrivelmente limpas e de pré-escolas altamente competitivas que custam US$ 32 mil ao ano. Bedford-Stuyvesant, no Brooklyn, lar de uma das mais recentes transformações socioeconômicas induzidas pela gentrificação do distrito, prefere os pits. O Upper East Side fica com os shih tzus, cuja

---

* Em termos de pedigree, qualquer cão híbrido (uma mistura de duas raças puras) não é de fato um cão de raça pura. Talvez para a decepção de alguns donos de goldendoodle (*et al.*), uma descrição mais adequada para este tipo de cão seria "híbrido" ou "mestiço", se a mistura aconteceu mais de uma vez, não uma nova raça. O valor que nossa sociedade dá às raças mostra-se, portanto, pobre: mal sabemos o que se entende por "raça" e, em vez disso, permitimos que outros definam por nós.

descrição do clube da raça informa serem "condizentes com sua nobre ascendência chinesa como cães de palácio e companheiros altamente valorizados e estimados, (...) conduzindo com orgulho certa postura arrogante". O Upper West Side, mais liberal, conta com o adorável e babão labrador ("Estilo e qualidade sem excesso de refinamento, e disposição sem lentidão ou estupidez").*

Este século e meio é ainda mais marcante não apenas por conduzir rapidamente os cães ao reverenciado lugar que ocupam em nossos lares, como também por normalizar deformidades, considerando-as bonitinhas e até mesmo desejáveis. A criação de cães é responsável por este último aspecto e, no mínimo, testemunhou o primeiro: será que poderíamos imaginar a existência de um Rin-Tin-Tin sem seus nobres e magníficos astros, os pastores alemães? Ou então imagine 101 cachorros de aparência comum; Dorothy e seu pequeno vira-lata, também; os Batutinhas e um Petey genérico. Talvez não seja coincidência o fato de que tantas estrelas caninas, responsáveis pelo aumento da popularidade de suas respectivas raças por mais de uma década depois de estrelarem filmes (old english sheepdogs após *Soltando os cachorros*, labradores após *A incrível jornada* e, é claro, o resultado inevitável de *101 Dálmatas*) sejam de raça pura. Identificáveis, carismáticos e com personalidades de certa forma reconhecidamente humanas, as estrelas caninas de cinema ajudaram a desenvolver a ideia de cães como pessoas. Nesse caso, há pessoas que podem fornecer para a você uma cópia de uma dessas criaturas. Basta ler e confiar, em uma tarde de sábado, no anúncio de jornal que diz "Filhotes de

---

* Hoje em dia, assim como existe elitismo na compra de um animal de raça renomada, vê-se também uma pontada de presunção em se ter um cão "resgatado". (Para constar, eu faço parte do grupo dos resgatadores de cães.)

collie, excelente criador", ou "Filhotes de poodle toy: branquinhos feito neve, pelagem longa e macia, orelhas compridas e olhos bem escuros", e dirigir até o Canil de Nome Fofo em Cidadezinha Bucólica de um Grande Estado. Ali, uma cópia do que você viu nas telas será dada a você, com as mesmas orelhas, olhos, pelagem e tudo mais que puder ser idêntico.

É aí que está o problema.

* * *

Faltas: Cabeça muito pesada [...] / Crânio estreito ou pequeno demais / Stop [área onde o focinho e a testa se encontram] muito marcado / Pigmentação insuficiente do focinho, das bordas das pálpebras ou dos lábios / Pálpebras redondas, triangulares, muito grandes ou muito pequenas / Maxilar superior protuberante, maxilar inferior protuberante, boca seca.
(Padrão da raça cão da montanha dos Pireneus)

Uma raça é mais um ponto de vista do que uma designação científica. Dois cães que parecem ser distintos o suficiente um do outro — o imponente dogue alemão, de focinho comprido e porte grande, e o chihuahua, definitivamente pequeno, de patas delicadas — ainda são da mesma espécie, mas afirma-se que são de raças diferentes. Embora sejam geneticamente distinguíveis em aspectos importantes, seus pontos em comum superam as diferenças. Hoje em dia, o que costumamos querer dizer com "raça" é "raça pura" — em especial, aquelas com uma história ancestral contínua que remonta ao momento em que um indivíduo, normalmente um homem, decidiu cruzar dois cães de bela aparência e chamá-los de "beagle" ou de "cão-de-santo-humberto".

O que chamamos de "raça" nem sempre foi a raça pura. Isso não significa que não havia cães de aparência distinta, ou animais chamados por nomes que hoje parecem apropriados para aqueles de raça pura, como *greyhound, mastiff* ou *spaniel*. Antes do século XIX, falava-se muito sobre raças: havia uma raça de cachorros com *aparência* de beagle, e ninguém os confundia com outros mais próximos do cão-de-santo-humberto. "Mastim, mestiço e lebreiro, / Galgo, de fila ou rafeiro",* rimou Shakespeare em *Rei Lear*, oferecendo-nos evidências de algumas raças reconhecíveis no fim do século XVI e início do século XVII. Até mesmo "mestiço" era uma raça (status que faria um cão de exposição moderno empalidecer). Um histórico de cães do século XVIII inclui exemplares de várias localidades — Sibéria, Lapônia, Irlanda — e chega até a diferenciar raças de mestiços, como o "cão mestiço da Turquia", o "greyhound com pelo de lobo", o "cão gordinho", o "pug-dog", o "cãozinho acabado" e "o cão [que] é o meio-termo entre o buldogue e o mastiff".

Qual raça veio primeiro? Nenhum cão com pedigree pode se apropriar de fato desta afirmação. Alguns criadores de cães de raça pura defendem que sua raça é a "mais antiga" através de interpretações variadas sobre raças (às vezes valorizando aparências distintas, outras vezes, raça pura e pedigree). Diversos tipos de cachorro, diferentes uns dos outros em forma e função, já existiam milhares de anos antes dos cães de raça pura. Essas "variações domesticadas" surgiram pela combinação de isolamento geográfico de diferentes grupos de cachorros — resultando em cães adaptados ao seu próprio clima — e mudanças genéticas. Os pri-

---

* L&PM Editores, 1994, tradução de Millôr Fernandes. [*N. da T.*]

meiros homens tinham preferência por cachorros que perseguiam cervos a serem caçados, que encontravam o faisão derrubado, ou que latiam com ferocidade quando um estranho se aproximava da cabana. Tais preferências são, inadvertidamente, uma seleção de certos aspectos físicos: os movimentos, o tamanho, a pelagem e o apuro da visão ou do olfato definem os melhores caçadores e protetores entre os cães.

Por outro lado, a maioria das raças que vemos hoje foi "totalmente fabricada, ou algo bem próximo a isso, em um passado nem tão distante" — menos de duzentos anos atrás, escreveu Ritvo. Esses cães de pedigree têm, assim como as raças antigas, tipos físicos distintivos e identificáveis; a diferença agora é que eles são resultado de seleções específicas por meio da endogamia.

Ainda assim, os entusiastas da raça pura tentam se aproveitar da similaridade na aparência de cães atuais e antigos para conferir credibilidade ao sentimento de superioridade em relação à sua raça preferida. Algumas das histórias inventadas para os cães de pedigree são descaradamente ridículas, como a afirmação de que o afghan hound — então chamado de barukhzy hound — era um dos cães presentes na Arca de Noé. (O majestoso padrão desta raça ainda brinca com essa associação, chamando-os de "rei dos cães", com "olhos que contemplam o horizonte como se relembrassem um tempo distante".) O AKC e os sites dos clubes da raça xoloitzcuintle — um cão pequeno, quase sem pelos, de orelhas grandes e erguidas — afirmam que eles "acompanharam seres humanos em suas primeiras migrações pelo Estreito de Bering", por mais que admitam que a raça só tenha sido reconhecida pelo AKC em 2011. A filiação ao Kennel Club não é pré-requisito para a filiação da raça, mas a seleção deliberada do cachorro é — e isso simplesmente não acontecia até o século XIX. Mesmo se deixarmos de lado as histórias da Arca, o registro arqueológico das raças antigas e o genoma das atuais não se alinham: os cães geneticamente mais velhos não são aqueles que se encontram nos sítios arqueológicos mais antigos.

Temos uma vaga ideia de como eram as pouco definidas raças primitivas graças a relíquias antigas. Ao atravessar o longo corredor de entrada do Metropolitan Museum of Art, em Nova York, sempre me encaminho para um pequeno recipiente de osso do Egito Antigo, feito para guardar cosméticos. O objeto foi esculpido de modo a representar um solene cão em repouso. As orelhas do cachorrinho pendem da cabeça e as patas dianteiras se cruzam como as mãos de uma dama empertigada. O rosto, sem dúvida, é a imagem de um cão que percorreu a terra há cerca de 3.500 anos — a meu ver, algo semelhante a um labrador bem-alimentado. Em outra parte do museu, uma das figuras preservadas nas cinzas de Pompeia — uma das muitas vítimas do Vesúvio há cerca de dois mil anos —, apesar de sua pequena estatura, é provavelmente a de um cão de guarda, já que foi encontrado acorrentado a uma casa. Mosaicos com a legenda *Cave Canem*,* de cães musculosos — mas subnutridos — e de focinhos longos, orelhas erguidas e lábios franzidos poderiam ter sido seus primos.

A história da arte nos oferece um registro dos cachorros que frequentavam os ateliês de artistas históricos. Pinturas e tapeçarias medievais exibem cães magros e semelhantes a panteras que acompanhavam cavalos em uma caçada ou uma viagem. Podemos ver um cãozinho com a cabeça de um spitz alemão anão e o corpo de um terrier aos pés dos noivos na cena matrimonial de Jan

---

* Significa literalmente "Cuidado com o cão", em latim.

Van Eyck de 1434: provavelmente um cão de colo, não de caça. As cenas de caça de Jan Fyt incluem sósias de setters, spaniels, greyhounds, beagles e até um dálmata em meio aos cadáveres de lebres e pavões retratados de modo extravagante. Um cão faminto e de pelos grossos rouba a cena em "O bom samaritano", gravura do século XVII de Rembrandt, ao ser captado em pose agachada para defecar. Cachorros medievais e renascentistas não costumavam ser homenageados com retratos, certamente, nem mesmo com um espacinho na tela. Os cães existiam para obedecer aos humanos, para uma ou outra tarefa de trabalho, ou eram um incômodo.

A primeira lista com tipos de cães de que se tem conhecimento, publicada em 1486, cita uma série de "houndes", incluindo os reconhecíveis grehoun, mastiff e spanyel, bem como outros que desapareceram ou mudaram de nome, como mengrell, myddyng dogges, tryndel-taylles, prikherid currys e "small ladyes' poppees". Estas teriam sido raças que se formaram de modo mais ou menos natural, com seres humanos alimentando e mantendo por perto apenas aqueles dos quais gostavam e abatendo ou rejeitando os demais. A primeira listagem completa na publicação *Of Englishe dogges*, quase cem anos depois, especifica dezessete tipos de cães de acordo com aquilo que fazem. Alguns exemplos são os terrars, terriers que perseguem raposas e texugos pelo chão; vários cães de caça como os bloudhounds, conhecidos por farejar o sangue de presas abatidas; e o spaniel-gentle ou cão comforter, "para satisfazer a delicadeza de madames requintadas (...) São instrumentos de pura galhofa para que brinquem, se divirtam e deixem o tempo passar". Outros cães de serviço além da caça incluem: o tynckers curre, que carrega as peças e equipamentos do funileiro; os cães turnespete, responsáveis por manter o espeto girando enquanto a carne assa, correndo em uma roda de hamster acoplada ao forno;

e os daunsers, que participam de "treinos e exercícios para dançar no ritmo certo ao som de um instrumento musical [...] executando lindos truques com seus trejeitos". Havia também os mooners, conhecidos por seus "cantos e suspiros"* para a Lua; os tumblers, "que giram e tombam, rodopiando em círculos"; e os stealers. O *Book of Saint Albans*, do século XV, incluía pequenos cães que "espantam as pulgas" como uma categoria. Carl Linnaeus listou 35 raças — além de nomeá-las *Canis familiaris*, indicando, assim, que podiam cruzar entre si, ou seja, não eram de espécies diferentes.

De todas as formas, os cães existiam para servir aos humanos. E nada a respeito disso mudou no século XIX, com o surgimento dos Kennel Clubs e a prática da criação de cães como espetáculo. O que mudou foi seu propósito, que passou a ser o de representar o humano e seu papel na sociedade através do cão perfeito, em vez de apenas cumprir tarefas como caçar, pastorear ou proteger. Assim se deu o desenvolvimento de uma sociedade com um pouquinho de tempo livre e dinheiro de sobra.

* * *

Nem o focinho romano, nem o achatado são desejáveis. [...] Um focinho preto é prontamente desclassificado. [...] Um focinho em dois tons ou estilo borboleta devem ser penalizados. [...] Baba em excesso deve ser fortemente penalizada.
(Padrão da raça spaniel bretão)

Por trás da seleção específica de cães, encontra-se a sombra de algo ainda mais desagradável. A ambição dos criadores, assim como

---

* Imagino que isso seja mais ou menos como os uivos soavam na época do Renascimento.

indica o nome do produto final, era a pureza. "Eles não queriam animais contaminados. Eles não queriam animais do proletariado. Eles buscavam raças puras", disse Peter Sandøe, professor de bioética na Universidade de Copenhagen, em uma entrevista. A transição para uma associação restrita de raças indica como os criadores, através da formalização de seu trabalho, passaram a separar os cães respeitáveis daqueles profanos e sujos. "Nenhum cão pode vencer" em determinada classe, alerta um guia de criação do século XIX, "a não ser que o pedigree do pai e da mãe seja de pureza incontestável".* A atribuição de "documentos" para cães de raça pura remete à questão da imigração no país. E a linguagem usada na defesa das raças puras às vezes confunde-se com a linguagem da eugenia. Em sua abrangente obra *Pets in America*, Katherine Grier cita um veterinário do início do século XX: "Muitos 'vira-latas' desamparados, assim como muitos moradores de rua, de fato desenvolvem suas próprias habilidades naturais e tornam-se seres de notável sabedoria, atrativo e valor. Mas (...) é o cão bem-criado que normalmente busca-se para o desenvolvimento de uma linhagem confiável — aqueles que apresentam características esperadas (...) de modo que essa classe [de cães mestiços] nunca poderia se igualar aos verdadeiros animais de raça pura, com suas gerações de linhagem sem misturas." Não deve ser coincidência encontrarmos um anúncio de 1905 sobre um vindouro encontro do Instituto Americano de Frenologia**

---

* O fim do século XIX também viu o fortalecimento do conceito de "pureza" em outros aspectos, como a produção de leite e seu manuseio: os supostos higienistas buscavam purificar o leite através de seu aquecimento, para resolver a provável contaminação bacteriana do leite cru.
**A frenologia, estudo que alegadamente consegue determinar o caráter de uma pessoa através da análise topográfica de seu crânio, é vinculada com frequência à eugenia, devido à conexão traçada entre morfologia e mérito.

entre as listas de cães à venda e para cruzamento da *Dog Fancier*, famosa revista da virada do século voltada para criadores.

Os métodos escolhidos para se alcançar a "pureza" eram simples: o cruzamento de cães muito, muito parecidos geneticamente — acasalamento entre irmãos ou pais e filhos. Qualquer um que tenha ao menos uma vaga lembrança das aulas de biologia sabe que a reprodução entre parentes próximos pode fazer com que um gene recessivo coincida com outro gene recessivo, permitindo, assim, que problemas genéticos latentes surjam de repente em um indivíduo e em seus filhos. Charles Darwin demonstrou como cruzamentos misturados e interespecíficos — juntando o membro de uma espécie com outro de genética dissimilar — gera proles mais saudáveis. Ele chamou este fenômeno de "vigor híbrido". Mas, quando um troféu é dado e um padrão é estabelecido, o objetivo da criação de cães é ignorar as lições de genética e produzir mais cães *exatamente iguais* — via cruzamento consanguíneo.

O criador do pastor-alemão Von Stephanitz exaltou seus resultados: "Criaturas de sangue puro que, através de criação adequada, tiveram todas as suas irregularidades eliminadas e que superam, e muito, os vira-latas". Ele prosseguiu de maneira equivocada: "Darwin demonstrou em abundantes exemplos conclusivos que cruzamentos misturados levam à deterioração da raça — e que uma conexão entre raças não relacionadas, ou entre raças cujas qualidades foram desenvolvidas em sentidos opostos, levam à sua degeneração irreversível. Ele declara sobre o assunto: 'A mistura elimina as virtudes dos pais de ambas as raças, e o único resultado é o verdadeiro vira-lata, cuja característica principal é a ausência de qualidades.'" É incrível como Von Stephanitz errou em relação às leis de hereditariedade, às ideias de Darwin e à sua citação: o trecho parece ter vindo de Alfred P. Schultz, um defensor da pureza racial, em seu livro *Race or Mongrel.** (*A origem das espécies*, de Darwin, foi publicada no mesmo ano da primeira exposição canina, mas não há nenhuma menção sobre as qualidades dos vira-latas, ou ausência delas.) Além disso, Von Stephanitz acrescentou: "Podemos comparar, sem exageros, nossa raça de cão pastor com a Raça Humana. [...] O cão, portanto, é um reflexo de seu mestre."

Isso elucida melhor a questão. Certamente o desejo por um cão bonito não precisa ser sinal de intolerância racial. O que os primeiros criadores talvez tenham em comum seja a busca pelo cão ideal: um collie perfeito, um spaniel magnífico. A irrealidade do melhor Cão; a completa ausência de conexões precisas entre cães atuais e ancestrais; nada disso desiludia os criadores. Outro fator que também os unia era o desgosto por raças mestiças** e vira-latas.

Sobre a questão das raças mestiças, um artigo em um exemplar antigo da revista do AKC, a *Gazette*, recebeu o título de "Cães que ninguém deveria ter". Um outro, "Por que tanto se fala em vira-latas?", citou o escritor e criador de cães Albert Payson Terhune, dizendo que um cão registrado "garante sua qualidade"; além disso, se têm pedigree, "os filhotes apresentam muito mais valor".

---

* ...cujo subtítulo é eficaz em informar ao freguês da livraria o que ele pode esperar: "Uma breve história da ascensão e queda das antigas raças do planeta: uma teoria de que o fracasso das nações vem do casamento entre entidades distintas: uma demonstração de que a força de uma nação vem da pureza racial: uma profecia de que a América afundará precocemente a não ser que a imigração seja restringida de forma rigorosa."
** "Raça mestiça" é, na verdade, um termo inadequado, já que antes de existir a definição de raça pura, nenhum cão surgia da "mistura" entre duas raças puras. A expressão é amplamente usada apenas para descrever cães sem hereditariedade definida — tanto antes quanto depois do surgimento dos cães de pedigree.

Quanto ao "heroísmo, trabalho de guerra, melhor temperamento, melhor saúde, inteligência e fidelidade" frequentemente atribuídos ao vira-lata, o autor os trivializou. Tais virtudes são *esperadas* de raças puras. Se um "treinador circense" que realiza incríveis acrobacias prefere vira-latas, isso apenas demonstra que ele não tinha dinheiro para um cão de raça pura, sugere o escritor.

Para os criadores, os vira-latas eram responsáveis por "noventa e nove por cento dos casos de mau comportamento" atribuídos aos cães; eles eram sujos, inúteis, "porcarias", "degenerados", e acreditava-se que "contaminavam" as matilhas de raça pura. A palavra "mongrel" ["vira-lata", em inglês] no início era usada para animais de hereditariedade mestiça, mas rapidamente passou a ser usado para se referir a pessoas birraciais ou multirraciais ou de origem social vista como inferior — e nunca de maneira positiva (outro sinônimo de vira-lata é a palavra "mutt", abreviação de "muttonhead", que também surgiu em sentido pejorativo, já que o termo capacitista significa algo como "estúpido"). A palavra, então, passou a ser aplicada também para cães de raça mestiça: "Como um verdadeiro *mongrel*, ele apenas morde e late quando você vira suas costas."

Ignorando o fato de que todos os cães em meados do século XIX eram literalmente de raça mestiça, é válido reconhecer que, para iniciar a linhagem de uma raça, é necessário começar com as mestiças. Um vira-lata era associado com a rua e, portanto, com as pessoas da rua. "Ninguém de importância deve permitir que um vira-lata o siga", declarou o *Dog Owners' Annual* [Anuário dos Donos de Cães, em tradução livre] em 1890. "O valor de um vira-lata", escreveu um criador do século XIX, "é apenas ligeiramente menor do que o preço da corda que você usaria para enforcá-lo".

Um pouco dessa linha de pensamento ainda persiste nos dias de hoje. O site do UK Kennel Club apresenta um link caso você queira encontrar um cão "resgatado", eufemismo atual para "vira-lata em um abrigo à espera de adoção". Porém, ao clicar nele, você é redirecionado para um formulário sobre "a raça que você deseja buscar". O que surge a seguir é uma lista de Kennel Clubs de cada raça — não aparecem organizações que resgatam cada raça, mas sim seus clubes. Não há links para locais de resgate nem para os milhares de abrigos de cães que não são puros: aqueles que mais precisam de um lar.

O Kennel Club provavelmente sabe que mesmo que um cão seja de raça pura, achar um novo lar para ele não irá gerar novas taxas de inscrições para o clube. O "guia de informações" para adotar um cão resgatado que encontrei no site do Kennel Club em 2018 consegue a façanha de desencorajar esse tipo de adoção da maneira mais absurdamente passivo-agressiva. "Não considere adotar um cão realojado caso tenha uma vida agitada ou crianças muito pequenas", começa o guia, "pois ele pode necessitar de cuidados especiais, a não ser que você saiba que o cão não apresentará 'surpresas' e que os antigos donos possam fornecer seu histórico completo". O guia segue listando problemas comportamentais, temperamentais e físicos que o cão "possa" ter, o processo rigoroso de registro que "talvez" você encare, e as dificuldades que você enfrentará quando o cão, após sobreviver a um (suposto) "trauma" ("Alguns deles são encontrados vagando pelas ruas, com frio e com fome"), tiver que "aprender a confiar novamente". "Ansiedade de separação, medo de barulhos e tentativas de fuga são comuns."

Ah, e as responsabilidades: você está pronto para ter um cão com tantos problemas? "Prepare-se para passear com o cão pelo menos duas vezes ao dia e limpar suas necessidades", o guia adverte. "Você pode mesmo arcar com o tempo e o dinheiro necessários para seus cuidados?" Tais observações supõem que esses cães sejam distintos daqueles de raça pura defendidos pelos canis, que milagrosamente passeiam sozinhos e limpam as próprias necessidades. Podemos deduzir que a intenção desses guias surge do interesse de autopreservação: se as pessoas deixassem de comprar e registrar os cães de raça, os Kennel Clubs não existiriam mais.*

* * *

Sua coragem é notória.
(Padrão da raça american staffordshire terrier)

Viver com cachorros às vezes parece um exercício em que coletamos as informações para as pautas "Quem Eles São" e "O Que Eles Fazem". Memorizei a maneira peculiar como as orelhas de Finnegan dobram sobre si mesmas, o curvado para a esquerda no rabo de Upton, o ondulado suave nos pelos das patas de Pump. Quando tento enumerar os comportamentos distintos de Upton que aconteceram *hoje*, já me sobrecarrego: o modo como deita na cama me forçando geometricamente em posição fetal; o balanço de seu rabo quando me vê levantando para cumprimentá-lo; sua corrida torta pelo corredor; a combinação do sorriso de boca aberta com o giro do rabo quando me encontra na cozinha; os

---

* Dez meses depois de eu divulgar essa questão em janeiro de 2018, o Kennel Club mudou seu site para incluir, de certa forma, uma menção a "raças cruzadas" — ainda direcionando quem está interessado em adoções para locais que resgatam cães de raça, e não para abrigos. O guia de informações foi substituído por uma página que descreve superficialmente "a 'bagagem' comportamental" que você pode receber ao acolher "cães que foram rejeitados pelo menos uma vez ou, em alguns casos, diversas vezes".

pulinhos que seu corpo de quase 40 quilos dá enquanto sirvo o café da manhã; a forma desajeitada com que cumprimenta o gato, enrolado em uma caixa; o modo como um dente fica pendurado do lado esquerdo do lábio quando ele está pensativo... tudo isso ainda às oito da manhã.

É prazeroso observar os comportamentos previsíveis de nossos filhotes. De fato, muitos dos "truques" que ensinamos aos cães são exercícios de previsibilidade: dizemos *senta*, e o cão senta. Dizemos *patinha*, e o cão dá a patinha. Nossa insatisfação com a falta de cooperação de um cachorro não passa de uma insatisfação com a ausência de previsibilidade. Isso nos priva da sensação de controle que temos quando sabemos o que eles vão fazer; quando não conseguimos tirar o coelho da cartola, ficamos frustrados.

Propagandas e descrições de raças recorrem intencionalmente a esse desejo pelo previsível. Como isso se tornou senso comum, ficamos com um pensamento tipológico falso: como se um retriever pudesse ser, de alguma forma, como todos os outros retrievers. É óbvio, quando observamos filhotes de apenas algumas semanas de vida — seus corpos misturados uns aos outros, explorando aos poucos em um círculo cada vez mais amplo —, a princípio eles são, de fato, parecidos. São bolinhas de pelo que guincham, farejam e capotam. Até que um filhote escapa do grupo e alcança seu dedo estendido. Um outro repara no cadarço solto de um sapato e segue em sua direção. Um terceiro busca refúgio na barriga da mãe; um quarto escala por cima do terceiro. Você repara no focinho rosado de um, no franzido de outro. Eles já são distintos, e a cada momento se tornarão ainda mais individuais.

Em nossa insistência em falar sobre raças, na relevância que damos à tipologia, esquecemos das singularidades de cada cão.

Sim, eles são membros de uma espécie, de uma raça (ou uma mistura) — mas, acima de tudo, são indivíduos. O foco em atribuir variações importantes a raças e não ao cachorro é onde mora o perigo. Ter um cão de determinada raça parece assegurar previsibilidade, mas não é bem assim. Em diversos testes de tendências comportamentais dos cães, de formas relevantes à vivência com eles, houve tanta variação entre animais da mesma raça quanto entre aqueles de raças diferentes. Os cachorros variam bastante na capacidade de serem adestrados e na forma como interagem com pessoas — mas, novamente, não por causa da raça; e sim por causa do cão.

Em um aspecto, as raças parecem, *sim*, ser distintas — e, infelizmente, é algo que costuma passar despercebido. Em questões de "reatividade", ou entusiasmo em resposta a estímulos, as raças são importantes. Embora todos os cães tenham capacidade olfativa e visual para enxergarem um rato, por exemplo, apenas alguns — os chamados caçadores, ou terriers — sentem-se compelidos a persegui-lo em qualquer buraco onde ele se esconda. Meus cães, é claro, enxergam ovelhas, aproximam-se delas, ficam curiosos, e as farejam com entusiasmo. Entretanto, eles não "firmam o olho" (fixar o olhar nas ovelhas), não as perseguem, nem se movimentam para direcionar o rebanho de volta ao cercado como qualquer border collie tende a fazer ao encontrar ovelhas. E há comportamentos que são vistos com mais frequência em algumas raças do que em outras: cães de caça caçam, pointers apontam, retrievers buscam — seja um pássaro caído ou uma bolinha arremessada.

A genética é importante ao definir predisposições e mudar susceptibilidades. Porém, de algum modo, o senso comum sobre distinções de raças aplica-se de maneira seletiva: um pit bull é um pit bull, dizem as pessoas contra a raça, e nada pode ser feito.

Mas as mesmas pessoas podem levar um border collie para um apartamento pequeno e presumir que ele ficará tranquilo. É estranho como muitas pessoas ignoram essas tendências genéticas que foram importantes na criação da raça como cão de trabalho, mas que não têm espaço em sua nova função como cão de companhia. Todo adestrador conhece uma família que levou um border collie para um ambiente pequeno e fica mortificada ao ver que ele está conduzindo as crianças da casa feito rebanho ou incomodando os skatistas que passam. O que antes era considerado comportamento desejado, hoje chamamos de "mau comportamento".

Não importa a perspectiva que tivermos, nosso palpite sobre quem o cão se tornará é profundamente falho. Imaginar que a descrição de um cão de acordo com o padrão da raça será garantia de um certo comportamento é preparar o terreno para que ele nos decepcione. A maioria dos padrões de raça inclui comentários sobre seu temperamento e caráter: são cães *leais* ou *reservados* ou *independentes*. Mas esses traços não são intrínsecos: na melhor das hipóteses, são generalizações; na pior, são características absurdamente idealizadas. Um grande número de descrições traz *inteligência* como característica da raça, apesar de muitos a usarem como um adjetivo: "expressão inteligente". Se a raça não for tida como esperta, ela certamente será "corajosa", "nobre", o epítome da "dignidade" ou da "graciosidade", "devotados" ou "afetuosos". Características maravilhosas, mas nenhuma consegue distinguir com segurança uma raça da outra.

O padrão dos golden retrievers diz que a raça é "amigável e confiável. Brigas ou hostilidade com outros cães ou pessoas em situações normais, ou exibição injustificada de timidez ou nervosismo não condizem com as características do golden retriever";

o site do AKC declara que são "ótimos com crianças". De fato, já conheci muitos golden retrievers extremamente amigáveis, com saudações felizes e entusiasmadas, rodopiando ao redor das minhas pernas. Eles quase sorriem. Mas veja um bebê mexer com o brinquedo de pelúcia favorito do cachorro, ou tentar montá-lo como se fosse um pônei, e você poderá muito bem presenciar um cão que é bom com crianças mordendo o rosto dela, como acontece com certa frequência. Uma pesquisa comparou os golden retrievers com as raças ditas perigosas (doberman, rottweiler, variações de pit bull) e não encontrou nenhuma diferença entre elas quando se trata de comportamento agressivo.

Um aristocrata, toda sua aparência é de dignidade e indiferença, com nenhum traço de simplicidade ou brutalidade.
(Padrão da raça afghan hound)

A legislação é resultado de nossos modos de caracterizar os membros da espécie. Por exemplo, os cães sempre tiveram acesso restrito a alguns lugares e foram categoricamente banidos de outros. E ainda são. Em geral, o banimento envolve proibição em nível de espécie: são os *cães* que não queremos em nossos restaurantes (Nova York, século XXI) ou em nossa cidade (Reykjavík, Islândia, século XX). A proibição específica de determinadas raças acontece em paralelo. Ao longo do tempo, raças bastante diferentes se tornaram os "renegados" do momento. Em 1876, um cão conhecido como spitz — estilo lulu-da-pomerânia, pequeno e de focinho pontudo, do tipo que caberia com facilidade em uma bolsa — era menosprezado. "Quanto à moralidade, o spitz é total e irremediavelmente corrupto", declarou o *New York Times*. "Ele é um ladrão incansável e descarado, além disso, exibe uma habilidade perversa de conseguir acesso a porões proibidos e roubar os ossos reservados para cães simples e honestos — uma característica verdadeiramente vulpina", uma vez que o cão é comparado a raposas por conta de seu "rosto traiçoeiro". Tal calúnia se deve ao fato de a raça ser uma imigrante nos Estados Unidos, além de sua chegada coincidir com a disseminação da hidrofobia — hoje conhecida como raiva — na cidade de Nova York.

O amado são-bernardo também já teve seus tempos de bicho-papão canino no século XIX, assim como o malicioso dachshund [ou o famoso salsicha] e o arrepiante dogo cubano [mastim cubano ou bloodhound Cubano] — sendo este último nem um pouco parecido com o cão-de-santo-humberto [bloodhound], e sim um cão "de pelo curto, preto, ruivo, amarelo, mesclado, manchado ou de qualquer outra cor... com cabeça, peito, patas dianteiras e ombros como os de um pequeno mastim, e também com focinho levemente alongado e orelhas levantadas, como um greyhound". A raça foi importada pelo estado da Flórida "para caçar os indígenas miseráveis que desejam expulsar do país", segundo um jornal da época.

A singularização das raças tomou um novo rumo em 1991. Dois anos antes, uma menina de 11 anos foi morta por uma dupla de rottweilers no Reino Unido, desencadeando "uma onda de histeria", como escreveu o pesquisador de animais James Serpell. Os tutores de rottweilers tornaram-se, de repente, vítimas de assédio público quando caminhavam com seus cachorros; os próprios cães não eram bem tratados pela mídia nacional: "Terroristas de quatro patas", bradava uma manchete sobre esses "cães demoníacos". Em resposta, o Reino Unido criou uma legislação específica por raça — hoje em dia, sua universalidade a fez ganhar sigla própria,

BSL [*breed-specific legislation*, no original] — dentro da Lei dos Cães Perigosos [*Dangerous Dogs Act*, no original]. A lei proibia expressamente a posse de quatro raças de cães: três das quais (tosa, fila brasileiro e dogo argentino) eram quase inexistentes no Reino Unido,* e a quarta eram os pit bulls. Inusitadamente, os rottweilers ficaram de fora da lista.

A BSL tornou-se popular. Austrália, China e vários países europeus adotaram a moda. Os dobermans, pastores-alemães, chow-chows e um grande número de outras raças foram banidos. Cães banidos são ou confiscados e mortos ou permite-se que vivam dentro das seguintes condições: que sejam identificados, registrados, castrados e mantenham sempre coleira e focinheira, independentemente do histórico do cão. Os Estados Unidos são, como sempre, uma mistura de diversas atitudes em relação aos cães. Mas vários tipos de legislação foram surgindo com o passar do tempo: desde banimentos a cães estilo pit bull no condado de Miami-Dade e em Denver nos anos 1980, antes mesmo da Lei dos Cães Perigosos, até regulamentações atuais em alojamentos públicos da cidade de Nova York, que proíbem cães acima de 11 quilos.**

Hoje em dia, uma raça, mais do que qualquer outra, carrega o peso da caracterização de certos cães como irremediavelmente maus: o assim chamado pit bull. Não foi sempre assim. Os pit bulls já foram capa da revista *Life* três vezes — e o destaque era pelo jeito cativante, não por serem terríveis. Teddy Roosevelt tinha um

---

* Com exceção do tosa.
** Como efeito colateral, isso tem levado as comunidades a lidar com certas peculiaridades da vida com cães pequenos, que podem ser mais difíceis de controlar de maneiras não tão óbvias: eles podem ser mais falantes, e alguns donos não passeiam ou socializam seus cães toy (ou cães miniatura), por exemplo.

bull terrier chamado Pete na Casa Branca — embora este, certa vez, tenha afugentado um embaixador francês e mordido um funcionário da Marinha, antes de ser morto por outro cão, como noticiado pelos jornais de maneira sensível e apropriada. Mas, como Bronwen Dickey descreve, a raça saiu de sua posição de cão amado para ser reconhecida, então, como uma ameaça, programada para matar. Dickey demonstra como alguns ataques de pit bull, que inclui a morte de uma criança — trágica e, estatisticamente, não muito rara —, produziram uma onda de relatos na imprensa que demonizaram o cão, ao mesmo tempo que ignoravam vários outros fatores relevantes de cada situação (os casos envolviam elementos como o bebê ter sido deixado só e sem supervisão, um cão faminto e que sofria abusos e donos negligentes).

A legislação específica por raça depende diretamente da ideia ilegítima de que comportamentos são definidos pela raça — que a genética determina o comportamento —, exatamente como os padrões de raça insinuam. Um pit bull — qualquer pit bull — se comportará "como um pit bull", o que parece ser diferente de como um dachshund — qualquer dachshund — se comporta. Os pit bulls são um exemplo notável da frivolidade dessa afirmação, já que é um termo guarda-chuva, e não uma raça específica com pedigree. Pode ser um american pit bull terrier, american staffordshire terrier, staffordshire bull terrier, american bully — ou, de acordo com a legislação, qualquer cão com "uma gota" de sangue de qualquer uma dessas raças (essa proporção é determinada de olho, não com exames de sangue).* O termo "pit bull" é mais usado como uma "casta social" dos cães do que uma descrição de uma ou mais raças

---

* É uma lógica tirada da Lei da Integridade Racial de 1924 (ou inspirada nela), em que o estado da Virgínia impedia o casamento de pessoas de diferentes raças, definindo "pessoas brancas" como aquelas que não têm nenhuma gota de sangue não branco no corpo.

específicas. Dickey me conta: "É um cão de pelo curto, indefinido e não especificado", que tem ou cabeça quadrada, corpo forte e pelo mesclado, ou "uma mancha de cor branca no peito" — como um vira-lata de qualquer hereditariedade. "É como se fosse o Prince: o artista originalmente conhecido como...", diz Dickey. O pit bull é o cão originalmente conhecido como pit bull terrier, mas agora pode ser qualquer cão que você queira difamar. Em 2016, a cidade de Montreal baniu várias raças no estilo pit bull, assim como cães com "características" dessas raças, após uma mulher lamentavelmente ter sido morta por um cachorro. Da raça boxer.

Muitos cães identificados como pit bulls *não* são de forma alguma pit bulls: metade dos cães classificados dessa forma por profissionais não apresentam nenhuma relação genética com qualquer uma das raças categorizadas no estilo pit bull. Ao verem a foto de um cão preto de cabeça quadrada e orelhas erguidas e dobradas, funcionários de abrigos e veterinários foram unânimes em identificá-lo como "estilo pit bull". O genoma do cão, entretanto, mostra as raças "cão d'água irlandês" e "husky siberiano". Por outro lado, alguns cães *não* identificados como pit bulls têm, na verdade, um pouco das raças bully em sua linhagem. Especialistas em cães nos Estados Unidos, onde as discussões sobre essa raça atingiram níveis atordoantes, são muito mais passíveis de classificar um cão como "pit bull" do que os especialistas no Reino Unido.

Outro problema da legislação específica por raça é que nossa capacidade de determinar quais raças compõem um cão mestiço apenas de olhar para ele é evidentemente ineficaz. Até mesmo profissionais com anos de experiência não conseguem identificar só de olhar com segurança a raça de um cão quando sua linhagem é desconhecida (como acontece com os inúmeros vira-latas de abrigos); quase 90%

das raças identificadas em abrigos vieram a se provar incorretas. Uma pesquisa descobriu que especialistas em cães — incluídos funcionários de abrigos, veterinários e peritos comportamentais — não só discordavam entre si a respeito da linhagem de diversos cães mestiços, como eles também raramente identificavam *qualquer uma* das raças que apareciam na análise do DNA dos filhotes.

Essas imprecisões representam mais uma ausência de compreensão genética do que uma ausência de compreensão canina. Diferentemente do que supomos, a primeira geração de filhotes de duas raças puras geralmente não se parece em nada uns com os outros, nem mesmo com os pais. John Scott e John Fuller, em uma famosa pesquisa sobre a influência genética no comportamento, cruzaram raças de aparência e características distintas e examinaram os resultados na prole (chamada geração F1) e também na descendência dessa prole (geração F2). Os filhotes F1, crias do cruzamento entre as raças basenji e cocker spaniel, têm orelhas de abano e aparência semelhante a labradores; e nenhum dos filhotes F2 com esses genes apresentam qualquer semelhança com cockers ou basenjis. Uma foto com os cãezinhos da geração F2 enfileirados mostra filhotes pretos, castanhos, com rabos escuros e pontas brancas, pretos com manchas brancas e brancos com manchas pretas; alguns têm cabeça larga e outros, pequena. Nenhum deles é um reflexo dos pais ou dos avós; todos são únicos.

O banimento de raças é ineficaz na redução de ataques caninos. Um extenso estudo dinamarquês comparou o índice de mordidas de cães antes e três anos depois da criação de uma lei que proibia a posse de qualquer cão entre treze raças* — e descobriu que o número de mordidas *aumentou* levemente após a proibição. Pes-

---

* Exigindo focinheira para os cães que já tinham donos.

quisas recentes no Reino Unido, na Irlanda e na Espanha fizeram a mesma descoberta: certas raças estão sendo indiscriminadamente perseguidas pelos banimentos. Qualquer cão com dentes é capaz de morder. E, como James Serpell e seus colegas demonstraram, os cães responsáveis pelo maior número de relatos sobre episódios violentos são os... *dachshunds*. Eu conto isso ao dachshund que encontro no elevador do meu prédio enquanto ele late e tenta, sem sucesso, pular mais alto do que os próprios joelhos. Seu dono o aquieta, mas as patas estão travadas e inflexíveis, fazendo as unhas deslizarem pelo chão enquanto é puxado para o corredor.

* * *

[...] quadris e coxas bem desenvolvidos [...] e toda sua área traseira demonstra força e energia [...]
(Padrão da raça boykin spaniel)

A estranheza de pensarmos sobre como reduzimos os cachorros a um conjunto de tipos se mostra evidente no surgimento de negócios que, por um valor alto, clonam seu filhote amado. Superficialmente, a motivação para clonar um animal de estimação é bem compreensível: qualquer um que tenha perdido um animal é capaz de relembrar esse luto. E simpatizamos com o sentimento: o que alguém não faria para ter seu cão "de volta"? Ah, diz o modelo de negócios, e se você *pudesse* tê-lo?

Clones genéticos de fato podem ser desenvolvidos. Um chumaço de pelos, algumas placas de Petri, uma cadela para ser mãe de aluguel, US$ 50 mil e, pronto, está dada a largada. Mas os clones não são idênticos ao cão original: os genes se expressam em ritmos diferentes de acordo com ambientes diferentes. E eles não agem exatamente como os originais: os comportamentos surgem por meio da dança que esse precioso conjunto de genes realiza com o mundo exterior. As experiências da vida de um cãozinho — outros cachorros, pessoas, esquilos e borboletas; cheiros, sons, visões e sabores; confortos, perigos, alertas, atrativos, confusões e prazeres — são impossíveis de se replicar. O clone se tornará um filhotinho único (e, sem dúvida, rapidamente insubstituível). Será um bom menino. O que ele não será é uma reencarnação daquele que se foi.

A premissa da clonagem é problemática, assim como a premissa da previsibilidade de uma raça. O cão é tratado, sem querer, como objeto, e não como indivíduo. Um objeto pode ser comprado, reproduzido, jogado fora. E, infelizmente, os cães também. Será que estamos longe do dia em que um tipo genético específico — a raça perfeita — será patenteado e produzido em massa, disponível na internet com entrega no dia seguinte? A clonagem está a poucos passos desse futuro canino distópico.

Examinando de perto, o impulso de clonar um cachorro acaba sendo mais contraditório do que racional: o sentido de se envolver com um cão é o próprio relacionamento de *crescer com o cachorro* — e não a forma específica que ele tem, como se você estivesse apenas fazendo uma visita à sua personalidade. Um constrói o outro; o elo entre vocês é desenvolvido em conjunto. Dessa forma, a indústria da clonagem — que cria expectativas que nenhum cachorro é capaz de cumprir; que trata o cão como um produto em vez de um ser vivo; que se aproveita do nosso luto ao perder nossos cães — é indefensável.

O PROBLEMA COM AS RAÇAS

* * *

Olhos muito juntos são considerados faltas. Olhos de cor diferentes resultam em desclassificação [...] Um focinho muito alongado não é desejável [...] Um focinho achatado é um defeito. Rugas excessivas na testa são defeitos [...] Um focinho manchado não é desejável. Um focinho da cor da pele causa desclassificação.
(Padrão da raça braco alemão de pelo curto)

Quando pergunto a Amy Attas, veterinária de longa carreira, qual raça mais sofre por ter sido selecionada devido à sua forma, ela não hesita em responder: "Os buldogues." Essa raça é, sem dúvida, uma das mais afetadas pelos efeitos do cruzamento seletivo. Ao observarmos o buldogue inglês em 1866 e hoje em dia, a raça parece ter sofrido um acidente traumático e significativo. "Se você analisar fotos antigas de Westminster ou do Crufts [a grande exposição canina do Reino Unido]", diz Stephen Zawistowski, "o buldogue tinha um *rosto*" — um focinho nítido e perceptível. Não mais. Hoje, o focinho deste cão maravilhoso parece ter colidido em alta velocidade com uma parede, drasticamente pressionado contra si mesmo, o nariz empurrado para trás, a mandíbula impulsionada para a frente como se estivesse recebendo um soco de um boxeador. A pele suspensa e amassada parece pendurada no rosto, fazendo dobras, cobrindo os olhos e se estendendo em bochechas compridas.

O fenômeno vivenciado pelos buldogues e por todos os cães de raça é o surgimento de doenças hereditárias — e o alto número dessas doenças se deve ao cruzamento consanguíneo. Além disso, os padrões das raças encorajam correções exaustivas no formato dos animais, gerando efeitos nocivos. Para muitos cães, o resultado foi profundo. Por exemplo, o padrão do buldogue em 1892 insistia que o crânio do cachorro fosse "muito grande — quanto maior, melhor". Agora, devido à desproporcionalidade do tamanho da cabeça, os filhotes de buldogue não conseguem mais passar pelo canal do parto de suas mães, e geralmente precisam ser paridos por meio de cesariana. A raça apresenta outros problemas genéticos, muitos deles visíveis. Por causa das dobras da pele, eles tendem a ser vítimas de infecções e desconfortos crônicos. Por causa dos olhos esbugalhados, as pálpebras dobram para dentro ou para fora, danificando a córnea e causando irritações constantes. O corpo forte e as patas curtas geram problemas dolorosos, e às vezes debilitantes, de locomoção.

O termo adequado para o cão de focinho achatado, como os buldogues, é braquicefálico. Os cruzamentos em busca de focinhos mais curtos* modificaram todo o formato do crânio dos cachorros, bem como as partes mais frágeis que o crânio protege. Os lobos são o oposto: dolicocéfalos — o clássico perfil canino. Os seres humanos também são, de certa forma, braquicefálicos. E talvez seja por isso que os cães com rosto achatado tenham sido criados: como somos uma espécie narcisista, talvez de maneira inigualável, nós, humanos, gostamos de animais parecidos conosco. A seleção por focinhos curtos foi, infelizmente, muito mais rápida do que a capacidade evolutiva de redesenhar os seios nasais, o palato duro e outros tecidos para que coubessem no espaço apertado. Como resultado, os buldogues, e todas as outras raças braquicefálicas, costumam desenvolver graves problemas respiratórios no calor, ou quando se submetem a qualquer tipo de exercício — o que inclui até "caminhadas". "Os buldogues franceses também têm vários

---

* Padrão de 1892: "O focinho deve ser curto, largo, voltado para cima."

problemas", continua Attas. "Problemas braquicefálicos." Attas, que confessa ter se apaixonado pelos pugs — outra raça braquicefálica de focinho achatado — quando conheceu seu primeiro cachorro, à época com 3 anos, me conta sobre outro pug resgatado que ela recentemente adotou: uma cachorrinha também de 3 anos, de Chicago. "Não era um dia quente quando eu fui buscá-la, mas ela simplesmente não conseguia respirar: estava ofegante, fazia ruídos que indicavam a grande dificuldade que sentia ao tentar inspirar. Durante o voo de volta para casa, usei um leque para jogar um ventinho gelado nela, pois sua temperatura corporal não caía." Attas logo realizou uma cirurgia na cachorrinha para abrir as cavidades nasais típicas de um pug, o que inclui o corte da prega alar (tecido que contorna as narinas) para abrir espaço suficiente para que o ar chegue às narinas, uma ressecção do palato mole (remoção dos tecidos moles apertados em sua garganta, abrindo espaço para a respiração passar) e a retirada dos sáculos — sacos parecidos com as amígdalas localizados na laringe. "Quando se tem dificuldade para respirar, como é o caso dos pugs, os sáculos escapam de sua cripta" — um termo surpreendentemente adequado para descrever onde esses pequenos sacos, virados do avesso, ficam —, obstruindo ainda mais as vias respiratórias. "É como se eles respirassem por um canudo", diz Atta. Hoje em dia, a cirurgia de ressecção do palato mole é comum para as raças braquicefálicas.

    Ainda assim, os buldogues são a quinta raça mais popular nos registros do AKC; três outros cães braquicefálicos (boxers, buldogues franceses e yorkshires) se juntam a eles no Top 10 há anos. "As pessoas não pensam: 'Quero um cachorro com problemas de visão e que mal consegue respirar.' Elas provavelmente pensam: 'Que raça bonitinha!'", diz Zazie Todd, que escreve sobre a relação entre animais de estimação e seres humanos. De fato, as raças mais populares de hoje não são as que têm o melhor comportamento ou uma personalidade fácil, que vivem por mais tempo ou são mais saudáveis. É curioso como as raças populares desenvolvem mais doenças hereditárias do que as menos populares. O que intriga ainda mais é que essas raças não são intrinsecamente doentes; somos *nós* que estimulamos essas doenças, o que nos torna ou totalmente alienados ou, francamente, cruéis.

Eu escolho "alienados", porque o efeito da conscientização crescente é visível. Os problemas da braquicefalia receberam atenção suficiente para que companhias aéreas determinassem a proibição de quase duas dezenas de raças braquicefálicas — ou qualquer cão de focinho achatado, de qualquer mistura de raças — no compartimento de carga do avião, onde esses animais costumam viajar. Deixando de lado a questão "Faz sentido que os cães, com qualquer tipo de focinho, sejam tratados mais como bagagens despachadas do que como membros da família (que a princípio viajam na cabine de passageiros)?",* a regra reflete a compreensão de que, em ambientes quentes e estressantes, onde o fluxo de ar é restrito, esses cães correm o risco de sufocar.**

Problemas físicos hereditários afligem a maioria dos cães com pedigree, até mesmo os que não aparentam tê-los. Os mesmos genes que formam a crista nas costas da raça leão-da-rodésia [ou rhodesian ridgeback] também podem ocasionar o seio dermoide, uma disfunção do tubo neural que leva a problemas neurológicos incapacitantes. A postura característica do pastor-alemão e seus

---

* Não acredito que faça sentido (e não deixo essa questão de lado: veja *Ser tutor de um cão*, Capítulo 3).
** Essa política surgiu da descoberta de que a maioria dos cães que morriam em voos das companhias aéreas era de focinho curto, e ela reflete ou boa vontade ou bom senso empresarial (ou ambos).

"pés de sapo" com dedos curtos e afastados causam doenças musculoesqueléticas e a debilitante displasia da anca. O crânio do cavalier king charles spaniel é tão pequeno que o cérebro, o qual cresce mais do que o espaço disponível, pode inchar de maneira extremamente dolorosa — uma patologia chamada siringomielia. A simples condição de ser gigantesco — como o enorme dogue alemão — ou minúsculo — seguindo a famosa tendência atual de cachorros "teacup" — causa problemas ortopédicos, de displasias da anca a luxações da patela. Os olhos esbugalhados do pug podem provocar úlceras; os basset hounds são propensos a doenças do disco; os dálmatas, à surdez.

A origem desses desastres genéticos é o cruzamento consanguíneo, o que significa que os responsáveis são aqueles que o praticam. Ou seja, os criadores. Não é uma questão de criadores bons ou ruins. O problema é a aceitação da ideia de que cães de pedigree precisam da endogamia, sem falar dos padrões das raças que glorificam doenças e deformações. Alguns padrões também mudaram ao longo do tempo — para pior. Em 1889, um dogue alemão macho deveria pesar cerca de 54 quilos; hoje, o AKC lista o peso do cão entre "63 e 80 quilos": um peso a mais que sobrecarrega seus ossos. Mudar o padrão das raças — por exemplo, permitindo que os rhodesian ridgebacks não tenham a crista nas costas; ou autorizando a heterozigose, ao cruzar com uma raça diferente de vez em quando — resultaria em uma queda significativa do índice de efeitos negativos do cruzamento consanguíneo. Mas o mundo dos cães de pedigree é construído com base nesse padrão, nessa linha restrita. (E o chamado "cruzamento de linhagem", quando criadores supostamente escolhem pares com maior cuidado entre a linhagem de pedigree, não é nada melhor: "Distinção sem diferença", disse o biólogo Patrick Bateson.) Vale lembrar que nem sempre foi assim: antes dos exclusivos livros de registros genealógicos, criadores de qualidade trabalhavam bastante com o cruzamento heterozigótico. Hoje isso causa resistência, como me contou Stephen Zawistowski, citando um caso conhecido sobre os dálmatas. Esta raça desenvolve infecção urinária hereditária — que ocorre em paralelo às manchas pretas perfeitas do dálmata canônico. Um criador, naturalmente, quis eliminar o problema, e para isso trouxe, uma nova linhagem, fazendo uma seleção contra as infecções: "Ele cruzou um pointer inglês com sua linhagem de dálmatas e seguiu cruzando as proles repetidas vezes", unindo os cães híbridos com os dálmatas puros, relata Zawistowski. Apesar de os filhotes híbridos, que não apresentavam as infecções, terem sido inicialmente aprovados para registro junto ao AKC, "chegou um momento em que eles disseram: 'Você não pode registrá-los'". Os cães não podiam ter os documentos se sua origem fosse híbrida, fora da linhagem de pedigree, mesmo que isso reduzisse os riscos de infecção.* "Não era como se o cruzamento fosse com um cão de rua qualquer", lamenta Zawistowski.

Até mesmo um criador consciente, que de alguma forma apenas segue o padrão da raça, involuntariamente expõe seus cães a doenças. Em sua pesquisa sobre práticas de cruzamento de cães, Bateson escreve de maneira clara o que podemos esperar do cruzamento consanguíneo: "Fertilidade reduzida tanto no tamanho da prole quanto na viabilidade do esperma, desordens de desenvolvimento, menor taxa de natalidade, maior taxa de

---

* Em 2011, foi finalmente permitida a inclusão dos descendentes dos dálmatas híbridos no AKC, cerca de trinta anos após o primeiro pedido do criador. Durante esse período, nenhum de seus dálmatas sem doenças pôde entrar no clube.

mortalidade dos filhotes, menor expectativa de vida, casos mais numerosos de doenças hereditárias e redução do funcionamento do sistema imunológico." Impotência, anormalidades, problemas de saúde e morte. Nenhum motivo de orgulho.

A pesquisa foi financiada pela instituição britânica de caridade Dogs Trust e pelo UK Kennel Club após a exibição de um documentário na BBC One chamado *Pedigree Dogs Exposed*, que desvendou os perigos do cruzamento consanguíneo. A repercussão foi intensa: a BBC cancelou um antigo contrato de transmissão da exposição canina Crufts, enquanto outras empresas retiraram o patrocínio. O impacto causado pelo documentário foi a maneira como foram expostas as consequências do cruzamento consanguíneo para cães individuais. O antigo veterinário do RSPCA [Royal Society for the Prevention of Cruelty to Animals, ou Sociedade Real para a Prevenção da Crueldade aos Animais], Mark Evans, não amenizou seu discurso no documentário: nós celebramos "animais mutantes, deformados, deficientes, doentes". Um vídeo pesado, difícil de assistir, mostra um cavalier em espasmos de dor devido ao cérebro inchado; um boxer epilético em convulsão; e vários criadores e julgadores que negam de maneira despreocupada qualquer dor infligida aos cães. Eu desvio os olhos instintivamente durante a cena de um pequinês chamado Danny, o rosto quase todo escondido por trás do pelo escovado, correndo pela enésima vez ao redor da pista durante o Crufts em 2003. A língua se curva na boca; os olhos, grandes e esbugalhados, se mexem de um lado para o outro. Ainda na pista, ele é colocado sobre um saco de gelo: devido ao fluxo de ar obstruído por ser braquicefálico, seu corpo superaqueceu. Naquele ano, Danny levou o prêmio de melhor da exposição. (Em 2016, seu neto — cuja língua balançante e respiração ofegante confirmam a linhagem — foi coroado o vencedor da categoria Toy.) Até 2008, Danny havia tido dezoito filhotes; cada um deles com altas probabilidades de sofrer as mesmas dificuldades respiratórias que o fizeram ser posto sobre o gelo.

* * *

Quase rentes um ao outro, seus olhos são relativamente pequenos e amendoados, com pálpebras firmes. Sua cor é de um tom quente de marrom médio a escuro ou âmbar escuro, mas nunca amarelo. Tem uma expressão profundamente alerta, inteligente, direta e excêntrica.
(Padrão da raça cão d'água irlandês)

Quando uma aberração anatômica é considerada nosso "melhor" cão, receio termos nos perdido por completo. Não podemos continuar assim — ainda mais por sabermos como as raças são problemáticas. Considerando o grande valor que os cães têm em nossa cultura, a complacência em relação ao seu bem-estar é inquietante. Milagrosamente, através de cruzamentos híbridos — processo que o fenômeno dos *designer dogs*, ou cães híbridos, vem adotando, irônica e involuntariamente — podemos torná-los mais saudáveis.* Ponto final. Após *Pedigree Dogs Exposed* ser exibido no Reino Unido, o Kennel Club fez algumas mudanças — eliminando, por exemplo, o acasalamento entre pais e filhas. Não é o suficiente. Kennel Clubs e clubes de raças têm conhecimento sobre

---

* Isso não quer dizer que os cães híbridos sejam necessariamente mais saudáveis: caso sejam cruzados de maneira imprópria, ou se a primeira geração for estendida através de cruzamentos consanguíneos, os problemas persistem. Mas, se a cada geração for dada continuidade à mistura de raças, é um bom começo. Se um cockapoo se apaixonar por uma goldendoodle, e sua prole estender esse círculo, teremos então alguns filhotes maravilhosos.

a questão da saúde há décadas. Há 55 anos, a British Veterinary Association [Associação Britânica de Veterinários] especificou dez doenças hereditárias decorrentes do cumprimento de exigências dos padrões. Ainda assim, enquanto a saúde — e não a aparência, a pureza ou o melhor da exposição — não for prioridade, desastres do cruzamento consanguíneo continuarão existindo. Por que não priorizar a saúde? Todo dono quer que seu cão viva por mais tempo; nenhum dono quer que o cão sofra, como agora. Se a criação de animais em larga escala estivesse desenvolvendo animais claramente doentes — uma galinha sem cabeça produzida geneticamente ou um porco gigantesco —, pesquisadores constataram que "a sociedade seria contra. Fazer o mesmo com nossos animais de companhia", pois é isso que estamos fazendo com os cães, "seria moralmente justificável?".

As pessoas não devem se preocupar: cães híbridos continuarão sendo fantásticos. Observe os vira-latas, resultado de diversos cruzamentos híbridos: adoráveis, únicos — além de todas aquelas características que buscamos em cães de criadores: "inteligentes", "leais", "afetuosos" e, no caso dos meus cães, incrivelmente "nobres" (mas um pouco palhaços) à maneira deles.

Podemos começar com a *descomercialização* das raças. Por mais que os cães sejam amados, eles também são uma proposta de negócios: pessoas ganham dinheiro com a venda de cães consanguíneos, de animais de saúde frágil, com a venda de uma falsa promessa de um cão para pessoas completamente despreparadas para a realidade. Quase todo mundo é contra as "fábricas de filhotes" dos grandes criadores comerciais, onde os filhotes e os pais são mantidos em condições insalubres; a mãe gera filhos até não poder mais e depois é morta; os filhotes ficam isolados e sem oportunidades de socialização — tão importante e necessária para uma vida bem-sucedida com seres humanos e outros cachorros; todos são subnutridos e privados de água limpa e cuidados veterinários. "Todas as operações de criação de filhotes em grande escala", escreveu Grier, "seja uma precária fábrica rural de filhotes, seja uma fazenda cientificamente gerenciada, tratam os cães como pecuária". Mesmo assim, cerca de 10 *mil* fábricas de filhotes, de acordo com a estimativa do ASPCA, continuam existindo, porque... as pessoas compram os filhotes. Não diretamente, ou às vezes nem mesmo intencionalmente, mas com frequência: é sabido que praticamente *todos* os pet shops — sim, todos; sim, até mesmo aquele perto de sua casa — adquirem seus cães das chamadas fábricas de filhotes.* Como a pecuária, a criação de cães cresceu demais: não dá para acompanhar o ritmo e, assim, artimanhas são adotadas, muitas vezes em detrimento do produto — os próprios cães. Analisando essa questão, o AKC, novamente enfatizando sua missão de "tomar quaisquer medidas necessárias para proteger e assegurar o funcionamento da atividade esportiva das raças puras", fez um anúncio a respeito das fábricas de filhotes ou, como eles chamam, "criadores de grande volume". Nenhuma das recomendações finais do comitê que investigou o problema envolvia "acabar com as fábricas de filhotes". Em vez disso, o comitê, de maneira unânime, recomendou que o AKC explorasse a possibilidade de oferecer aos criadores registrados o incentivo de "um certificado atrativo, adequado para molduras". Pronto, problema resolvido.

---

* A não ser que você tenha visto os pais com os próprios olhos, presuma que um filhote com "documentos" veio de uma fábrica de filhotes. Sim, até mesmo aquele que você encontrou na internet, em um site com fotos bucólicas de cães brincando na fazenda, cujo dono afirma que os filhotes nasceram na cozinha (mas nunca permite que você conheça os pais).

Funcionários de sociedades humanitárias e de abrigos abordam a questão de maneira direta: *não compre, adote*. O simples ato de entrar em um abrigo, onde os latidos de um ou vários cães ecoam pelas paredes, já nos faz apreciar a força por trás do slogan. Cada rosto que surge, encontrando seu olhar, parece fazer uma súplica. Cães deitados, enrolados em si próprios, ou uma prole com todos os filhotes juntinhos uns aos outros conquistam e derretem meu coração. Imagine só uma restrição para canis até que todos esses cães sejam realocados em um novo lar. Mas, no fim das contas, "é impossível interromper a criação de cães", sugeriu Peter Sandøe. "O futuro dos animais domésticos está em nossas mãos — queiramos ou não." Se quisermos viver com os cachorros, não podemos evitar os cruzamentos, porque é apenas nos locais onde são livres que os cães são capazes de ditar os termos de sua vida amorosa: os que têm dono ficam sempre a critério do humano com a coleira na mão. Stephen Zawistowski concorda: "Minha estimativa é de que precisamos anualmente de oito a dez milhões de cães, com base no atual crescimento populacional [de humanos]" para atendermos à demanda. "O interessante é que os abrigos recebem apenas de quatro a cinco milhões de cães. De onde virão todos os outros?"

Zawistowski tem uma ideia: "'Criador de quintal' tornou-se uma expressão pejorativa", diz ele — retratada com o mesmo desprezo das fábricas de filhotes —, mas ele acredita que não deveria ser assim. Há que se dar valor a uma criação de pequena escala, que produz, no máximo, uma ou duas proles por ano, "nascidas no porão ou na cozinha", cuidadas e socializadas com atenção. "Tenho fotos de minha esposa sentada ao redor de uma prole de filhotes de beagle", recorda-se, pensando na época em que sua família criava beagles dessa maneira. "Nós cuidávamos deles de verdade." A saúde dos animais é o principal, não a linhagem. Ele se refere a esse tipo de criador como *artesão* de quintal — seu ofício é "compreender e conhecer os cães".

Enquanto escrevo este livro, o estado da Califórnia aprovou uma lei que exige que os pet shops vendam apenas animais de abrigos ou resgatados. Os proprietários das lojas se irritaram. O dono de um pet shop chamado Puppy Heaven, especializado em yorkshires terrier micro e maltipoos toy, e cujo site expõe fotos de atores e cantores famosos exibindo seus novos e minúsculos bichinhos, ficou estarrecido com a notícia: "Isso acaba com a liberdade de escolha das pessoas que buscam um filhote", disse ele. Grier escreve que o AKC luta há anos contra qualquer restrição aos criadores comerciais, "porque regulações adicionais são uma violação do direito de propriedade dos donos de cães". A respeito de sua clientela, o dono do pet shop acrescenta: "Eles não querem o cão indesejado de outra pessoa ou algo do tipo."

E aí está: uma total falta de compreensão sobre os cães de abrigo e sobre o que as raças podem ou não ser. "Algo do tipo." Qual é o tipo do vira-lata? O tipo impuro? Não, o tipo *animal*. Um cachorro, de acordo com essa perspectiva, não é um animal, e sim uma espécie de produto. Chamar os cães de abrigo de "cão indesejado de outra pessoa" é um argumento falacioso: vários cães de abrigo são de raça pura. Eles estão lá porque os donos não foram capazes de lidar com o cachorro que tinham, em vez do animal anunciado na página repleta de celebridades do pet shop.

A lei da Califórnia pode acabar sendo derrubada.* As pessoas querem filhotinhos, e não surpreende que haja menos deles em abrigos do que em fábricas de filhotes. Uma parte daqueles que cuidam do controle populacional de cães indesejados entende o sentimento. As pessoas querem o cachorro que elas querem. Eu concordo: se me fizessem escolher entre uma centena de cães diferentes, eu escolheria aquele cuja aparência e cujo comportamento mais mexem comigo. Mas é um raciocínio falho pensar que deveria ser sempre assim, ou que seria um sofrimento não poder adotar ou comprar aquele mesmo cão de nossa infância, ou aquele que enaltecemos ou o que parece "mais fofo". Deixe os cem cães de lado e me mostre dez que apresentem mais semelhanças do que diferenças. Ainda assim, consigo me conectar com aquele que levanta a orelha e balança o rabo no instante em que trocamos olhares. Ou me mostre apenas *um* — aquele que cruza o meu caminho e precisa de um lar. Eu vou amá-lo do mesmo modo. Nós somos capazes de encontrar nossos cães. E, nesse processo, podemos também encontrar quem somos.

* * *

Pescoço: a pele é flexível, ampla e solta [...] Rabo: apontado para baixo, sem estar forçado ou dobrado, e sim solto [...] Patas: os dedos devem

---

* Como o livro foi escrito em 2017, é interessante apontar que a lei da qual a autora fala foi aprovada durante o mesmo ano, e passou a valer em 2019 (os donos de pet shops tiveram dois anos para se adequar). Como pet shops continuaram a vender animais de canis comerciais (apresentando-os como "resgatados" e cobrando altas taxas de adoção), a AB 2152, conhecida como "Bella's Act", encerrou oficialmente a venda a varejo de cães, gatos e coelhos na Califórnia. Pet shops agora só podem agir como intermediadores entre possíveis adotantes e abrigos de animais. [N. da E.]

ser bem juntos, unhas curvadas e fortes, coxins bem desenvolvidos e flexíveis [...] Caminhar: seu caminhar é bem flexível [...]
(Padrão da raça dogue-de-bordéus)

Estamos a milhares de anos do instante em que um lobo e um ser humano cruzaram a linha invisível entre eles e passaram a se olhar de maneira diferente. Vamos imaginar que vivíamos naquela época. Há mais ou menos 14 mil anos, esses lobos — protocães — começaram a sondar nosso acampamento, farejando as partes do javali selvagem que não conseguimos ingerir. Toleramos a presença deles por um tempo — e eles, a nossa, enquanto nos olham e engolem os rosnados. Até que surgem os filhotes e você pega um deles. Meu Deus, como é macio. Ele choraminga e murmura, os olhos vidrados em você, cheios como uvas gordas. Você fica com ele.

Ou imagine-se levado de volta para a Inglaterra e os Estados Unidos pré-industriais, quando esses filhotes de lobo já haviam se transformado em filhotes de cachorro e estavam por toda a parte. E lá está você quando Von Stephanitz concebe a ideia de criar uma nova "raça" de cachorro para a Alemanha, a partir dos melhores exemplares de cães pastores que existiam, ou quando Dudley Coutts Marjoribanks, primeiro barão de Tweedmouth, começa a desenvolver o que viria a se tornar o golden retriever.

Como você poderia saber que aquele filhote de lobo levaria a estimados 90 milhões de cães nos Estados Unidos e 700 milhões ao redor do mundo atualmente? Você não seria capaz de prever que a criação da linhagem do pastor-alemão e de dezenas de outras supostas raças puras resultaria nos milhões de cães registrados em Kennel Clubs hoje — cujas raças têm uma média de 32 doenças hereditárias como resultado do cruzamento consanguíneo.

Mas você está lá agora. E se pudéssemos começar do zero? E se pudéssemos fazer tudo de novo — antes de a seleção artificial sair dos trilhos? Tenho feito essa pergunta a mim mesma e perguntado também a outras pessoas que pensam a respeito dos cães por uma quantidade de tempo desproporcional.

Poderíamos creditar tudo às vicissitudes da seleção natural. A evolução "fez um ótimo trabalho ao criar o cachorro", reflete Amy Attas. "Um cão de porte médio, de 14 a 18 quilos, com um bom olfato, coloração caramelo, orelhas de abano e rabo enrolado. Eles tendem a apresentar bom temperamento e a serem saudáveis. Isso diz bastante."

Poderíamos pular a criação com pedigree. "Eu provavelmente pularia tudo a partir de 1859", disse Bronwen Dickey, referindo-se à primeira exposição canina. "Lá atrás, os cães faziam coisas diferentes a partir de sua forma [seu corpo]; ninguém se preocupava tanto com isso. Já o grande estouro do AKC foi nos anos 1950, quando todos no subúrbio desejavam ter o setter irlandês perfeito... Veja o que isso causou aos cachorros."

Poderíamos cruzar os cães, mas cruzá-los *melhor*, sugeriu Stephen Zawistowski: "Eu faria um levantamento das raças. Verificaria os prós e os contras de cada uma e iniciaria o processo — com a cabeça de um geneticista — refletindo sobre o que poderíamos fazer para manter o espírito da raça sem comprometê-la... [Criando misturas como] o labradoodle — intencionalmente."

Poderíamos fazer tudo exatamente da mesma forma. Perguntei a alguns veterinários e funcionários do Maddie's Shelter Medicine Program, na Universidade da Flórida, como eles encarariam esse projeto de "redomesticação". Evitariam o surgimento de criadores? O consenso diz que *não*. "As pessoas devem ter o cão que quiserem", disse um deles. "E se", sugiro, "não tivéssemos mais pugs?" — o sofrido cão braquicefálico. Um dos veterinários tem um pug, e todos caem na risada. Certo, os pugs ficam. "Nem todos querem o cachorro caramelo de porte médio das ruas", dizem eles. "Será que as pessoas não ficariam felizes com os cães que já existem, seja lá como for?", questiono. Todos dizem que sim, relutantemente. Talvez, sugiro, se pudéssemos fazer tudo de novo, começaríamos a criar e selecionar cães da mesma maneira que fazíamos antes. Recapitulando a história. Acabaríamos no mesmo lugar: aquele em que nos esforçamos, mas temos escolha. Todos sorriem.

* * *

Um cão de ossos pesados, enorme, inspirador [...] caracterizado pela pele solta por todo o corpo, abundante, com rugas penduradas, dobrinhas na cabeça e uma papada volumosa. A essência [...] é sua aparência bestial, a cabeça impressionante, impondo seu tamanho e sua atitude. Devido à estrutura massiva, seus movimentos característicos são suas rolagens e seu caminhar, nada elegantes ou chamativos [...] A ausência de volume deve ser severamente punida com a eliminação da competição.
(Padrão da raça mastim napolitano)

É óbvio que não podemos voltar no tempo. Mas podemos fazer algo melhor: seguir em frente de maneira consciente, atentos ao que já passou e ao que fizemos com os cães. Enquanto os primeiros domesticadores provavelmente não pensavam muito sobre o futuro, nós podemos refletir. O cão do futuro: como seria o cão ideal?

Quando perguntamos a respeito do cachorro perfeito, a imaginação das pessoas não é fértil. O que afirmamos querer se restringe ao que conseguimos imaginar: nossos cães ideais se parecem com nossos cães atuais, com alguns extras. "Lealdade" é o que geralmente buscamos, assim como uma capacidade de resposta e expressividade ampliada (até mesmo com as sobrancelhas: os cães que conseguem erguê-las são os primeiros a ser adotados nos abrigos). O conceito australiano de cachorro perfeito, de acordo com um estudo de grande escala feito pela pesquisadora Tammie King em 2009, é um cão jovem, de porte médio, pelo curto e castrado, que atende quando é chamado e não vai morder as crianças, fazer xixi dentro de casa ou fugir. Também seria bom se deixassem de comer cocô. Pedidos razoáveis, de certa forma — contudo, é notável como esse mesmo grupo de indivíduos espera passar menos de uma hora por dia na rua com o cachorro.

Mas como seria o cão perfeito em benefício da *própria espécie canina*? Pode ser um cão que atenda às nossas expectativas atuais, de acordo com a ciência, assim como diversos criadores no passado usavam como parâmetro apenas a "pureza". Pode — e deve — manter o espírito das cachorrices tais como as conhecemos.

Diante de nossos olhos, mas sem nossa aprovação consciente, a moda substituiu a funcionalidade como razão para se ter determinada raça. Os cães que trabalham com os seres humanos em tarefas específicas — como os cães de pastoreio, que de fato pastoreiam rebanhos, e pastores-alemães criados para trabalhar com a polícia — representam raças lindas e saudáveis. Para a maior parte dos cães norte-americanos, porém, sua "funcionalidade" é, acima de tudo, ser um companheiro devoto. Acontece que eles não são bem desenvolvidos para a tarefa, e acabam sofrendo.

Levando em conta essa questão, não seria chocante sugerir que, no futuro, criássemos cães que sejam bons em fazer companhia do jeito que seus donos buscam: cães que não sejam apenas confiáveis, leais e façam a festa quando você volta para casa (como a maioria já faz), mas cães que não fiquem entediados caso você passe dez horas fora de casa no trabalho; que não precisem fazer suas necessidades mais do que uma vez por dia; que consigam aguentar a ausência de estímulos e a alimentação excessiva. Parece ridículo? Talvez, mas é isso que diversas pessoas buscam nos cães hoje em dia, e eles não têm preparo para cumprir essa missão. Um ninja do controle de bexiga e mestre da hibernação que acorda apenas para dez minutos de brincadeira: talvez este seja o cachorro que a sociedade mereça.

Outras possibilidades surgem aqui. Uma delas é reconhecer a existência de cães que, ultimamente, foram moldados tanto pela natureza quanto pelos humanos: os cães de rua da Índia; os cães de vila da Etiópia. A vida desses cães mestiços é curta, mas não por causa dos genes e sim por conta do destino. Poderíamos considerar esses cães nossos cachorros do futuro, trazê-los para nosso dia a dia e cruzá-los de forma altamente desorganizada. Ou então poderíamos simplesmente abraçar a estratégia tomada pela seleção natural: permitir cruzamentos em que os cães acasalem de acordo com *suas* escolhas, não as dos criadores. Possivelmente ainda os chamaríamos de cães de raça pura, mas substituiríamos a importância da "pureza" pela "saúde".

Cão de raça saudável. Essa situação evidencia o conflito entre nosso desejo de termos o cachorro que quisermos e o melhor interesse da espécie. Não tenho medo desse conflito. Escolho o cão. Se o envolvimento humano tiver que acontecer, paguemos pelo privilégio e não pelo produto. Podemos abrir mão do nosso desejo por controle, por previsibilidade — um desejo que, desde o início, era falho. Em vez de "sabermos" sobre o cachorro antes de conhecê-lo, como seria se não soubéssemos tudo sobre eles? Um mundo onde os cães são indivíduos que vivem conosco, tomam algumas decisões e além disso fazem parte de nossa família. Onde transcendem suas descrições físicas — qual é sua aparência? — ou funcionais — para que *servem*? — e se tornam, simplesmente, *quem eles são*. Eles podem acabar nos surpreendendo. Podem *ser* como nós.

A escolha é nossa, amantes dos cães. O que queremos para os cachorros? Quando analisamos com seriedade o que os criadores causaram, não nos restam dúvidas de que nosso posicionamento atual é insustentável — desde nosso contraditório uso dos cães como alimento para a alma e companhia até o uso moralmente repreensível como instrumentos para ameaçar ou capturar outros animais e outras pessoas. Chegou a hora de nos endireitarmos.

O método científico realizado em casa ao observar cães em uma noite de quinta-feira

O método científico tem tudo a ver com elaboração e experimentação de hipóteses. A palavra *hipótese*, como me foi ensinado, tem origem grega e representa o "ato de colocar alguma coisa embaixo de" — *hypo* (sob) e *thesis* (proposição). Ou seja: uma suposição que você deve manter por baixo dos panos ou de pilhas de papéis e a qual provavelmente nunca será revelada a ninguém. O que distingue um cientista é o fato de ele ser essencialmente incapaz de fazer isso.

Tudo começa de modo bem simples. Você está perambulando pela casa, cuidando de sua vida, contemplando a paisagem pela janela do trem ou olhando distraído para um conjunto de informações e, quando menos espera, sua mente elabora uma teoria brilhante. *O calor que sobe pela sala durante o dia permite que os cães sintam a passagem do tempo... Quando os cães parecem olhar para alguma coisa, eles estão sobretudo farejando-a... Pássaros que voam a grandes alturas pensam que os cães são mísseis peludos e sem patas... Os cães semicerram os olhos para concentrar a atenção sensorial no focinho...* No momento em que pensamos, pelo menos, a ideia parece brilhante. Se você tiver algum meio de anotá-la — um recurso essencial para os esquecidos (não tenho dúvida de que muitas epifanias científicas se perderam por falta de um simples recibo para anotar o pensamento que passou pela cabeça de alguém) —, o próximo passo, então, é elaborar um teste para a ideia.

Minhas hipóteses costumam surgir após perambular pela casa *com cachorros*, contemplar a paisagem *de cachorros* pela janela do trem ou olhar distraída para um conjunto de informações *sobre cachorros*. Felizmente, muitas de minhas ideias são, portanto, sobre cães. Embora não sejam exatamente horas faturáveis, o tempo de passeio com os cachorros pode ser a ferramenta mais importante de que um pesquisador de cognição canina dispõe. Dessa maneira, pude testar — e até mesmo confirmar — algumas de minhas hipóteses favoritas: a de que o "olhar de culpa" dos cães é uma resposta ao dono, não uma forma de expressar compreensão por terem feito algo errado; a de que, ao escolherem alguém para se aproximar, os cães se importam mais com as pessoas que têm muitos petiscos do que com aquelas que haviam sido "justas" na distribuição de petiscos anterior; a de que eles são capazes de perceber quando o próprio cheiro muda, em uma espécie de autoconsciência olfativa. Outra teoria — a de que seu cachorrinho sabe que horas são por sentir a diminuição do odor do dono ao longo do dia — chegou a parar na TV, em um programa científico. Algumas de minhas hipóteses me levaram a descobrir coisas que eu não havia pensado antes: os cães conseguem farejar uma diferença quantitativa; em geral, as pessoas preferem rostos canídeos com olhos grandes e boca que parece sorrir, mas as que não se consideram tão "chegadas" aos animais não se importam; pessoas que fazem bagunça com seus cães demonstram mais emoções positivas do que as que brincam com eles de jogar e pegar um objeto.

Aprimorar hipóteses e desenvolver metodologias para testar as ideias são, para mim, as partes mais confusas e encantadoras de qualquer estudo. Quanto mais direta for a hipótese, mais complicado parece ser o desenvolvimento. Mas, em muitos casos, observações simples dão conta de empurrar uma suposição da beira do brilhantismo para o abismo do absurdo. Um cientista entusiasmado não tem medo de hipóteses descartadas. Ele dá um passo atrás, revisa, avalia e segue adiante.

É o que acontece quando, por exemplo, observamos os cães em casa em uma noite de quinta-feira, após um longo dia. O processo, revelado aqui pela primeira vez, é informativo — e, às vezes, absolutamente espetacular.

* * *

HIPÓTESE: O cão é um animal. Começamos com determinação. Todas as evidências corporais — a entrada de alimentos, a saída de excrementos; o ato de dormir e andar; os olhos, as orelhas, a boca, o rabo — apontam para essa afirmação. Sinto-me bastante confiante.

Mas, por outro lado, se encontrássemos um cachorro no zoológico — que é, por definição, um lugar que abriga *animais* —, nosso horror seria absoluto. Só para constar: hoje de manhã vi um labradoodle sentado na banqueta de uma cafeteria, vestido com um casaco de inverno acolchoado, enquanto olhava profundamente nos olhos da pessoa que o acompanhava. A dona do cachorro deixou que ele lambesse a espuma de seu cappuccino.

Avaliação: O cão é uma pessoa. Ver o supracitado casaco acolchoado. Uma amiga querida fez para mim, de presente de Natal, um lindo par de luvas de tricô. E um elaborado suéter de lã angorá, todo costurado a mão, para o cachorro. O cão não só é uma pessoa, mas uma pessoa mais digna do que eu.

Por outro lado, os cães parecem se safar de ter uma ocupação — uma preocupação primordial das pessoas, se as conversas que tenho em coquetéis servirem de parâmetro. Cachorros não vão à escola, e poucos deles fazem algo que possamos de fato classificar como "trabalho". Ainda assim, seria errado chamá-los de encostados. Eles nunca assistem à TV ou navegam pela internet com o entusiasmo que esperaríamos de pessoas preguiçosas. Não passar o dia no trabalho, na escola ou de cara para a TV não é tudo que eles fazem; em vez disso, ficam com o focinho no chão durante seus passeios e de ouvidos alertas para detectar invasores durante seu tempo livre.

Segunda avaliação: O cão é um lobo. Existem algumas evidências genéticas e arqueológicas aqui. No entanto, são evidências arqueológicas muito, muito antigas, basicamente poeira. Poderiam ser plantadas. E as "evidências" genéticas são todas escritas em código.

Conclusão: O cão é um espião. Ora, outro dia peguei Finnegan aparentemente "dormindo no sofá", quando na verdade me espiava de canto de olho. E, ao acordar hoje de manhã, dei de cara com ele em cima da cama, me encarando. Além disso, o caderninho que mantenho na cabeceira havia sido destroçado.

* * *

HIPÓTESE: A felicidade é um filhote quentinho. Para dizer a verdade, foi Charles Schulz quem levantou essa hipótese, publicada em uma de suas tirinhas de *Peanuts* como uma espécie de "afirmação sem provas". Mas, ao visitar uma amiga e seu novo filhotinho, que caiu no sono em meu colo, sinto hormônios de bem-estar percorrendo meu corpo, bem como uma grande satisfação de ser *o colo escolhido*. Os olhos do cãozinho se fecham em fendas fininhas, cobertas de pelos ainda imaculados. Meu colo é perfeito. O filhote é perfeito. O mundo é perfeito.

Avaliação: A melancolia é um filhote quentinho que rolou em cima de um esquilo morto. Sinto um certo aroma perto de mim. Bem perto de mim. Lembro que o cãozinho esteve do lado de fora não faz muito tempo e se mostrou bastante interessado em um canto do quintal, bem onde um falcão local fazia suas refeições. Humm, e ao acariciar o pelo macio do filhote encontro uma área toda emaranhada e levemente pegajosa. Minha satisfação se abala um pouco.

Segunda avaliação: A consternação é um filhote quentinho cuja presença em seu colo é acompanhada de uma sensação quente e úmida. O calor se intensificou. O bem-estar me percorreu por inteira e meu colo está uns dez graus mais quente do que o restante do corpo — especialmente as pernas, que começam a perder a circulação e a me dar cãibras uma vez que estão cruzadas no chão por tanto tempo. Mas é um calor diferente do normal. É um calor... molhado? Será que estou suando? Passo a mão por baixo do filhote, tentando examinar minhas pernas sem tirá-lo de sua suave soneca. Infelizmente, não estou suando.

Terceira avaliação: A exasperação é um filhote quentinho grudado em seu peito em uma noite quente de verão. Não acorde o cãozinho. Ele correu feito louco o dia inteiro, roeu tudo que encontrava pelo caminho e, durante o período de uma hora em que estou aqui, mastigou dois projetos de arte e arrebentou meu cadarço. A alegria da dona ao vê-lo dormir é evidente. Não posso acordá-lo. Como se estivesse na aula de yoga, consigo torcer meu corpo em uma posição mais reclinada, com um braço apoiado na cabeça do filhote, o outro segurando o bumbum, e minha cabeça encostada contra a parede, formando um ângulo agudo. Embora pese apenas sete quilos e não tenha mais do que 45 centímetros de comprimento, o cãozinho se ajeitou de tal maneira que literalmente cobriu meu corpo inteiro. A noite está quente demais. Tem pelo até na minha boca. Não acorde o filhote.

Conclusão: A gostosura de um filhote é uma felicidade quentinha.

* * *

HIPÓTESE: Os cães amam brinquedos de roer. As evidências disso estão espalhadas por toda minha sala de estar, na forma de pedacinhos de bolas destroçadas, bolas de tênis arrebentadas e tufos de enchimento que antes afofavam um bichinho de pelúcia. Upton deita-se no chão com uma bolinha presa entre as patas, roendo os pés atarracados de uma criatura esganiçada de borracha. Ele está motivado, determinado e completamente envolvido com seu projeto. Quando eu trouxe o brinquedo mais cedo, seus olhos se iluminaram, seu rabo começou a girar e ele deu um pulinho de alegria.

E, no entanto... nunca vi um cachorro que se importasse profundamente com brinquedos de roer, caso haja outros cachorros ou pessoas disponíveis para interagir com ele. Os brinquedos são úteis e desejados principalmente em momentos de tédio, ou quando um humano tira o próprio braço dos dentinhos afiados de um filhote e o substitui por uma corda ou um graveto. Além disso, se os cães amam mesmo os brinquedos, eles os amam a ponto de decapitá-los, estripá-los e consumi-los. O amor canino pode ser diferente do amor humano, mas nem tanto assim.

Avaliação: Os cães se sentem responsáveis por destruírem os brinquedos invasivos que espalhamos irrefletidamente pela casa. Dada a cuidadosa atenção que meus cães dão ao ato de destroçar os brinquedos, tenho minhas suspeitas de que, em vez de amá-los, eles sentem a obrigação de desmantelá-los. "Meu Deus, lá vem mais um", presumem eles, e partem para a destruição. Um de meus cachorros espera até que eu esteja em casa e lhe dê total atenção para se exibir, arrancando meticulosamente os membros de um brinquedo de pelúcia.

Por outro lado, alguns cães não mastigam seus brinquedos, mas os escondem com muito cuidado por baixo da almofada do sofá ou os carregam para lá e para cá de maneira comprometida, como o tesouro querido de uma criança.

Segunda avaliação: Os cães acreditam que os brinquedos são de verdade. O vigor com que o brinquedo de roer com as feições de Donald Trump foi decapitado e estripado é gritante. É evidente que os cachorros compreendem a situação política e tentam usar a própria boca para fazer uma manifestação. (Talvez eu não devesse deixar a TV ligada no noticiário durante o dia.) O búfalo, o porco-espinho e pelo menos as partes vitais do porco de pelúcia estão a salvo e são estimados.

Conclusão: Os cães votam com a boca.

* * *

HIPÓTESE: O cão é o melhor amigo do homem. Ou é o que dizem. E a afirmação parece correta para esta mulher esparramada no chão com dois cachorros perfeitos — um que encontrou minha agenda perdida; outro que sorri ao me ver; ambos inofensivos, constantemente alegres, tolerantes com minhas peculiaridades e meus defeitos sem nenhum tipo de julgamento, eloquentes — mesmo que em silêncio.

É impossível não se perguntar, contudo, enquanto mudo de lugar no sofá para abrir mais espaço para os cachorros, se eles não são nem um pouco astutos. Hoje em dia, compro bagels especificamente para os cães, gasto mais dinheiro com veterinários do que com médicos para mim e ando com o bolso cheio de salmão desidratado. Nossa família quase nunca viaja para longe porque não podemos levar os cães conosco. Corremos para recolher suas preciosas fezes e convivemos com uma névoa constante de pelos de cachorro.

Avaliação: O cão é um "animigo"* manipulador. Desde que adotei um gato, percebi que existem muitas semelhanças entre os comportamentos felino e canino — a diferença é que os gatos não se agitam quando chegamos em casa, não nos encaram com adoração nem nos respondem de imediato quando falamos com eles. Sem o excesso de afabilidade, é mais fácil enxergar o comportamento dos gatos pelo que de fato é: um meio para se chegar a um fim. É claro, minha gata se aconchega em todos os convidados da casa, pula no colo deles, ronrona e se esfrega neles sem parar. Mas após presenciar a mesma cena uma dezena de vezes, ela começa a parecer menos afetiva e mais uma maneira de controlar o acesso aos assentos macios e quentinhos disponíveis na casa.

---

* Do inglês "frenemy", que é a junção das palavras "friend" (amigo) e "enemy" (inimigo). [N. da T.]

Agora que penso a respeito, já notei que Finnegan emite um ruído suspeitosamente parecido com um ronronar quando faço carinho em suas orelhas.

Segunda avaliação: O cão é um gato. Impossível. Os cães jamais nos trairiam dessa maneira.

Conclusão: Os gatos são, na verdade, cães que não foram aprovados nas eliminatórias de melhores amigos.

* * *

HIPÓTESE: Os cães sabem quando você está chegando em casa. Ou é o que dizem os relatos, pelo menos. Parece possível: pelo hábito, pelo olfato, por algum outro sentido ainda não descoberto.

Mas, por outro lado, se eles soubessem de antemão, será que ficariam tão desesperados quando você vai até o porão por três minutos?

Avaliação: Os cães, de todo modo, permanecem próximos à porta da frente, caso você volte para casa. Otimistas, eles simplesmente acreditam que podem muito bem apostar todas as fichas no fato de que a porta de entrada é a melhor alternativa.

Mas às vezes meus cães não estão ali. Ou um deles está e o outro não.

Segunda avaliação: Um cão me distrai com uma saudação descontrolada enquanto o outro finaliza a compra on-line de seus brinquedos desejados. Pensando bem, existem muitas compras inexplicáveis, efetuadas tarde da noite, em minha conta no site da Amazon. Muitas delas envolvendo salmão.

Conclusão: Na internet, todos são cães.

* * *

HIPÓTESE: Os cães conhecem o próprio tamanho. Ao estudar as brincadeiras caninas, observando uma interação rica e veloz em uma gravação em câmera lenta, percebi que os cachorros grandes parecem saber quando o amiguinho é menor. Eles usam menos força, rolam de costas, diminuem o ritmo para permitir que os cãezinhos de patas curtas os alcancem.

Do mesmo modo, como mostram as pesquisas, os cachorros pequenos são mais escandalosos do que os grandes: é como se, ao latirem mais, os spitz e os dachshunds pudessem compensar a baixa estatura.

Ainda assim, tenho um cachorro no colo neste momento. Ele pesa 38 quilos e eu sou apenas cinquenta por cento maior do que isso. Ele não se encaixa.

Avaliação: Os cães não conhecem o próprio tamanho. Ver: cachorro no colo. Ver também: tentativa do cachorro de se espremer em um espaçozinho de cinco centímetros entre as pessoas no sofá; cachorro enfiando a cabeça entre as barras da cerca e sendo incapaz de tirá-la dali; tentativa do cachorro de encaixar seus 38 quilos na caminha feita para quando pesava apenas sete; tentativa do cachorro pequeno de escapar com o peru assado que tem quase o seu tamanho; todos os labradores. (Para quem não tem um labrador, imagine abocanhar uma árvore caída, bem no centro, e sair correndo com ela. Você acabou de imaginar a relação de um labrador com o graveto.)

Segunda avaliação: É menos uma questão de os cães não conhecerem o próprio tamanho do que não compreenderem o tamanho das coisas do mundo. E, para dizer a verdade, é difícil entender o tamanho das coisas, ponto final. Quer dizer: meu filho cresceu dez centímetros este ano, minha conta bancária encolheu do nada e a massa de gelo no ponto mais frio da Terra recuou vertiginosamente.

Conclusão: As formas são inconstantes, mas os cães, não.

O MÉTODO CIENTÍFICO REALIZADO EM CASA...

* * *

HIPÓTESE: Os cães não falam. Parece algo evidente. Como atesta nosso falatório ininterrupto com os cães, é certo que nós conversamos com eles; felizmente, eles não nos respondem.

Por outro lado, tenho ouvido falar dos cães a vida inteira. Não há dúvida de que meus cachorros conversam comigo: quando pergunto se querem sair, eles me respondem afirmativamente; quando pergunto se querem um petisco, a resposta é explícita; quando pergunto se estão com fome ou cansados, se querem passear ou se gostariam de um pedacinho do meu sanduíche, a resposta é sim.

Avaliação: Os cães sabem dizer sim, mas não sabem dizer não. Porém: banhos.

Ah. Tem um cachorro falando comigo agora. Ele veio me dizer alguma coisa. Os cães podem começar de modo sutil, sentados do outro lado da sala e virados em nossa direção, mas eles sabem que somos péssimos em cachorrês, então seguem gritando conosco, "EI! EI! EI!", até que a gente se vire e olhe. Nós somos tão estúpidos... Espere, ele está dizendo alguma coisa...

O cachorro me mandou parar com isso.

Eis a natureza veloz e furiosa da ciência.

Coisas de cachorro

É uma manhã fria de maio quando ele interrompe minha caminhada. Bem-vestido e entusiasmado, atravessa três faixas de pedestres, sobe a calçada, avança do meio-fio até a soleira de uma porta. A três passos de distância, uma mulher corre para alcançá--lo. Com a cabeça projetada para a frente, ele não hesita nem por um segundo antes de disparar para dentro do prédio.

Eu o sigo. Ele veste um suéter de três cores com estampa de losangos, rodeado de nervuras. Vejo de relance uma coleira de couro repleta de pedras vermelho-rubi em seu pescoço. Ele olha do chão para as paredes, na direção de uma corrente invisível de ar que o guia, as unhas se agitando no chão para um gato que sibila debaixo de uma prateleira. Ele é um jack russell terrier e acaba de chegar ao pet shop.

Caso alguém afirme que os cães não entendem de geografia, dispomos de muitas evidências que provam o contrário. Seu cachorro sabe como chegar a meia dúzia de pet shops próximos, seja de carro ou a pé — bem como a todos os cafés ou bancos que lhe forneçam um biscoitinho ou outro petisco ao longo do caminho. Pet shops são como os pontos cardeais de qualquer cachorro urbano; eles os farejam de longe, assim como o odor desagradável de estresse que sai de uma clínica veterinária. Mas, na verdade, pet shops só existem porque nós, que ocupamos o outro lado da guia, queremos para nossos cãezinhos aquilo que queremos para nós mesmos: comprar de tudo.

Observo o terrier explorando o espaço. Após investigar o gato por um breve momento, ele baba diretamente em uma cesta com orelhas de porco, abocanha uma bolinha de borracha, depois corre até um balcão e fica de pé sobre as patas traseiras, dando alguns passinhos. Graças à performance, ele ganha um petisco jogado no ar. A plaquinha com seu nome tilinta quando ele se atira saltitante para a frente, a guia retrátil que vai de seu pescoço até o dono forma um obstáculo que outro cachorro, um collie miniatura, habilmente ultrapassa. Os dois examinam cada uma das cestas espalhadas pelo chão, que contêm variedades absurdas de ossinhos de couro, brinquedos de roer de borracha e amostras de rações, enquanto o olhar dos donos se demora pelos brinquedinhos cor-de-rosa, vermelhos, azuis e verdes que ficam nas prateleiras. Ambos pegam um esquilo de pelúcia com uma expressão maníaca no rosto.

O sábio terrier poderia fazer uma busca pela internet. Os dizeres "Moda canina: a primavera chegou!!! Faça suas compras" saúdam todos aqueles que acessam o site da Canine Styles, que se autodenomina "o melhor e mais antigo empório canino de Nova York, com banho e tosa de alta qualidade e uma linha exclusiva de produtos". Um cliente satisfeito diz em depoimento disponível no site: "O casaco esportivo de fleece cor-de-rosa com quatro patas para minha shih tzu Joey acabou de chegar e é, de longe, o melhor agasalho que já comprei para ela em 12 anos!" Isso sugere, obviamente, que Joey tem muitos, muitos casacos do tipo.

A seção de roupas da Canine Styles é espetacular. Além dos casacos esportivos, há suéteres de cashmere feitos a mão nas cores vermelho e rosa-choque e no padrão espinha de peixe. Há também casacos acolchoados e capas de chuva xadrezes ou de borracha. Moletons com gorro, vestidinhos de tenista, regatas e "camisas de férias" com estampas havaianas também se encontram por lá. Um cão de sainha de pregas e camiseta sem manga pode comprar um jogo americano em formato de osso, uma gravata-borboleta quadriculada e um porta-brinquedos acolchoado com os humildes dizeres "Bom menino".

Em outro canto do vasto playground de mercadorias que é a internet, você pode encontrar uma "minibolsa de pata" da marca Leonardo Delfuoco Croc para ser usada presa à coleira — combinando com a sua bolsa Leonardo Delfuoco Croc — por pouco menos de US$ 600. A elegante dona do cãozinho pode, assim, abrir a bolsa e revelar seu animal que, por sua vez, também tem sua bolsa. Existem centenas de colônias, perfumes e sprays corporais feitos para cachorros. Alguns desses produtos, é óbvio, contam com uma "solução para limpeza de ouvidos", mas o objetivo principal é aquele que a Maschio — uma "envolvente fragrância canina que captura a essência da Qualidade de Vida dos Cães® com sua poderosa mistura de estilo, diversão e sensualidade masculina" —

atinge: a perfeita convicção da necessidade de uma fragrância para os cães. "Criada para o 'homem da casa'", a Maschio cria "uma sensação de sofisticação despojada e luxo discreto". Observação para os pais de pet: "Borrifar nas costas, longe do rosto do cão."

Enquanto compra fragrâncias, você pode também escolher um "atraente esmalte canino vermelho" para sua cachorrinha, além de um "roupão de banho canino cem por cento algodão" de US$ 34 que combine com o "roupão de banho cem por cento algodão para mães de cachorro" de US$ 94.

Como foi que evoluímos de habitantes das cavernas para compradores de roupões de banho caninos? Por que compramos os brinquedos, os alimentos e os acessórios caninos que compramos?

* * *

Apesar de os cães — sendo eles mesmos uma propriedade — não poderem legalmente ter posses, minha nossa, eles as têm, *e muitas*. Aquela bolinha azul e laranja bem ali, por exemplo — não, não *aquela*, a outra, a menor; isso, aquela toda enrugada e lamacenta —, certamente é de Finnegan. Ou, ao menos (ao rosnar para um cachorro que olha para ela), ele parece muito certo de que é seu dono.*

Até mesmo os donos modernos que não vestem seus cães com casacos esportivos cor-de-rosa provavelmente têm uma variedade de acessórios caninos em casa. A bolinha de Finnegan se encontra ao lado dos restos emborrachados de dezenas de brinquedos

---

* Os escritores jurídicos reconheceram que os cães têm "um interesse possessivo por determinadas propriedades pessoais, tais como um osso" (ou certa bolinha azul e laranja), mas, para eles, isso não configura um direito de propriedade.

que originalmente tinham pés e apitos; bichinhos de pelúcia em diferentes estágios de destruição; e brinquedos mastigáveis e de corda rejeitados. Temos caminhas de cachorro no quarto, vasilhas para ração e água na sala de jantar, além de guias, coletes e toalhas de cachorro no hall de entrada. Embora esses apetrechos do mundinho canino pareçam um fenômeno atual, a lista dos principais produtos para cães permanece surpreendentemente inalterada de um século para cá.

Naquele tempo, no período entre guerras, os Estados Unidos viviam a época da Lei Seca, e a importação de cães de raça pura do exterior era um fenômeno relativamente novo. Mas a cultura passava por uma transformação: as *flappers*, ou melindrosas, estavam em alta, e a primeira revolução sexual feminina ganhava forma. Muitas mulheres estavam entre os principais trabalhadores desse período de reformas. Conforme os procedimentos de cuidados com os cães iam se transformando em uma "indústria dos animais de estimação", houve uma brecha para o surgimento de novos negócios. Um bom número de mulheres — especialmente as abastadas — se aproveitou dessa brecha e desempenhou funções consideráveis como criadoras, importadoras e vendedoras, condizentes com seu papel crescente na sociedade. A influência dessas novas empresárias no modo de se ter um cachorro foi tão grande que seguimos seus passos até hoje.

A essência do comércio de cães sempre foi uma mistura de amor, dinheiro — e, talvez, amor ao dinheiro. Por mais que os importadores de novas raças escrevessem sobre "deixar (os cães) em perfeitas condições", a conversa sempre se transformava em ganância, sobre como existem oportunidades lucrativas no mercado de raças puras. A primeira loja de acessórios para animais de estimação, nos anos 1880, aproveitou-se da oportunidade de "lucrar", como um atacadista enfatizou ser possível, com o sentimento dos donos de que nada é exagero quando se trata dos seus bichinhos. Assim como havia quarteirões só de livrarias nas grandes cidades, algumas, como a Ninth Street na Filadélfia, contavam com um grande número de pet shops que competiam entre si. Os nomes das lojas, que mais pareciam designar farmácias, evidenciavam o interesse da era progressista pela importância de um produto de qualidade: Cugley & Mullen e J.C. Long & Co, na Filadélfia; Dr. Gardner's, em Nova York.

Como escreveu a historiadora Katherine Grier, pet shops do século XIX eram fedorentos — "devido aos odores de diversas partes do mundo que se misturavam, e costumavam se intensificar pelo uso de cloreto de cálcio e enxofre", segundo um jornal de Pittsburgh da época — e barulhentos — "por todas as paredes, nos balcões e nas vitrines, dentro de caixas e gaiolas de todos os tamanhos e formatos, membros das tribos dos peludos e dos emplumados latiam, gritavam e cantavam em um coro dissonante desde o momento em que o sol nascia, pela manhã, até o momento em que se punha ao anoitecer". As lojas eram projetadas para atrair crianças e damas refinadas à procura de uma "Doce Criatura para Amar e Bem Querer". Os animais de pet shop vinham com uma garantia, como se fossem geladeiras: seu canário vai cantar e seu cachorro vai proteger a casa, caso contrário, poderiam ser trocados sem nenhum problema. Os donos das lojas reconheciam que lidavam com vidas, mas encaravam a situação de maneira prática: suas revistas especializadas discutiam "taxas de mortalidade aceitáveis durante o transporte" e a urgência de vender os filhotes antes que se transformassem em "adolescentes desengonçados que ninguém mais ia querer".

Com pet shops, as expectativas a respeito da "utilidade" dos cães foram formadas, consolidadas e, depois, vendidas. O mesmo se deu com as expectativas acerca daquilo que um bom tutor precisava comprar (na forma de produtos) e fazer (na forma de serviços) por seu animal. No início do século XX, o slogan da revista *Pet Dealer* — "Um animal de estimação em cada lar" — captura o alcance que se pretendia ter com esse novo negócio. Lojas de artigos esportivos como a Abercrombie & Fitch anunciavam por toda parte uma linha própria de acessórios para cães; lojas de artigos de couro se diversificaram para oferecer produtos caninos. Não demorou muito até que algumas lojas de departamentos — como a John Wanamaker, na Filadélfia, e a Frederick Loeser & Co., no Brooklyn — seguissem a tendência. Os cães se tornaram não apenas *commodities*, escreveu Grier, "mas também consumidores".

Como consumidores, os cães passaram a ser vestidos com roupas e acessórios. Todos os produtos que hoje estão à disposição de Finnegan estavam presentes de alguma forma na virada para o século XX, quando o costume de se ter um animal de estimação e a indústria por trás disso eclodiram: as coleiras, as caminhas, os brinquedos e as roupas. E toda uma indústria paralela de gêneros alimentícios desenvolvidos exclusivamente para os cães surgiu junto com os acessórios. Cada item teve trajetória própria até chegar à boca dos cachorros e ao nosso lar — e cada um deles revela um pouco da história de onde vêm nossas práticas atuais com os cães.

COLEIRAS

A "coleira canina" é algo intrínseco aos cães: além de universal, ela passou a representá-los em si. Ao olhar para minha escrivaninha, uma foto de Pumpernickel, minha companheira de longa data, chama minha atenção. Na imagem, ela está deitada com os cotovelos esparramados e um meio sorriso ofegante — do qual me lembro muito bem — para a câmera. Quase dá para sentir o pelo macio ao redor das orelhas aveludadas. Há, no entanto, uma dissonância: sob o queixo, vejo um monte de plaquinhas. Elas estão penduradas em uma coleira vermelha de cotelê que envolve seu pescoço. A coleira, apenas uma tira de tecido e metal, resiste após sua morte: eu a pego de tempos em tempos e a aproximo do rosto para me lembrar de seu cheiro.

Ainda assim, é incômodo saber que hoje a coleira ocupa o lugar da graciosa Pump. Nunca fui fã de colocar uma coleira nela — um óbvio sinal de propriedade legal, que destoava de nossa relação familiar. As coleiras representam posse e demonstração de controle desde que passaram a envolver o pescoço dos primeiros cães de caça. Esta tecnologia humano-animal tem pelo menos milhares de anos. As primeiras imagens de cães de que se tem registro — gravuras em rochedos de arenito de oito mil anos e esculturas de parede de três mil anos — os retratam com guias e coleiras de metal inconfundíveis. Basta observar de perto a região do pescoço de um cachorro mumificado no Egito Antigo há mais de 2.500 anos para conferir a plaquinha que se destaca no embrulho de linho. Os cães abatidos pelas cinzas de Pompeia usavam coleiras espessas de couro, assim como sua representação nas artes dos azulejos que alertavam os invasores a respeito dos cães de guarda das casas.

As coleiras, no entanto, não eram apenas objetos contundentes de controle. Desde o início, elas eram decoradas, enfeitadas e até mesmo adornadas com joias. Um cão mesopotâmico imortalizado em calcário usa uma coleira com um sininho. Algumas coleiras descobertas em sítios funerários egípcios são douradas e podem ter um nome gravado: "Ta-en-nût", lê-se em uma delas — o que significa, de modo simplificado, "Aquela da cidade". Outros artefatos primitivos exibem cães de guarda usando coleiras enfeitadas — como, por exemplo, uma coleira egípcia de couro branco, decorada com "gravuras e ornamentos cor-de-rosa e verdes, com um friso de cavalos ao redor" — ou coleiras cravejadas de pontas de ferro ou pregos, feitas para proteger o pescoço de um ataque de animais selvagens ou de outro cachorro.

As coleiras costumavam ser de couro — ou de latão, para os muito ricos. E, muitas vezes, valiam mais do que os próprios cachorros: os de Carlos V usavam coleiras de veludo, couro e prata. Muitas delas não eram destinadas a um cão específico, mas a qualquer um que entrasse na casa do dono. "W. Springfield, cão do Ilmo. Sr. Jere Stebbin", dizia uma coleira do século XVIII, "Que Cão É Você?".

Os Estados Unidos do período anterior à Segunda Guerra Mundial viram eclodir um grande interesse pela moda, e isso afetou também os catálogos de produtos para animais de estimação. Coleiras, guias e focinheiras apareciam com destaque nos primeiros catálogos por encomenda. Gostaria de uma coleira pontuda? Pode deixar. Ou uma forrada em tecido liso com um sininho? É pra já.

Coleiras de couro plano e cravejado, couro arredondado e não cravejado, coleiras para treinamento arredondadas, coleiras cravejadas pesadas, coleiras mistas, coleiras de cravos reversíveis e removíveis, coleiras duplas de couro cravejado com correntes (para buldogues ingleses, franceses e boston terriers), coleiras com cravos elegantes em forma de quadrados ou com joias? Nós temos de tudo. "Uma coleira primorosa", diz a embalagem de uma, de couro de bezerro, cravejada, "ideal para os melhores animais"; uma coleira de correntes é "elegante e refinada". Cada uma delas promete "durar mais que o cachorro".

Muitas são projetadas de modo a evitar roubos (da coleira).* "A famosa fivela de segurança é usada", como diz o catálogo de 1922 da Q-W Dog Remedies and Supplies, "(...) para evitar a perda da coleira" (e, possivelmente, do cachorro). Cadeados para as coleiras eram listados junto de sinos e apitos: sinos redondos, sinos de campo ("prenda nas coleiras dos cães de caça para que se possa saber sua localização (...) é também a última moda para os cães de rua"), apitos "Acme Thunderer", tubos de identificação e "braceletes", os antecessores das placas de identificação caninas.

A variedade de cães de raça pura importados resultou em um importante desenvolvimento para os fabricantes de acessórios: diferentes tipos de coleira para diferentes tipos de cão. "A coleira de um cachorro deve ser adequada à raça", insistia um antigo catálogo. "Cães de pelo longo devem usar coleiras arredondadas [...], os de pelo curto ficam melhores com coleiras planas." Esperava-se

---

* Atualmente, todos os estados norte-americanos exigem que os cães andem com guia em lugares públicos (com a exceção dos parques caninos) e a maioria dos donos parece obedecer à lei. As coleiras ou os peitorais formam uma extensão da guia. Os cães tidos como "agressivos" podem ser obrigados a usar focinheira.

que raças como spitz alemão anão e poodle toy tivessem coleiras delicadas; já os buldogues, coleiras esportivas. Outro catálogo listava os tamanhos adequados para raças populares, do cocker spaniel até o terrier irlandês e o pastor-alemão — incluídas não só as medidas da coleira e do peitoral, mas também o tamanho ideal de pentes, escovas, vasilhas, cestinhas (para dormir), capas de chuva e roupinhas.

Algumas ideias de coleiras adotaram concepções equivocadas, como o modelo Blackout, da Abercrombie & Fitch: "As tachas da coleira, feitas de rádio, brilham no escuro." Os enforcadores — que hoje, felizmente, são muito menos usados — eram anunciados como a solução de todos os problemas, que incluíam teimosia, timidez, bagunça, indisciplina, jocosidade, ciúmes e maldade. Chicotes para cães e chicotes que também serviam de guias eram produtos comuns nas primeiras lojas e em catálogos. Como o Código Sanitário da época exigia que os cães andassem de focinheira em público, as de arame e couro eram comuns por toda parte; a única concessão ao conforto dos cães era feita por uma marca de focinheiras chamada Happidog, que permitia o ajuste de acordo com os diferentes tamanhos de focinhos.

Hoje substituímos as coleiras radioativas pelo LED, mas a ideia central do que elas devem ser é a mesma. As coleiras são sinônimo de decoração: os catálogos caninos do século XXI ainda oferecem uma variedade de modelos de seda, náilon, correntes, corda e couro — com ou sem pinos de pérolas falsas. São, também, sinônimo de controle: existem peitorais pensados para solucionar qualquer problema comportamental, além de criações mal concebidas, como as coleiras eletrônicas, ou e-collars. Projetadas para dar um choque no cachorro ao bel-prazer do dono, as coleiras são um avanço em relação ao chicote apenas em termos de tecnologia, não de conceito. Um cão sem nenhum tipo de coleira parece nu aos nossos olhos de hoje — a aparência é mais a de um cachorro perdido do que a do cão verdadeiro que ele de fato é.

MÓVEIS CANINOS

Os cães são domesticados — palavra que significa "pertencente ao lar" —, mas, para os cães sortudos de hoje, é cada vez mais o lar que pertence a eles. Nós ampliamos nossas casas para incluí-los. Não são apenas minhas escolhas de móveis e da cor do tapete (sem contar minha coleção de brinquedos caninos) que dizem sobre o lugar dos cães em minha casa; o espaço em si é definido pela maneira como o usamos com eles. Além do mais, meus cachorros têm não apenas acessórios, mas móveis de verdade.

Temos evidências de que os cães dormiam na cama de seus mestres desde o século XIV; dizia-se que Henrique, terceiro conde de Lencastre, deixava seu greyhound chamado Math dormir com ele.* Assim, no fim do século XIX e início do XX, os catálogos de mercadorias para animais de estimação incluíam uma categoria de móveis específicos para cachorros, que imitavam produtos de seres humanos: a casa e a cama. Os canis e as casinhas de cachorro já existem há centenas de anos: uma estrutura de teto triangular com uma entrada, sobre a qual talvez você espere encontrar o Snoopy pilotando seu avião da Primeira Guerra Mundial. Com

---

* Tal comportamento, no entanto, não era de modo algum universal: Henrique VIII baniu por completo os cães da corte.

o intuito de manter os cães protegidos das intempéries, mais do que oferecer-lhes um cômodo adequado, eles também serviam como locais de punição ou penitência, como qualquer um que já tenha sido mandado *para a casinha de cachorro* por seus pais ou parceiros deve saber. Mas, nos anos 1920, um "pai de cachorro" com mente mais aberta poderia comprar para ele "a casinha perfeita [...] aconchegante, enxuta, confortável, moderna", com teto inclinado, porta lateral e hall de entrada protegido. Feita para suportar eventos climáticos extremos como os furacões, ela era anunciada como "a casinha que um cachorro gostaria de comprar para si mesmo", com o adendo: "Se ele fosse comprar uma casa."* Por US$35 (que hoje equivalem a mais de US$500), é improvável que algum cachorro tivesse condições.

As camas, seja dentro das casinhas, seja fora delas, surgiram como uma extensão das acomodações dos animais de fazenda — palha ou lascas de madeira sanitárias, vendidas em fardos. Com o passar do tempo, a palha foi substituída por aparas de cedro, e as preocupações por parte dos fabricantes passaram de econômicas a sanitárias (afastar pulgas e outras pestes) e cosméticas (manter o pelo brilhoso). Depois, os canis entraram nas casas e se tornaram, essencialmente, camas: colchões sobre um estrado ou no chão. Algumas tinham molas; outras eram pouco mais do que armários suspensos sobre pernas. Cestas de salgueiro e ratã, combinadas com uma almofada, acomodavam cães pequenos; as espreguiçadeiras eram ideais para cachorros com mais tamanho de cachorro. As cestas podiam ter uma cobertura, para proteger

---

* Interessante notar o uso do pronome "he" [ele] para descrever um cachorro já naquela época, quando eram comumente chamados de "it" [pronome que se refere a objetos e animais]. O "she" [ela], porém, não era encontrado em nenhuma situação.

de correntes de ar; as almofadas, por ser pneumáticas. Um modelo da Abercrombie & Fitch imitava um beliche, com um assento acolchoado na parte de baixo "para uso diurno" e uma "cama confortável" na parte de cima para as noites. Nos anos 1940, deu-se início à personalização, e o cobertor, a almofada e a cama do cachorro podiam ser bordados com o nome do animal, assim como as toalhas do dono recebiam suas iniciais. A confusão a respeito de quem era o dono de cada toalha e de cada cama foi, enfim, resolvida — ao menos para quem sabia ler. Mas, só para garantir, a subindústria de repelentes de cães — o "Pup Pruf" era um deles — deu as caras, com a promessa de um jeito livre de manchas para manter os cães *fora* da cadeira dos donos.

BUTIQUE

Surpreendentemente, as roupinhas caninas surgiram bem cedo. Talvez isso se dê, em parte, pela explosão de roupas fabricadas para seus donos na mesma época. Entre as décadas de 1910 e 1920, revistas como a *Vogue* circulavam repletas de propagandas dos mais novos agasalhos, casacos de pele, vestidos de todos os tipos, trajes de hipismo, chapéus, maiôs e roupas de baixo para uma dama elegante. As capas das revistas eram obras-primas no estilo art déco, com mulheres em extravagantes peças de alta--costura, de guarda-sol nas mãos e chapéus chiques na cabeça, em modestos cenários pastoris ou domésticos. De vez em quando, um acompanhante ou uma criança marcavam presença; o mais comum era ver os cães como acessório das mulheres. Borzóis de postura perfeita encaram o horizonte com expressão protetora, a pelagem combinando com o revestimento de pele do casaco da mulher. Em uma capa marcante da revista *Vogue* de 1922, uma mulher acaricia ternamente seu greyhound de patas compridas, e a espessa coleira do animal, adornada com joias, emula a larga faixa que envolve a cintura da modelo.

Naquele mesmo ano, era possível encontrar um panfleto de uma empresa de produtos caninos ao lado da *Vogue* em uma banca de jornal — que incluía a foto de um cachorro preto e branco de pé sobre as patas traseiras, vestido com um *tutu*. Os cães não só acompanharam a revolução da moda; eles foram também participantes involuntários. Os padrões de tricô do século XIX para blusas com franjas de crochê, destinados a galgos italianos, foram um prenúncio da variedade de opções para os galgos modernos dentro de poucas décadas, desde os suéteres caninos de gola rolê, "feitos com fios de lã penteada de alta qualidade", até capas de chuva impermeáveis de camurça. Uma vez que os portões se abriram, a produção estourou. Em pouco tempo, passou a ser possível encontrar agasalhos para cães de todas as raças (delicadamente curvados abaixo da barriga) nos estilos xadrez, couro acamurçado, seda impermeável e linho. O catálogo da Abercrombie & Fitch timidamente garantiu aos donos que o sobretudo de tweed da loja era "produzido com tecidos importados e de alta qualidade idênticos aos utilizados na fabricação de nossos blazers masculinos". Os suéteres eram de lã angorá; as capas de chuva, de gabardine. Havia também a possibilidade de comprar roupinhas de cachorro com uma insígnia da marinha — para cães marinheiros,* presumivelmente.

---

* A tradução perde o trocadilho do original, *sea dogs*, o que pode remeter a uma filiação ao mar, ou uma referência direta à tradução "focas". [*N. da E.*]

Nem mesmo as patas desses elegantes cães eram deixadas de lado: os fabricantes vendiam botas de couro de bezerro e "sapatinhos" de borracha para cachorros, que pouco diferem das atuais botas caninas para todos os tipos de clima. As versões mais antigas eram um pouco mais complexas do que até mesmo o mais paciente dos cães seria capaz de tolerar, com peças que subiam até a altura dos joelhos e eram amarradas com laços compridos, como um espartilho para as canelas — assemelhando-se às botas femininas da Era Eduardiana.

Para expor os diversos acessórios caninos que os comerciantes tentavam vender, a Craftsman, loja de Ohio especializada em produtos para cães, mandava aos varejistas um manequim canino gratuito. O cãozinho — um terrier de postura alerta e feição inexpressiva, com rabo cortado e uma franjinha no lugar do pênis — era, como anuncia o catálogo com letras em negrito, "inspirado em um cachorro real e reproduzido em papel machê", "excepcionalmente atraente" e "de ótimas proporções". Prestativo, assim como o cão que lhe serviu de modelo, o manequim "é capaz de vestir praticamente todos os artigos de moda canina que existem, em diversos tamanhos".

Por baixo das roupinhas, o cão paparicado era tosado à perfeição. Já no início do século XX, pet shops começaram a oferecer serviços de tosa e banho individuais, anunciados com imagens de cachorros sentados em cadeiras de barbeiro e envoltos em capas de corte de cabelo. O "serviço completo para animais de estimação" de High Ball, pet shop em Syracuse, incluía corte de unhas, lavagem, manicure e *hand-stripping*;* a Abercrombie &

---

* Usado em raças de pelo duro, o serviço de *hand-stripping* remove diretamente os pelos, em vez de cortá-los.

Fitch anunciou um serviço de Plucking & Tosa em sua loja principal, na Madison Avenue com a 45th Street, com profissionais especializados. Não se preocupe — seu cachorro não será despachado para outro lugar a fim de ser depilado e escovado: "Banho antisséptico, corte de unhas, limpeza de dentes e tosa são feitos no local."

BRINQUEDOS

A posse mais onipresente dos cachorros modernos talvez tenha sido a última a ganhar força: os brinquedinhos caninos. Antes do advento dos acessórios para animais de estimação, os cães tinham que se virar com uma bola velha ou até mesmo um novelo descartado. Foi só quando os cães passaram a ser criados e mantidos expressamente para a diversão humana que nos ocorreu a ideia de que talvez eles também precisassem de algum entretenimento. Embora os primeiros brinquedos caninos apresentassem algumas opções curiosas, as ofertas clássicas de pet shops — bolas, cordas e brinquedos de roer (de preferência que emitam algum som) — costumavam ser relegadas às últimas páginas dos antigos catálogos de produtos para animais de estimação. A bola preferida de Finnegan não teria ficado deslocada. Como a ideia de manter os cachorros entretidos era uma novidade, até mesmo os brinquedos mais óbvios exigiam uma explicação: era preciso, com gentileza, conduzir os donos a um entendimento da utilidade de cada brinquedo e de como eles funcionavam. O "crackle-bone", literalmente "osso que estala", criado pela Walter B. Stevens & Son, era acompanhado de uma explicação biológica: "O ossinho, ao ser dobrado pelo cão, produz um estalido semelhante a um osso que se quebra." Um brinquedo de puxar da Abercrombie & Fitch vinha com instruções: "Você segura um dos lados, o cachorro puxa do outro. Exercício físico para mestre e cão." Às vezes, o design do brinquedo poderia ser mais interessante para o comprador do que para o destinatário do produto — como, por exemplo, a infinidade de bolinhas, ossinhos e anéis de borracha com cheiro de chocolate da Scentoy, nos anos 1920. Como era de esperar, havia também meias natalinas para cachorros.

Existiram outros modelos antigos pensados, ao menos em tese, para os cães. Brinquedos de borracha ou peludos no formato de presas que um predador gostaria de capturar — um coelho, um camundongo, um rato, um gato — não demoraram a surgir; além disso, eles emitiam sons de choro ou miados quando o cachorro os sacudia e guinchavam quando mordidos. O mesmo acontecia com brinquedos de borracha com cara de macaco e, ainda mais perturbador, com uma grande variedade de brinquedos com cabeça de cachorro — em geral, cães pequenos, como o terrier escocês — e apitos na parte de dentro que guinchavam quando o animal os apertava. É melhor nem imaginar o que acontecia aos terriers escoceses de verdade que viviam nesses lares.

MISCELÂNEA

Nem todos os antigos produtos para animais de estimação foram precursores daqueles que prosperariam na enorme indústria pet que estaria por vir. Os primeiros catálogos listavam produtos improváveis, como as "pinças de dente", por exemplo, que serviam para remover os dentes de leite dos filhotes — algo que hoje poucos aceitariam. Também não há muitas famílias que tenham um "protetor de cauda", espécie de colar elisabetano para a parte traseira do animal, aparentemente necessário para proteger o rabo do dogue alemão e de outros cães contra ferimentos ao serem empurrados contra a lateral de seus canis — circunstância física que indica que a vida do dogue alemão no início do século XX era bem diferente da que conhecemos hoje.

Enquanto o dogue da virada do século talvez pudesse sentir vergonha de seu escudo de cauda, seus colegas buldogues sofriam ainda mais: para eles, havia produtos que tinham especificamente o propósito de feri-los em vez de protegê-los. O "alargador de buldogues" foi projetado para alargar ainda mais seus membros anteriores, conforme ditava o padrão da raça. Tratava-se de um peitoral que era preso nas axilas e puxado sobre os ombros, transformando com firmeza sua postura normal em uma irregular.

Felizmente, o alargador seguiu o mesmo destino do trépano.* Também nunca vi o "freio automático" ou "anticaçada", um dispositivo afivelado à coleira do cão de qualquer raça. Na fivela ficam penduradas duas bolas de borracha grandes e pesadas, amarradas em tiras de couro, com o intuito de treinar o animal a não correr atrás dos carros (para cachorros urbanos) ou das galinhas (para cachorros do campo). Ao se arrastarem pelo chão, elas serviam de bola e corrente para a cabeça: "Quando o cachorro corre, ela quica e o acerta de lado, ou então se enrola nas patas dianteiras."

Nossa terceirização de assuntos relacionados à anatomia canina para os veterinários, bem como o surgimento gradual de um mínimo de bom senso no que diz respeito ao bem-estar, resultou

---

* O trépano era uma furadeira utilizada para abrir um buraco no crânio de um indivíduo e libertar espíritos do mal.

na extinção desses produtos. Também caíram em desuso criações mais inofensivas, como os óculos de proteção para "cachorros automobilísticos". Caso o cão precise viajar de conversível, o esportivo capacete de piloto de dirigível evitava "machucados nos olhos". Presumivelmente, o focinho dos cães era deixado desprotegido ao vento.

O CONCEITO DE RAÇÃO

Caso acabe se tornando um novo dono de cachorro, você sentirá a pressão para obrigatoriamente adquirir diversos acessórios — coleira, inúmeros brinquedos, caminha. No entanto, a história acidental da maioria das "coisas" de cachorro contradiz tal necessidade. À medida que a cultura norte-americana se voltava para o consumo, negócios engenhosos expandiam a variedade de mercadorias para abranger cada pedacinho dos lares. Pet shops não tinham uma preocupação em relação aos cães *precisarem* ou não de caminhas e roupinhas, ou se um brinquedo seria ou não atraente e adequado para eles. E nenhuma outra criação ilustra melhor essas necessidades artificiais do que o café da manhã para cachorros.

Hoje mesmo você já deu de comer ao seu cachorro. É provável que tenha posto o alimento em um pote ao lado da vasilha de água. Dependendo do seu grau de envolvimento com os cuidados caninos, você provavelmente serviu seu cão de uma das seguintes opções: um punhado de ração pálida e de formato único; comida enlatada bem genérica e de gosto forte; ou uma combinação de carne crua com vegetais congelados de acompanhamento. Talvez um pouco de comida caseira ou alguns restos de alimento também entrem na mistura, mas, em geral, os potes dos cães norte-americanos se enchem de produtos explicitamente rotulados como "comida de cachorro".

Vamos nos ater a esse ponto por um instante: ao fato de que existem alimentos — misteriosos e moldados em formas arredondadas, em muitos casos — feitos com ingredientes obscuros e só para cachorros. Ao contrário das coleiras, esse tipo de alimentação não é uma prática antiga. Quando foi que teve início, então? De onde veio a ideia de comida só para cachorros, o conceito de ração, a ideia de um *pote* para o alimento? Tudo isso também fez parte do súbito crescimento da indústria dos animais de estimação liderada pelo mundo dos acessórios. Os mesmos catálogos que anunciavam elegantes coleiras estampadas com couro de vaca, halteres de obediência e esteiras caninas de cedro também incluíam seções separadas de "Alimentação" — primeiro provisoriamente, depois afirmando com determinação tudo que um cachorro bem-treinado e bem-vestido deveria comer.

Os primeiros protocães, que viveram há milhares de anos, se alimentavam dos restos de comida dos humanos: a cartilagem que não conseguíamos mastigar; os troncos fibrosos que éramos incapazes de digerir. Um cão doméstico que vivia na Idade Média provavelmente recebia uma dieta à base de pão — com o acréscimo de "bastante manteiga", caso parecesse magro demais. A partir dessa fase de provisões irregulares, os anos 1800 viram nascer uma transformação radical. As propagandas de jornais da época revelam que os cães passaram a se juntar aos animais "agrícolas", que recebiam alimentação própria: "Alimentos de baixo custo para cães e aves", dizia um anúncio de 1819; em outro, de 1810, lia-se:

"Excelentes biscoitos para cães e porcos". Tratava-se de biscoitos duros, feitos de trigo, aveia ou milho, que às vezes vinham quebrados ou danificados e eram vendidos aos montes. Pouco a pouco, alguns fabricantes do produto passaram a se voltar para os cachorros, chamando o alimento de "comida para cães". Para servir tais iguarias ao seu cãozinho, era preciso seguir as instruções: os biscoitos deveriam ser embebidos em "caldo quente por cerca de uma hora", alertou a Smith Dog Biscuits em 1825 — impedindo que os cães babassem por antecipação.

Em 1860, o mercado de alimentos caninos deu um grande salto quando um cavalheiro norte-americano chamado James Spratt se deu conta de que os cães de estaleiros britânicos comiam *hardtack*, um biscoito espesso e denso, menos conhecido por seu sabor do que por sua portabilidade e durabilidade. Agraciado com uma combinação de tino para os negócios e, provavelmente, a bem-aventurada ignorância a respeito do que de fato pode ser bom para os cachorros, Spratt logo criou uma empresa que produziria um item semelhante para os cães de terra firme.

Spratt foi além e inventou não apenas um produto alimentício genérico, mas vários biscoitos pensados especialmente para atender a diferentes raças, funções e idades — além de ter anunciado suas mercadorias com destaque nas crescentes publicações de Kennel Clubs, amantes de cães e artigos esportivos. Não se tratava de produtos necessários nem desejados, mas, graças aos esforços de Spratt e de outros comerciantes de alimentos caninos, os donos passaram a comprá-los com frequência. Enquanto os cães primitivos reciclavam o lixo humano, os donos de cães contemporâneos sustentam uma indústria multibilionária de alimentos fabricados para consumo exclusivo de seus animais de estimação.

A Spratt's Patent, o "biscoito com um X no meio", tentou se diferenciar de outras marcas incipientes, como a Austin's Dog Bread e a Young's Improved Dog Biscuit, que voltavam seus anúncios para os donos que estivessem à procura de "hálito agradável, pelagem brilhosa e hábitos regulares" para os cães. Os principais produtos da Spratt's eram bolinhos caninos de carne — que incluíam beterraba, um vegetal de que ninguém tinha ouvido falar — e "biscoitos de carvão vegetal". "Greyhound Cakes", "Oatmeal Cakes", "Patent Cod Liver Oil Old Dog Cakes" e "Pepsinated Puppy" completavam o cardápio. Os produtos vinham acompanhados de um livreto, "Um guia para a escolha do biscoito adequado para cada raça", que apresentava dietas personalizadas para cães idosos, filhotes, urbanos, caçadores, pequenos e grandes.

O sucesso foi incrível. Em poucas décadas, anúncios de diversos fabricantes de alimentos caninos já lotavam as páginas de jornais — entre eles, havia as marcas Old Grist Mill, Pard, Miller's A-1 Ration, Dr. Olding, Old Trusty All-Terrier e Molassine. Os produtos da Sturdy [força] e da Purity [pureza] procuravam representar as qualidades caninas que seus donos poderiam desejar.

O surgimento dos hoje famosos "petiscos" foi um pouco mais lento, mas, nos anos 1930, já era possível encontrar cookies caninos da Chapen, bombons da Bow-wow e diversas "bolachas". Os Maltoid Milk Bones, cujo formato lembra um desenho infantil de ossinho, eram vendidos, em um primeiro momento, como refeições, e só bem mais tarde passaram a ser petiscos — seguindo uma lenta transformação dos anúncios, que começaram a vender a ideia de que o consumidor deveria "recompensar seu cão" com seus excelentes alimentos, até chamá-los simplesmente de petiscos.

Por que os donos comprariam esses produtos? Eles costumavam ser pesados e caros: em 1876, a Spratt's vendia biscoitos em pacotes de 45 quilos por US$ 7. Os fabricantes tentavam convencer os consumidores de que esses produtos não eram itens frívolos ou luxuosos, mas artigos de necessidade. Muitos desses alimentos não eram adequados nem palatáveis para o consumo humano, então parecia estranho incluí-los na despensa de casa. Dessa forma, ironicamente, eles estavam em perfeita sintonia com o histórico de alimentar os cães com nossos restos de comida. O que mudou foi o fato de que esses produtos eram formulados especialmente para cachorros e vendidos como tal, em um tempo em que esses animais começavam a ter mais valor por seus papéis como companheiros e cães de exposição do que como força de trabalho. A disseminação foi forte e rápida, e chegou bem antes do surgimento de qualquer evidência científica. Algumas marcas procuravam se alinhar aos vencedores das exposições de Kennel Clubs, assumindo, de maneira implícita, a responsabilidade por um título ganho ("contém Fórmula Exclusiva e Especial 'Patenteada' que produz 'Condições' Superiores para SURPREENDER OS JURADOS e garantir os Maiores Prêmios", afirmava a Molassine). Outras mencionavam dietas "balanceadas", refletindo um assunto de interesse crescente na sociedade. Muitas recorriam aos benefícios à saúde que resultariam do consumo de seus produtos: "Perfeita absorção, prevenção da sarna, do eczema e da cinomose", dizia um anúncio da Fish Biscuits; outra se vangloriava de reduzir o "forte odor" dos cães, auxiliando na absorção estomacal e de gases intestinais. Os Maltoid Milk Bones serviam, supostamente, para regular o intestino, melhorar a pelagem, prevenir a deterioração dos dentes e fortalecer os músculos. A Spratt's tinha uma linha específica para os "malfeitores", ou seja, cachorros com problemas digestivos que comiam com relutância. As marcas defendiam que comidas especiais para filhotes poderiam ser uma vantagem para a recém-desenvolvida prática da criação de cachorros, já que facilitavam a separação de filhotes e mães e, assim, possibilitavam a venda de mais cãezinhos.

A conveniência também era um aspecto vendedor: os biscoitos podiam basicamente ser jogados em uma tigela com caldos e ensopados. Nos anos 1880, o dono de um filhote ou de um cão doente podia comprar alimentos caninos granulados, como se fosse um biscoito cortado em vários pedaços, precursor do "biscoito de ração".* À medida que os alimentos enlatados se tornavam cada vez mais populares no período entre guerras, o mesmo se deu com os alimentos enlatados para cachorros. Embora nem os alimentos partidos em pedaços nem os em conserva representassem uma inovação conceitual, eles eram tão populares que aquilo que conhecemos hoje como *comida de cachorro* é virtualmente sinônimo de ração seca e ração úmida em lata. Por fim, as celebridades caninas chegaram para fortalecer as marcas: a Ken-L-Ration (e suas afiliadas Pup-E-Crumbles e Rib-L-Biscuit) se vangloriava de ser a comida do Rin-Tin-Tin, e a Lassie original do rádio e do cinema era a garota-propaganda da ração Red Heart 3-Flavor. Felizmente, esses alimentos precisavam de acessórios, e assim nasceram as tigelas para cachorros. A maioria delas se parece com os atuais comedouros — às vezes, até mesmo os dizeres "Bom menino" eram estampados na lateral do objeto —, com a notável exceção do meu favorito, o Comedouro Spaniel, uma tigela que se estreitava no topo para manter as orelhas longas de algumas raças afastadas da comida. Talvez este seja o objeto mais relevante de todos os catálogos que já vi, embora ocupe um lugar discreto em uma página de tigelas esmaltadas e coleiras de pele de baleia.

---

* Precursor também dos cereais em flocos para seres humanos.

Os produtos servidos nessas tigelas eram chamados de "comida", não de "forragem", termo alimentício usado para o gado — embora a aplicação de um ou outro nome seja questionável. Comida pode incluir farinha de trigo, aveia, sêmea, diversos vegetais, farinha de ossos e carnes indefinidas. Muitos alimentos antigos eram feitos explicitamente de pele de cavalo — "Carne de cavalo sólida e cozida!", vangloriava-se a marca Purity, do Brooklyn; isso acontecia antes (e, em parte, é a causa) da consideração moderna acerca de quais animais deveriam estar em nossos pratos. (A Spratt's, com seus biscoitos de beterraba, se opunha à carne de cavalo por provocar um "cheiro desagradável" nos cachorros.) Conforme os matadouros cresciam em larga escala, os fabricantes passaram a utilizar o que seria destinado à graxaria — os restos do animal.

A carne de cavalo não faz mais parte da maioria das comidas de cachorro dos Estados Unidos; outras escolhas de carne refletem, contudo, ideias culturalmente limitadas de cães como predadores (servindo-lhes, assim, carne de bisão) ou como glutões, tais quais os donos (e, portanto, produzindo embalagens com imagens de peixes ou carnes de primeira). Em 2018, ironicamente, a marca de alimentos caninos Wysong entrou com uma ação judicial contra outros fabricantes, com alegação de que as embalagens dos produtos de seus concorrentes faziam propaganda enganosa ao exibir, por exemplo, imagens de costeletas de cordeiro quando não havia nada parecido do lado de dentro. A decisão do tribunal foi contrária à Wysong: "O produto dos réus é *comida de cachorro*. O senso comum determina que é improvável que consumidores sensatos esperem encontrar o mesmo tipo de carne consumido por seres humanos em alimentos caninos."

Acredito que o tribunal possa ter superestimado o senso comum do público, ao contrário dos primeiros fabricantes de alimentos para cachorros: eles partiram do pressuposto de que seus consumidores não faziam ideia de nada. Assim, além da compra, eles recebiam uma lição gratuita sobre alimentação. Os catálogos das primeiras marcas de comida de cachorro incluíam muitas, muitas páginas de instruções sobre *como* alimentar seu cão, uma dúvida que não existia até ser levantada por essas empresas. "Infelizmente", dizia um panfleto da Spratt's, "os cães nem sempre são capazes de diferenciar o que é bom para eles daquilo que eles gostam (...) Cabe a você — o mestre — garantir a saúde e a longevidade de seu animal de estimação através de uma alimentação adequada". Desse modo, as empresas especificavam o número necessário de refeições — normalmente duas ou três, às vezes seis — e a quantidade ideal de comida em cada uma. O processo, que antes se resumia a atirar alguns ossos para os cachorros, tornou-se mais complicado, para que as marcas de alimentos caninos pudessem, assim, simplificá-lo: "Por que esquentar a cabeça com um monte de detalhes, se a Purina Dog Chow é uma opção tão simples e econômica?" Muitas defendiam a ideia de que mimar um cachorro com "guloseimas" da mesa de jantar era o motivo pelo qual ele poderia vir a desenvolver diversos problemas alimentares, como o sobrepeso ou o paladar seletivo. A solução? Biscoitos caninos. "Sob nenhuma circunstância o cão precisa de outro alimento", explicou a Pratt's em 1886. "A não ser que se queira mudar a rotina; nesse caso, miúdos de cordeiro, como cabeça e barriga, cozidos e servidos com os biscoitos, além de um pouco de repolho, são mais do que suficientes." Se seu filhote não se interessou pelos biscoitos, a marca recomenda que o dono "faça com que o cão excepcionalmente obstinado passe fome" até comê-los. Esse conselho por si só já é suficiente para que eu me afaste do corredor de biscoitos caninos. Entre outros alimentos considerados uma boa mudança na rotina temos brócolis, couve, nabo, cherivia ou a maioria dos vegetais cozidos (com exceção da batata); frutas, caldos, sopas, molho de carne, leite, leite desnatado, queijo cottage, cebola, alface ou urtiga. Em outras palavras: praticamente tudo.

Um público disposto comprava tanto a comida quanto os conselhos que vinham com ela. O modelo de negócios de se posicionar como autoridade com o objetivo de opinar sobre a solidez do seu produto estava em pleno vigor na indústria de produtos caninos. Muitas das primeiras marcas desse mercado também ofereciam informações sobre cuidados, adestramento e remédios — os mesmos que elas teriam o prazer de lhe vender. Elas exibiam supostos "especialistas caninos", veterinários com credenciais suspeitas, "autoridades" anônimas e uma linguagem científica ("biologicamente testado"; "em modernos canis de pesquisa") para promover não só rações, como também diversos remédios e outros produtos: pílulas para constipação, comprimidos para "ataques" e disenteria, pozinhos para acabar com as pulgas e aumentar a disposição, loções para sarna ou úlceras no ouvido, compostos para aliviar a coceira, pomadas cicatrizantes de uso geral, óleos medicinais, loções para crescimento do pelo e suplementos de ferro. Aparentemente, os cães sofriam muito de reumatismo, pois havia uma infinidade de comprimidos e óleos para combatê-lo; o mesmo se dava com tônicos e pozinhos para pulgas e vermes. Existiam enxaguantes bucais para melhorar o hálito; um medicamento de aplicação tópica chamado Cupid Chaser, nas opções capim-limão e citral, que, ao ser espalhado pelo corpo de uma cadela no cio, afastava os cães invasivos; e seu oposto, comprimidos afrodisíacos "para provocar, estimular e fortalecer os poderes sexuais". ("Proibido para uso humano", alertava a marca.)

Essa ideia não havia passado por minha cabeça. Mas, devo admitir, gostaria de experimentar o On-The-Nose (para tosse e rouquidão, "basta aplicar uma pequena quantidade no focinho do cachorro. Ele concluirá o tratamento ao lambê-lo") ou o shampoo de óleo de pinho. E, na verdade, muitos remédios e sabonetes eram anunciados como esplêndidos para seres humanos. Entre os vigorosos cães retratados no catálogo canino da Q-W, vê-se a imagem de um homem aplicando alegremente uma loção contra sarna na própria cabeça. Ele parece livre dos parasitas.

Confiantes, os fabricantes de produtos para cachorros também ofereciam dicas de adestramento e instruções sobre bom comportamento doméstico ou educação canina. Quando um dono de cachorro do século XXI fala comigo a respeito de um cão "educado", penso nos panfletos das marcas de alimentos caninos do início do século XX, época em que todo esse conceito foi inventado do zero. As dicas de adestramento consistiam, principalmente, em dar tapinhas no rosto dos cachorros e puxá-los pelo rabo caso fizessem algo que você desaprovasse, ou armar ratoeiras para mantê-los longe das latas de lixo e das cadeiras. Para ensinar um cão a ficar no quintal, um panfleto da Purina Dog Care da época instruía: "Coloque uma corda de veneziana bem fina no quintal e estique bem as dobras até que ela fique suave e maleável. Depois, amarre uma das pontas na coleira do cachorro. Use luvas evitar ferimentos na mão devido ao atrito. Por fim, peça que alguém do lado de fora do terreno chame o animal. Quando o cãozinho chegar aos limites do quintal, grite 'Não' e agarre a outra ponta da corda, puxando-a para que ele pare abruptamente."

Hoje em dia, esse tipo de "adestramento" imprudente foi substituído por métodos mais humanos e mais efetivos de reforço positivo — em que, para recompensar o bom comportamento, muitas vezes se usa uma grande quantidade de petiscos iguais aos formulados por essas marcas. Sem dúvida, é de surpreender quanto que nossa visão de como cuidar dos cachorros — como alimentá-los, como vesti-los e como entretê-los — é praticamente a mesma de um século atrás, quando os interesses comerciais moldaram tudo. Por mais que nossa cultura em relação aos cães tenha passado por uma mudança radical, os acessórios envolvidos em seus cuidados permanecem mais ou menos os mesmos.

* * *

O elemento mais significativo entre ontem e hoje é a relação entre os cães e seus humanos. Cada cãozinho desenhado nas páginas dos primeiros catálogos e cada produto nelas oferecido contava com o apego dos donos aos seus cães — e com o anseio por encontrar maneiras de expressar tamanho afeto. Como podemos demonstrar nosso amor? A indústria dos animais de estimação, um desenvolvimento histórico recente, procura nos dar uma resposta a essa pergunta. As complexidades de se sustentar um animal são reduzidas a itens comercializáveis — e nosso ímpeto de prover para eles fica evidente com o sucesso desse mercado. Assim como os cães são os acessórios de uma vida perfeita, os apetrechos para o seu bichinho servem para anunciar riqueza e status, tais quais uma bolsa de grife ou os tênis de última moda.

Enquanto confiro as ofertas de pet shop do século XXI, o jack russell terrier deixa a loja. Olho ao meu redor e encontro os brinquedos arredondados de pés atarracados que Upton gosta de mastigar. Pego dois deles. Depois, faço o mesmo com as bolinhas azuis e laranja com barulhinho para Finnegan. Vejo uma caixa daqueles petiscos de manteiga de amendoim em forma de bonequinhos de biscoito de gengibre, duros de mastigar, com cor de terra e aparência estranhamente agradável. Separo alguns sapatinhos de borracha: meus cachorros têm queimado as patas no sal que se põe nas ruas da cidade para derreter o gelo. No caixa, o dono da loja e eu jogamos conversa fora sobre cachorros. Eu lhe dou US$ 64,76 e volto para casa para fazer uma surpresa aos meus meninos.

O cachorro no espelho

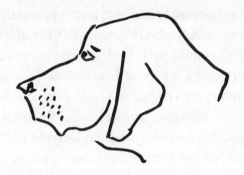

Ao que parece, Jacques Derrida, filósofo francês do século XX, tinha uma gata. Sabemos disso porque o olhar da gata instigou uma considerável reflexão de sua parte, resultando em famosas páginas escritas sobre o assunto, bem como uma sensação automática de vergonha. Isso se deu porque a gata o encarava e ele se via *à poil* — completamente nu, ou "restando-lhe apenas os cabelos" — diante de seu olhar fixo. Ela o observava "sem se mover, apenas olhava", reclamou Derrida. Ele arrumou um espelho, contemplou a própria nudez e o olhar da gata para ela e declarou que a gata era seu espelho.

Derrida pode ter tido uma gata perspicaz (nenhum gato de filósofo consegue se safar de muita loucura, eu diria). Mas, embora ela o observe, ele mal a enxerga. Para Derrida, quem a gata é, ou o que de fato está fazendo, não tem importância. Ela é uma gata de verdade, admite ele. Como viemos a descobrir, é uma "gatinha" que o segue até o banheiro pela manhã, implorando por refeição, e sai quando ele começa a se despir. Podemos nos perguntar sobre o relacionamento entre Derrida e sua pequena gata manhosa, mas não temos muito material para satisfazer nossos questionamentos porque, à exceção dessa breve descrição superficial, não sabemos mais nada sobre ela. Será que é malhada? Preta? Medrosa? Sem pelos? Será que se lambe pela manhã e persegue ratos imaginários à noite? É corajosa? Cautelosa? Destrutiva? Tímida? Será que já ficou com o rabo preso na porta? Gosta de se aninhar no colo do dono, ronronando de olhos semicerrados? Em mais de cinquenta páginas inspiradas no olhar da gata, Derrida não descreve sua aparência, seus hábitos, como ela costumava passar o dia, ou como os dois brincavam. Não deixa de ser justo: ele não escreve sobre os gatos em si. Mas é aí que está o problema: a gata, no fim das contas, nada mais é que uma ferramenta para que ele se autoexamine — e ele se lisonjeia ao ser examinado por ela.

Hoje em dia são os cachorros, mais do que os gatos, os que normalmente consideramos nossos animais-espelho. Se você vive com cães, já os viu atrás de você através do espelho. Ao chamá-los pelo nome, eles nos olharão pelo vidro — um olhar sereno que nos faz parar por um instante, enquanto vemos refletida uma cena ao mesmo tempo familiar e nova. Enxergamos nossos amados e reconhecíveis cães, mas pelos cantos jaz o mistério da mente por trás do olhar. Nossos hábitos e tendências em relação a eles são evidenciados; a realidade de nossa presença compartilhada, em que nenhum de nós é totalmente conhecido pelo outro, é exposta. Segure o espelho e veja o que ele revela.

* * *

Ao escrever meu primeiro livro, *A cabeça do cachorro*, há mais de uma década, eu queria usar os resultados da incipiente ciência da cognição canina para oferecer aos amantes dos cães uma nova maneira de pensar sobre eles. Afinal de contas, reconheci que minhas pesquisas iniciais sobre cognição canina logo me levaram a aplicar aquilo que eu aprendia na compreensão de meu próprio cachorro; suspeitei que outros também se interessariam. Logo também me vi cercada de dúvidas de outros donos: "Por que meu cachorro..." (preencha a lacuna: gosta de rolar sobre as coisas, girar em círculos, latir desse jeito, lamber aquele negócio, me farejar, fazer xixi ali...), eles me perguntavam. A pesquisa, como rapidamente me dei conta, não consistia de fato em fazer e responder a esse tipo de questionamento. Embora os resultados científicos possam, às vezes, ser usados para formular uma resposta plausível, meu interesse era abordar os assuntos sobre os quais as pessoas verdadeiramente se perguntavam a respeito de seus cães. Ao mesmo tempo, para mim, a pergunta mais importante sobre os cachorros era, e ainda é: *Como é ser um cachorro?* Para muitos outros, porém, a questão principal estava mais para: *O que nós sabemos a respeito do que meu cão acha de mim?*

No fim das contas, os estudos sobre cognição canina de fato tiveram início graças ao nosso interesse em como nos vemos nos cães. É quase uma premissa da psicologia comparada — área que levou a um grande desenvolvimento da ciência da cognição canina — a ideia de que as pesquisas sobre outros animais são importantes *porque têm algo a nos dizer sobre nós mesmos*. Por exemplo, nós nos importamos com nosso lugar no topo da árvore da inteligência. Apesar do alerta de Darwin para nunca dizermos "mais alto ou mais baixo" quando falamos dos resultados de uma mudança evolutiva, definitivamente reservamos o "mais alto" para nós mesmos: "Seriam os seres humanos especiais em relação a todos os outros animais em seus processos de cognição?", lê-se de modo retórico na abertura de um livro sobre cognição comparativa.

Parece haver algo de tendencioso nessa tarefa, para dizer o mínimo, já que somos nós que fazemos as investigações e definimos o que conta como "cognição". Na verdade, a barreira que os animais não humanos precisam atravessar para que nós os reconheçamos como cognitivamente iguais é cada vez maior.

A abordagem intelectual que explica o atual modo científico de pensar sobre a cognição ou a mente animal formou-se ao longo de milhares de anos de experiência em um continente que não tem primatas nativos além dos seres humanos. Não é de surpreender que a cultura ocidental tenha um senso de singularidade humana tão enraizado: parecíamos ser os únicos a fazer algo de notável em uma escala humana. Como convém ao nosso impulso de explicar e definir a nós mesmos, o questionamento acerca do que exatamente nos torna únicos tem sido abordado desde então. Platão esteve entre aqueles que se aventuraram a tentar: ele definiu o homem como "um animal bípede e sem penas". Como resposta, Diógenes — outro filósofo grego, conhecidamente cínico —, ao que parece, depenou uma galinha e, apresentando-a, declarou: "Eis aqui o homem de Platão!"

Por sua vez, Platão logo acrescentou "deve ter unhas largas" (ou seja, nada de garras) à lista.

Desde então, não paramos de acrescentar definições qualificadoras a essa lista. O ensaísta Thomas Carlyle descreveu o homem como um animal (bípede, sem penas, de unhas largas) que *usa ferramentas*: como a única espécie que teve a visão e a sabedoria para ampliar a variedade de usos que podemos fazer dos objetos.

Jane Goodall invalidou a questão. Ela observou que os chimpanzés usavam caules de plantas como ferramentas para caçar cupins — petisco que eles amam — dentro de cupinzeiros repletos de barro (o que fazia com que os soldados atacassem o invasor e se tornassem um picolé de cupim para o chimpanzé). A partir de seus estudos, animais de todos os tipos, incluídos formigas, vespas, pintassilgos, corvos e lontras, se juntaram ao clube dos usuários de ferramentas. "Tudo bem", pode-se contestar, "mas e a confecção das ferramentas?". Afinal, por mais que eu pessoalmente não saiba como fazer uma caneta, um teclado ou uma furadeira, algum indivíduo os fabricou. Goodall prontamente relatou que os chimpanzés dobram galhos e removem suas folhas para que se tornem ferramentas apropriadas. "Agora precisamos redefinir o conceito de ferramenta, redefinir o conceito de homem ou aceitar os chimpanzés como seres humanos", Louis Leakey, seu mentor, respondeu. Hoje em dia, ele precisaria fazer uma redefinição radical: estudos mostraram que os corvos dobram gravetos em forma de gancho com a finalidade de criar a sonda perfeita para capturar larvas. Existem formigas — animais que mal têm um cérebro central — que carregam folhas com o propósito de serem usadas como esponjas para transportar água.

 A lista daquilo que, por fim, poderia mostrar que os humanos são diferentes dos animais agora é longa: uma concatenação incerta que é também um bom registro histórico da ênfase mutável da cultura da ciência. Ela se tornou uma lista de condições necessárias para ser considerado humano que nunca são suficientes. No entanto, sempre com a certeza de que somos únicos, não paramos de acrescentar aquilo que para um acadêmico seria a distinção final. Nós incluímos a habilidade de imitar, de ensinar, de usar a linguagem; de ser autoconsciente; ter uma cultura; e uma dezena de outros critérios. Nenhum deles é um golpe de mestre absoluto. Aparentes atos de imitação, ensino e transmissão cultural nos forçaram a rever nossas definições daquilo que queremos dizer por tais habilidades; a infinidade de sistemas de comunicação elaborados na natureza nos forçou a sermos bastante específicos a respeito do que significa usar uma linguagem.

Se o interesse em estudar os animais surge do interesse em nós mesmos, os cães não pareciam uma aposta segura para nos dizer qualquer coisa importante. Como resultado, quando comecei a estudar cachorros, não havia nenhum campo de pesquisa a respeito da cognição canina. Os pesquisadores estudaram nossos parentes primatas mais próximos — chimpanzés, bonobos, orangotangos, gorilas — e os macacos, embora tenham um grau de parentesco mais distante. Apesar de compartilharem as características de todos os mamíferos, parecia pouco provável que cães e primatas compartilhassem quaisquer habilidades cognitivas valiosas. Afinal de contas, os seres humanos se separaram dos chimpanzés e dos bonobos há cerca de cinco a sete milhões de anos, enquanto nossos ancestrais primatas e os ancestrais carnívoros dos cães tomaram rumos evolucionários distintos há aproximadamente 90 milhões de anos.

Felizmente, começamos a olhar para os cães depois que os cachorros aos pés dos pesquisadores nos cutucaram com as patas por tempo suficiente para que prestássemos atenção neles. E eis que eles têm algumas habilidades cognitivas não encontradas nos primatas não humanos — como, por exemplo, fazer contato visual conosco e acompanhar para onde nossos olhos ou nossos dedos apontam a fim de descobrir o que estamos olhando.

E lá se vai nossa suposta *expertise* singular em inteligência social. Talvez aquilo que os cães têm a nos indicar sobre nós mesmos, em termos de cognição, seja o fato de que existe mais de uma maneira de se construir inteligência. Nossa habilidade humana de ler as intenções dos outros e interpretar comportamentos tem ligação com habilidades sociais que os mamíferos compartilham há pelo menos cem milhões de anos. Somos uma espécie inteligente, se definirmos "inteligente" como "fazer precisamente aquilo que os seres humanos fazem". No entanto, outras espécies, muito longe de terem um parentesco próximo, também apresentam algumas dessas habilidades. E elas são capazes de fazer algumas coisas que nos esquecemos de incluir em nossa definição de inteligência, como: ecolocalização, eletrorrecepção, magnetorrecepção; detecção de luz infravermelha e ultravioleta, campos elétricos, frequências subsônicas ou supersônicas; voo, construção de barragens, construção de ninhos, elaboração de teias, design estrutural; escalada em penhascos, caminhada pelas águas; reprodução assexuada, hermafroditismo; regeneração de membros, camuflagem corporal, metamorfose, dormir durante o voo ou o nado, rastreamento através do olfato, superforça, mimetismo... e por aí vai. Os cães nos mostram que não somos o único exemplo de inteligência.

* * *

Provavelmente, não é isso que o cão sentado a seu lado neste exato momento já lhe mostrou sobre você mesmo. Embora o foco das pesquisas sobre cognição canina seja nosso cérebro, quando pensamos sobre nossos cães costumamos levar em consideração o que eles fazem e qual é sua aparência. Os cachorros são espelhos para nosso lado desejante: nós enxergamos neles aquilo que gostaríamos de enxergar em nós mesmos. Admiramos sua lealdade e nos alegramos com seu prazer ao nos verem. Também desejamos descobrir, tal qual um daqueles testes que encontramos em revistas, o que nossas escolhas de filhotes têm a dizer sobre nós mesmos: videntes caninos, em contato com nosso eu mais verdadeiro; ou astrólogos, em contato com nosso eu futuro.

O cachorro que escolhemos em meio a fileiras de gaiolas de um abrigo; o perfil que olhamos por um tempo prolongado ao pesquisarmos sobre cães para adoção na internet; o cachorro no acostamento da estrada para quem abrimos a porta do carro e levamos para casa; o filhote que selecionamos entre a nova ninhada de bolinhas de pelo de um criador — tudo isso de fato tem algo a nos dizer sobre nós mesmos. Nossas escolhas indicam se damos ou não valor à previsibilidade; se somos impulsivos, generosos, incapazes de ignorar um rostinho necessitado; se consideramos o cachorro um companheiro, um substituto, uma terapia ou um brinquedo.

E mais: também combinamos fisicamente com nossos cachorros — nós nos parecemos com eles. Participantes de estudos realizados em diversos lugares, desde a Califórnia até a Venezuela e o Japão, são capazes de associar a foto de um cão de raça pura com seu dono em uma média significativamente mais alta do que o simples acaso. Nem os participantes nem os pesquisadores sabem especificar com precisão o que os leva a combinar certas pessoas com certos cachorros. É algo que vai além de juntar um homem de mandíbula quadrada com seu buldogue, uma mulher de longas madeixas com seu afghan hound de cabelo comprido, ou um poodle e uma dona que compartilham o mesmo corte cheio de fru-fru. Não tem a ver com o pavoroso hábito de vestir um cachorro com uma versão canina das roupas que os donos costumam usar.* Mesmo assim, às vezes cão e dono compartilham um traço impreciso, mas essencial, que se destaca: uma felicidade característica; um lado esportivo; um comprometimento. Em um dos estudos, "havia um cara de sorriso brincalhão", de acordo com o autor, "e um golden retriever com a mesma expressão". Todo mundo logo os identificou como cara de um, focinho do outro.

Não sei se alguém associaria uma foto minha com a imagem de Pumpernickel, de pelos encaracolados e formato de ovelha, com quem vivi durante todo o início de minha vida adulta; ou com o sério e elegante Finnegan; ou com seu irmão, o desajeitado, porém carismático, Upton. Mesmo assim, certamente me sinto mais atraída pela aparência de certos cães do que por outras. Sobrancelhas expressivas fazem meu coração bater mais forte. Tenho uma queda por barbas desgrenhadas e olhares suaves. Para outras pessoas, cachorros de focinho curto (que me fazem sentir desconfortável por seus rostos) são superfofos. Amo encontrar cães enormes, mas não sinto vontade de *ter* um deles — nem os muito pequenos, que cabem na palma da mão.

Meu desejo, de acordo com pesquisadores de escolhas humanas, pode ser atribuído ao "narcisismo". Gostamos daquilo que é familiar, que se assemelha àquilo que vemos quando olhamos para o espelho — não detalhes específicos (não tenho sobrancelhas expressivas nem barba), mas a *Gestalt*. Preferimos as letras do alfabeto que fazem parte de nossos nomes, números que compõem nossa data de nascimento, e gostamos de nos sentar perto de pessoas que se parecem conosco: coisas que nos fazem lembrar de nós mesmos. É exatamente isso que fazemos ao escolhermos

---

* Horrível. Se você quer se vestir para ficar parecido com seu cachorro, fique à vontade; mas, a menos que seus cães se vistam sozinhos, deixe-os fora disso.

um parceiro: uma "busca por um outro igual" (mas não tão igual assim),* como os pesquisadores costumam chamar. Nossa prática de "acasalamento preferencial", que nos leva a preferir similaridades e genes compatíveis, é uma estratégia evolutivamente estável — e pode ter se infiltrado em nossas escolhas de filhotes. Não tem muito a ver com a ideia de que a pelagem de Finnegan possa se assemelhar ao meu cabelo (o dele é brilhoso; o meu é ondulado), ou de que seu olhar sério possa combinar com o meu (minha expressão oscila entre confusa e circunspecta). O fato é que seu estilo como um todo — seu entusiasmo, suas preocupações, seus julgamentos — pode me fazer lembrar de mim mesma.

Em testes de personalidade, nosso temperamento combina com o de nosso cachorro.** Pessoas com altos traços de ansiedade ou neuroticismo provavelmente têm cães ansiosos ou neuróticos; os níveis de extroversão e afabilidade são compatíveis entre cachorro e tutor. Caso tenha um cãozinho amigável, é provável que você também tenha uma personalidade amistosa. Pessoas com baixa pontuação nas escalas de neuroticismo têm cães com alta variabilidade de cortisol, hormônio que é visto como um eficiente indicativo em estratégias de enfrentamento — e vice-versa.

O status social em que nos encaixamos combina com nosso cão. Eu sou uma vira-lata incondicional, e com muito orgulho. Outros não aceitariam ter um cachorro sem nenhum documento. O vagabundo interpretado por Charlie Chaplin em *Vida de cachorro* junta-se a Scraps, um desolado, mas elegante, cão de rua. O sofrimento dos dois é compatível.

---

* Para evitar a endogamia.
** Testes feitos por pessoas (e, portanto, relevantes para elas) que submetem a si mesmas e seus cães a testes de personalidade, pelo menos...

Nós gostamos de cães com aparência de gente: em testes de preferência implícita, as pessoas costumam escolher como favoritos os cachorros que tenham íris colorida (como a dos humanos) e boca com curvaturas nas pontas, como um sorriso humano. O etologista Konrad Lorenz fez a famosa sugestão de que nós preferimos animais com características neotênicas, semelhantes aos bebês. Sua ideia se provou verdadeira: animais com olhos grandes, testa larga e cabeça comprida geralmente figuram entre os favoritos dos seres humanos. Graças às preferências do consumidor, os ursos de pelúcia foram se tornando mais cabeçudos e com focinho mais curto ao longo dos anos. O Mickey Mouse, que começou sua carreira cinematográfica como um sujeito magricela e um tanto diabólico, ganhou olhos enormes. Sua cabeça gigantesca quase se solta do corpo. Esses personagens, observou Lorenz, aproximam-se — exageram — da aparência dos bebês. E muitas das espécies que os seres humanos consideram atraentes e as quais merecem uma visita (no zoológico) ou serem salvas (na natureza) apresentam alguns desses traços. O rato-toupeira-pelado, o mandril (de nariz avermelhado) e o morcego natalus (de rosto pequeno) mal recebem atenção, o que dirá amor.

Gostamos dos cães porque se comportam como nós de várias maneiras. Eles se comovem mais com o som de um bebê chorando do que com ruído branco; eles olham para onde apontamos, não para o dedo que aponta. Os cachorros, assim como as crianças, sincronizam-se conosco: quando dividem o mesmo cômodo que os donos, os cães, na maioria das vezes, permanecem quietos enquanto os humanos também estão, mudam de lugar quando os humanos também mudam, olham para onde os humanos olham e passam o tempo em qualquer que seja o canto da sala em que os humanos estejam.

* * *

Existe uma utilidade em enxergarmos a nós mesmos quando olhamos para os cães. Nós sempre olhamos os animais para, segundo a autora Helen McDonald, "aumentar e amplificar aspectos de nós mesmos". Nos mitos, os animais figuram mais como representantes de noções humanas do que como criaturas vivas: o pelicano não é de fato um pelicano, uma ave que voa de grandes alturas em busca de jantar e de locais para construir seus ninhos, mas um símbolo de autossacrifício. A víbora, um réptil venenoso que ataca rapidamente, aparece, em vez disso, como uma lição prática de como se deve tolerar maridos desagradáveis. Com esse tipo de disfarce, somos capazes de enfrentar as fraquezas humanas com mais segurança; podemos transferir nossos impulsos e hesitações para a forma do animal e, sem embaraços, observar seu desenvolvimento.

Enxergar seres humanos ao olharmos para os cachorros é um exemplo clássico de antropomorfismo: a projeção de nossas formas e características em tudo que nos cerca. Nós vemos rostos humanos em formações rochosas naturais e sentimos a "raiva" dos trovões. Em relação aos cães, essa abordagem é limitadora e pode estar completamente errada. Mas ela também permite o início de um diálogo entre nós e os cachorros. Possibilita a abertura de um espaço para eles em nossa vida — porque julgamos saber para quem estamos olhando: acreditamos que estamos nos vendo. Fazer dos cães "pseudo-humanos", afirmou Erica Fudge, especialista em estudos animais, "está no cerne da relação homem-animal de estimação". Ao antropomorfizarmos, conseguimos nos livrar da preocupação persistente de que, na verdade, talvez os cães não enxerguem o mundo como nós (com nossa presença no centro de tudo, vale observar). "Qualquer sugestão de que os animais de estimação possam ter outras motivações que não os sentimentos e os desejos humanos", escreveu James Serpell, "depreciaria instantaneamente esses relacionamentos". E como é simples olhar para um quadrúpede peludo e farejador em cima da cama e enxergar algo menos distante. Poucos de nós já ficamos de quatro no chão, com o nariz no piso, para conhecermos a forma como os cães vivem.

Talvez devêssemos sempre começar com aquilo que reconhecemos, aquilo que parece fácil de compreender. Um olhar generoso que atribuímos ao cachorro, para conceder-lhes humanidade. As vacas, os porcos ou as galinhas de fazenda, que são vistos como objetos, como *commodities* — e tão ignorados que não chegam nem a ser confundidos com animais semelhantes aos humanos —, não têm direito a nenhum tipo de consideração. O status dos cães como objetos de nosso olhar é um avanço considerável. A partir dessa perspectiva, passamos a nos sentir recompensados pelo simples gesto de sermos olhados por eles também. Emmanuel Levinas, que esteve preso em um campo de concentração durante a Segunda Guerra Mundial, afirmou ter sido submetido a trabalhos forçados em uma floresta com outros prisioneiros, já não mais vistos nem tratados como seres humanos por seus captores. Mesmo assim, ele se deleitava com a presença amigável de um cachorro de rua. Para o cão, escreveu Levinas, "não havia dúvida de que eles eram homens".

* * *

Existe um lado negativo em nossa tendência de simplesmente nos enxergarmos quando olhamos para os cachorros. Se só gostamos dos cães porque eles se comportam como nós, podemos achar perturbador quando eles... não se comportam assim. Na versão mais inocente desse fato, ficamos constrangidos com suas ações. Em um minuto estamos passeando pela calçada com nossos semelhantes de quatro patas e facilitadores sociais extremamente fofos; no minuto seguinte, nos vemos mortificados diante de um cão diarreico agachado no meio do caminho. Ao permitirmos que os cães sejam nosso reflexo, corremos o risco de lidarmos com uma reflexão às vezes humilhante. Um cachorro que logo após cumprimentar cordialmente uma cadela com o focinho tenta montar nela ouvirá gritos de protesto de seu dono. É como se fosse o próprio *dono* que passasse da saudação simpática para a tentativa de despir uma desconhecida.

Como são *cães*, existem inúmeras maneiras pelas quais eles podem nos constranger. Eles rolam em cima do cocô. Eles comem cocô. Eles vão direto com o focinho nas partes íntimas de um novo amigo seu. Eles simplesmente pulam quando você não gostaria que pulassem; caçam quando não deveriam, recusam-se a vir quando você os chama. Às vezes fazem xixi pela casa, às vezes no elevador, e podem muito bem fazer xixi em uma pessoa fazendo piquenique no gramado. Não é à toa que, quando esse tipo de comportamento se dá na frente de outros indivíduos que não cães, tomamos o ato para nós mesmos, como se fosse nosso. Sentir que os cachorros são nossos espelhos é uma coisa; descobrir que o espelho tem mente própria é outra — e bem alarmante.

A isso, costumamos dar o nome de "desobediência". Como nós os tratamos como cúmplices de nossos hábitos, os cães se tornam traidores quando se afastam do acordo que pensávamos ter com eles. Reservamos um tipo especial de indignação para aqueles que se comportam de maneira "não civilizada" — como animais, usando a própria boca para expressar seus sentimentos. Considere, por outro lado, nossa reação a outros comportamentos ruins. Um

elevador despenca. Um trem descarrila. Uma ponte desmorona, um telhado se rompe, uma criança pega a arma e atira em outra criança. Um raio cai, um rio transborda, rochas deslizam.
Todas as ocorrências são devastadoras. Mas sabemos que o elevador não é ruim. Que a criança não é um monstro. Que o raio não é agressivo e o rio não foi criado para ser perigoso.* Embora saibamos que é preciso evitar os raios, ficar longe de inundações e manter as armas fora do alcance de crianças, não deixamos de usar pontes, trens e elevadores; nós não nos afastamos da natureza ou insistimos em sua destruição.

O mesmo não acontece quando a devastação é causada por uma mordida de cachorro. Um querido animal de estimação, que vivia com a família havia uma década e dormia ao lado das crianças conforme elas iam crescendo, certo dia ficou assustado, irritado ou com sono e, de repente, mordeu uma criança. Na maioria dos casos, o carinho acaba aí. Embora as estatísticas mostrem que a frequência de uma lesão fatal por mordida de cachorro seja proporcional a todas essas outras causas de morte, nossa reação como sociedade a qualquer tipo de mordida, fatal ou não, é a histeria. O cão é malvado, irremediavelmente perigoso, agressivo, um monstro. Em geral, as pessoas logo desistem dele: entregam-no aos cuidados de inspetores de controle de animais ou levam-no até o veterinário para serem mortos — "sacrificados", dizemos de modo eufemístico, sem nenhuma homenagem.

Essa reação é um resultado inesperado e involuntário do antropomorfismo que possibilitou nosso relacionamento com os cães. Ele

---

* Algumas sociedades antigas, porém, acreditavam no contrário. Projetar motivações e personalidades em fenômenos naturais — a ira de uma tempestade, a punição de uma inundação — estão entre os primeiros exemplos de antropomorfismo. A queda de uma rocha era descrita não como o resultado de uma força entre os corpos, mas como a resposta da rocha ao seu desejo de estar no chão.

permitiu sua entrada em nossos lares. Depois, por algum motivo, ficamos chocados com a descoberta de que nosso convidado tem uma boca cheia de dentes (que eles podem, talvez, usar). Embora respeite a realidade da ameaça que um poderoso cão pode representar, e reconheça o horror dos ferimentos sofridos, James Serpell, que estuda os cães há quase quatro décadas, está entre os poucos céticos e lúcidos que evitam descrever a espécie ou determinadas raças como "perigosas". "Está bem óbvio que os espasmos de horror e indignação" presentes nesse tipo de reação, disse ele, "costumam ser desproporcionais aos riscos reais". Nos Estados Unidos, onde vivemos em meio a cerca de 90 milhões de cachorros, o número de mortes como consequência de um ataque canino gira em torno de vinte por ano. Não é irrelevante. Mas é um resultado mais baixo do que o número anual de mortes por salmonela. Em circunstâncias normais, o risco de alguém morrer ao cair da cama é mais de vinte vezes superior — independentemente da raça da cama. Risco de morte por cachorro-quente > risco de morte por cachorro.

O espetáculo da agressão por mordida intensifica nossa reação — e a singularidade dessas tragédias faz com que elas pareçam ainda mais profundas. Assim como os acidentes de avião são notórios e temidos, por mais que sejam muito menos comuns do que os desastrosos acidentes que acontecem com os carros dentro dos quais nos acomodamos diariamente, uma mordida de cachorro nos parece um "distúrbio na ordem natural", segundo Serpell. Como é possível que uma criatura tão pura e inocente — que não apenas deixamos entrar em nossos lares, mas talvez até mesmo *em nossas camas* — seja assassina?

* * *

Para ver os cães de outra maneira, é preciso apenas observar nossa natureza contraditória em relação a eles. Quanto mais analiso a forma como enxergamos nossas relações — entre humano e cachorro, entre sociedade e animais de estimação —, mais vejo paradoxos. Nós nos conectamos com os cães como animais. Mas logo os transformamos em humanos idealizados: leais, companheiros, cooperativos — eles permitem até que os deixemos presos e que fiquem à disposição dos caprichos de nossa atenção. Dar aos cães o status de companheiro inocente, afável, obediente e compreensivo — status que nenhum cão pediu — gera sentimentos de irritação e traição quando eles acabam não sendo exatamente isso.* Quando apresentam qualquer sinal de comportamento "animal", nossa tendência é se alarmar. O que o comportamento dos cães revela, entretanto, é nossa concepção restrita sobre eles. Se fôssemos transportados repentinamente para a mente dos cães, talvez não conseguíssemos reconhecer as preocupações, as experiências, os cuidados, as crenças e as preferências os quais achamos que sentem.

Se enxergar os cães como nosso reflexo reforça — ou até mesmo gera — os sentimentos de amor, afeto e compreensão mútua, questionar esse antropomorfismo pode parecer um golpe na relação. Em meus estudos, vejo os atributos que damos aos cães como hipóteses a serem testadas. Com mais frequência do que gostaríamos, nos equivocamos ou, ao menos, nos precipitamos ao tirar conclusões. Compreendo que exista resistência ao levantarmos o menor dos questionamentos. No lançamento de um livro meu anos atrás, uma das pessoas presentes, preocupada com minha

---

* Geralmente nos damos conta de que os cães não são "exatamente isso" quando são instigados: seu caráter reservado é posto à prova ao serem agredidos, surpreendidos ou ignorados.

sugestão de que as afirmações que fazemos sobre os cães devem ser examinadas, falou: "Se meu cachorro não me ama, não quero saber." Mas há uma maneira de analisar os cães e ao menos desafiar suposições comuns sem termos de concluir de eles estão nos "manipulando", que só se importam com comida ou, até mesmo, que estão zombando de nós. É possível ter compaixão por um cão sem saber exatamente quais são suas experiências de vida; é possível compartilhar um espaço sem saber como o outro se sente dentro dele; é possível olhar para um cachorro e não saber o que ele pensa de você.

* * *

Não é preciso que um cão nos morda para vermos os resultados de nossa natureza paradoxal. Pois ao mesmo tempo que um cão de uma casa nos Estados Unidos pode estar curtindo ambientes climatizados, refeições duas vezes ao dia, recompensas a qualquer momento, uma família amorosa e uma cama macia, no restante do país existem milhões de cachorros — todos compartilhando os mesmos genes que os atraem aos humanos e que derreterão seu coração em uma troca de olhares — com pouquíssima ou nenhuma comida e proteção. Entre eles, os milhões de cães de abrigo que sofrem eutanásia por não terem uma família para adotá-los; os incontáveis cães de rua que passam sua curta vida dependendo apenas da própria espertеza e de caridades. Ao mesmo tempo, gastamos fortunas com clones de cães selecionados, abandonamos os cães quando se tornam inconvenientes, ou quando mudamos de emprego, de endereço ou simplesmente quando o filhotinho comprado deixa de ser filhote.

Criamos sem preocupação raças puras de saúde frágil, que sofrerão diariamente com doenças congênitas, e as chamamos de fofas. Além disso, muitos cães de raça pura são submetidos a uma ou várias cirurgias cosméticas involuntárias: mutilações dolorosas e completamente desnecessárias apenas para atender aos padrões da raça. No momento em que escrevo, padrões de 62 raças, incluindo cocker spaniel e rottweiler, estimulam a caudectomia, isto é, a amputação do rabo, que instantaneamente corta uma de suas principais formas de comunicação, além de causar dor. Realizada durante as primeiras semanas de vida do cão, quando os filhotes são bolinhas rechonchudas, quentinhas e iluminadas, é o primeiro vislumbre que terão do capricho humano. O padrão de mais de vinte raças, incluídos doberman e dogue alemão, exige ou incentiva "orelhas cortadas". A conchectomia é a remoção cirúrgica de aproximadamente dois terços da orelha externa — a borda macia e adorável da orelha —, realizada entre seis e 12 semanas de vida, e logo depois a cartilagem é fixada de forma ereta por meio de uma tala e ataduras. É um procedimento conhecido por causar dores significativas durante o pós-operatório. O American Kennel Club tenta vender a remoção de latidos por meio de uma cirurgia chamada cordectomia, como "suavizador de latidos". Apesar de muitos donos se incomodarem com um cão latindo, uma cirurgia que remove parte das cordas vocais — ou todas elas — é como se uma criança que só reclama, faz perguntas ou chora tivesse a boca grampeada como solução.

Há milhares de cachorros — em geral, beagles — em laboratórios médicos ao redor do país, usados em pesquisas que, na melhor das hipóteses, beneficiam a saúde humana, mas não necessariamente têm essa finalidade. Esses cães não têm casa além de uma gaiola e sofrem os mesmos danos no corpo e na mente dos quais protegemos os cães de nosso lar: lesões intencionais, ausência de contato social, mínimo exercício físico e uma vida curta. Na universidade onde trabalho, não posso levar os cães e seus donos para o *campus* durante o horário comercial para realizar experimentos comportamentais, por receio de alergias ou outras suscetibilidades; mas, no centro médico associado, pesquisadores podem criar e manter cães em gaiolas para experimentos invasivos indefinidamente. O USDA (United States Department of Agriculture, ou Departamento de Agricultura dos Estados Unidos) disponibiliza publicamente relatórios do uso de animais em pesquisas. Em 2016, quase 61 mil cães foram usados nos Estados Unidos; até o momento em que escrevo, 2017 se encaminhava para um número de 65 mil. Na Universidade Columbia, onde leciono, 154 cães foram usados nos últimos cinco anos em "experimentos, aulas, pesquisas, cirurgias e testes" considerados "dolorosos e angustiantes" a ponto de precisarem ser relatados. Enquanto caminho com meus cães em direção ao parque, conto quantos cachorros observo com seus donos. Vejo George, Todos, Darwin. Ziggy, Bear, Ella. Django, Penny. Dezesseis outros cães a quem ainda não fui apresentada. A cinco quilômetros de distância, dentro de laboratórios, encontram-se outros 130 cães além do número que contei — tão adoráveis quanto eles, que nunca sentiram o ar livre ou rolaram na grama do parque.

 A longa história dos cães domésticos inclui um período considerável em que se criou um esporte a partir de cães incitados a brigar e matar outros animais: touros eram os mais comuns, mas também eram usados leões, porcos e ursos. "Rinha de cães", onde cachorros são torturados, instigados e deixam de ser alimentados até que ataquem um ao outro, ainda é uma prática muito comum nos Estados Unidos. Em 2007, o *quarterback* da NFL Michael

Vick foi julgado e condenado por fazer parte da organização de uma antiga rinha de briga de cães, que eram forçados a participar de lutas violentas, geralmente até a morte; os cães que não se mostravam adequados para o combate eram sumariamente executados.* Apesar de hoje em dia ser uma atividade oculta e clandestina, rinhas de cães como essa são muito organizadas; as leis que as proíbem são simplesmente ignoradas.

Apesar de não comermos carne de cachorro, muitas culturas adotam a prática. Cães de estimação estão cada vez mais populares na Coreia do Sul; nos mercados de rua, os de estimação são vendidos bem ao lado dos usados como alimento. Quem tiver dúvida sobre qual cão amar e qual cão comer, os de estimação ficam em gaiolas cor-de-rosa. Vídeos de fazendas de carne canina mostram cachorros conhecidos — cães cuja personalidade conseguimos captar em um instante. Testa franzida, sobrancelhas expressivas, orelhas de abano. São labradores, são-bernardos, cães mestiços de aparência carismática, focinhos escuros e pelo caramelo. Vivem em espaços apertados, quatro deles em caixas de transporte em que só cabe um. Não há espaço para se movimentarem a não ser pulando um por cima do outro. Quando a câmera se aproxima, é possível ver a parte de baixo das caixas; patinhas tentando alcançar a grade; feridas abertas; focinhos farejadores e rabos agitados para os visitantes. Alguns vivem com um cão morto ao lado. Eles se parecem exatamente com os nossos cães.

---

*O relatório do USDA conta que três cães foram enforcados "através de um cordão de náilon amarrado em um pedaço de madeira pregado entre duas árvores, próximas ao galpão", três foram mortos "afogando sua cabeça em um balde d'água de 20 litros". Um foi morto por homens que "jogavam-no no chão diversas vezes até a morte, quebrando a coluna ou o pescoço do cão". Uma cadela que perdeu sua luta foi executada "molhando-a com água e eletrocutando-a".

Isso soa como um paradoxo de outra cultura, mas não é. É visto com naturalidade o fato de que outros animais — alguns com resultados semelhantes aos de cães em testes cognitivos, outros capazes de criar laços com pessoas e de se aproximar ao serem chamados — serão alimento para nossos cães.

* * *

Se os cães são tudo menos um reflexo de nós — o que com certeza é verdade —, a maneira como pensamos sobre eles é lamentavelmente inadequada. A inclusão de cães em pesquisas psicológicas comparativas e nosso fascínio com quanto eles nos lembram de nós mesmos fizeram com que a imagem do cão se estabelecesse na opinião pública como um animal pequeno, peludo e humanoide. Suas habilidades singulares — suas próprias características caninas — não fazem parte dessa percepção.

Na verdade, quando as características caninas surgem de vez em quando, podemos ver um lado indiscutivelmente mais interessante sobre nós mesmos — mas de maneira diferente do que imaginávamos. Nesses momentos, a forma como reagimos não apenas reflete, mas também intensifica nossa personalidade: é como uma casa de espelhos que nós mesmos criamos e que também reflete infinitas vezes nossa imagem. Os cães passaram a carregar metáforas de um tipo diferente: a forma como os tratamos representa quem somos; a consideração que temos por eles é um registro de nossos preconceitos e generosidades. Aquilo que pensamos sobre essa outra espécie funciona como um parâmetro da nossa própria.

O CACHORRO NO ESPELHO

Pode parecer de uma seriedade excessiva reclamar sobre a forma como nos vemos ao observar os cachorros. Mas isso significa que estamos ao menos prestando atenção. Aquilo que sentimos é verdadeiro — e, além disso, os cães são relativamente bem tratados. Nós nem sequer olhamos para a maioria das outras espécies do planeta; demonstramos desprezo total por inúmeros animais comuns, de vermes a animais considerados úteis apenas como comida. Mas é justamente por estarmos olhando diretamente para os cães que acho importante examinarmos aquilo que observamos. Se estamos dispostos a ver neles apenas nosso reflexo, como seremos capazes de estender nossa empatia a pessoas que não são iguais a nós? Afastem-se do espelho, caros amantes dos cães. Permitam que eles sejam os belos, incríveis e desconhecidos forasteiros que de fato são.

Interlúdio: o Laboratório Horowitz de Cognição Canina em números

Ano de fundação: 2008
Número de estudos realizados desde então: 12
Alunos pesquisadores envolvidos com o laboratório: 40
Número de tutores que já me chamaram de "Dr. Dog" na minha cara: 2
Número de jalecos mantidos no laboratório: 3
Publicações em periódicos com o uso de títulos com dois pontos no esquema Título Sagaz: Título Maior e Explicativo Usando Jargões da Área: 9

Dados demográficos

Número de cachorros de verdade mantidos no laboratório: 0
Número de cachorros de pelúcia em tamanho real mantidos no laboratório: 2
Número de cachorros de pelúcia em tamanho real que foram nomeados pelos pesquisadores: 2
Número de participantes caninos com donos: 566
Proporção de machos e fêmeas: 1:98
Abanadores de rabo: 565
Rabo entre as patas: 1
Número de estudos de que Merlot, que vive em um abrigo, participou: 5
Número de raças diferentes: 84
Os seis nomes mais populares entre os estudos: Charlie, Daisy, Lucy, Oliver, Oscar e Penny
Número de pessoas que perceberam que o item anterior não era um número: 0
Número médio de patas caninas em estudos recentes: 3,97
Cachorros cegos: 2
Cachorros surdos: 1
O menor cachorro: 3 kg
O maior cachorro: 70 kg

Os experimentos em detalhes

Cachorros feridos durante experimentos: 0
Cachorros perfurados com uma agulha durante experimentos: 0
Número de estudos em que o cachorro é intencionalmente enganado: 0

Interlúdio: o Laboratório Horowitz de Cognição Canina em números

Número de estudos em que o dono é intencionalmente enganado: 1
Porcentagem de estudos que fazem uso de cachorro-quente, salmão ou fígado liofilizado, ou queijo cortado em cubos: 100
Tamanho da sala de experimentos usada na Barnard College para estudos: 3,4 m x 3,4 m
Ensaios de coral vizinho interrompidos por vocalizações de indivíduo estudado: 1
Número médio de meses de um estudo observacional: 14
Número de pessoas que enviaram vídeos de brincadeiras entre cães e humanos para estudo: 239
Número de países representados pelos remetentes: 19

Tendências comportamentais

Maior número de cachorros-quentes (comestíveis) utilizados em um único estudo: 34
Maior distância que um dono já viajou para participar de um estudo de meia hora: 338 km
Número médio de episódios envolvendo xixi (canino) por estudo: 2
Cachorros que expressaram medo de um ventilador de chão com balões pendurados: 15
Cachorros que estouraram balões com alegria: 1
Número de vezes que um pesquisador já disse "Oi, bebezinho! O que é isso, bebezinho?" em um estudo: 144
Tempo médio que os indivíduos estudados passaram farejando recipientes com novos odores: 3,3 segundos
Período de tempo em que um indivíduo isolado farejou os recipientes: 120 segundos
Porcentagem de cães adestrados que exibiram espontaneamente o olhar de culpa ao terem visto seus donos: 100

Comportamento do tutor

As dez palavras mais comuns que os tutores dizem para seus cães em um estudo sobre as brincadeiras entre cães e humanos: você; bom; isso; pega; tem, tem que; vai; vem, vem cá; (o nome do cachorro); menina; eba
Porcentagem de pessoas que preferem cães de olhos grandes em vez de cães com olhos pequenos: 59
Porcentagem de tutores dispostos a emprestar suas camisetas fedorentas para um estudo sobre o reconhecimento dos odores humanos pelos cães: 100
Sugestões à Sony de tipos de comportamento observados nas brincadeiras entre cães e humanos que poderiam ser úteis para o desenvolvimento de seu robô de estimação, Aibo: 4
Número de sugestões acatadas pela Sony: 0*

Detalhes sobre os equipamentos experimentais

Câmeras de vídeo destruídas em serviço: 4
Número de vezes em que o robô em forma de cachorro utilizado nos estudos foi atacado: 2
Rolos de fita adesiva disponíveis para remover pelos de roupas e cadeiras: 7
Número de brinquedos entre os quais os cachorros podem escolher como recompensa no fim de um estudo: 25
Número de brinquedos que os cães normalmente escolhem: 1
Número de brinquedos que um dos cães escolheu: 11

---

* Em vez disso, o Aibo foi programado para dançar espontaneamente para você.

Interlúdio: o Laboratório Horowitz de Cognição Canina em números

Fenômenos biológicos

Mordidas que os pesquisadores já levaram durante os estudos: 0
"Acidentes" envolvendo fezes: 0 (Nós não os chamamos de acidentes: temos certeza de que foram todos de propósito.)
Número de estudos nos quais o dono precisou coletar a urina de seu cachorro: 2
Número de coletores de urina que foram comprados em um período de dois anos: 220
Número de estudos envolvendo a coleta de baba canina: 1
Número de estudos envolvendo a coleta de baba humana: 1
Número de vezes em que escrevi "p value" em vez de "pee value": 3
Quantidade de saliva nos cães de pelúcia no fim de um estudo: incomensurável

Meu cão me ama?

Todos os dias em que observo os cachorros, vejo neles emoções. No laboratório, muitas das cenas que criamos para eles são pensadas inadvertidamente para provocar emoções. Vejo *curiosidade* direcionada a um pequeno "cão" robótico de brinquedo que dança e toca uma música. Vejo *surpresa* quando uma pessoa escondida aparece por trás da porta. Os cães podem ficar ansiosos quando eu abro um guarda-chuva; enojados quando farejam um odor muito forte; contentes quando o tutor para de dar ouvidos a mim e volta a fazer carinho neles.

Quando observo os cães na "natureza" — nos parques e nas calçadas, em meio às pessoas e a outros cães —, vejo demonstrações regulares de alegria, interesse e afeição; ou de apreensão e medo.

Mesmo assim, uma das perguntas que ouço com mais frequência é se os cães *realmente* nos amam, se ficam entediados e irritados: uma evidência tanto da intensidade de nosso interesse por nossos cachorros quanto de nossa incerteza em relação à experiência canina. Assim como nossos dias podem ser definidos por ansiedade, expectativa ou pressentimento, será que o mesmo se dá com os cães? Assim como reagimos a ocasiões e a pessoas com empatia, sarcasmo ou incredulidade, será que os cães costumam ter tais sentimentos?

Muitas dessas dúvidas se resumem ao questionamento sobre os cães terem ou não qualquer tipo de sentimento ou emoção. Mas é claro que eles têm. Encare a questão do ponto de vista adaptativo: as emoções enviam mensagens aos músculos e ao sistema de resposta para contornar as discussões a portas fechadas entre os órgãos sensoriais e o cérebro. Eu vejo um tigre; eu sei que os tigres são predadores e um deles está vindo em minha direção... e *Epa!*, alerta o cérebro emotivamente, *Sinta medo! Corra!*.

Encare a questão do ponto de vista neurológico: as áreas do cérebro humano que são ativadas quando sentimos, suspiramos, ansiamos e nos desesperamos também existem no cérebro canino.

Encare a questão do ponto de vista comportamental: embora nem sempre sejamos bons em nomear qual comportamento indica determinada emoção (como veremos em breve), a ampla variedade de comportamentos e posturas tem algo a nos dizer sobre seus estados internos.

Encare a questão com sensatez. A alternativa a ter emoções — ter uma experiência indiferenciada — desafia a razão, desafia Darwin, desafia a continuidade. As emoções humanas não brotaram de maneira misteriosa e completamente formada a partir de autômatos insensíveis. Lembre-se de que o último defensor conhecido dessa crença, Descartes, viveu em um tempo em que a sangria ainda era considerada salubre.

Meus cachorros, sujeitos ao meu olhar quase ininterrupto, parecem ser grandes bolas peludas de emoção, sentimento e expressão: expectativa por um passeio, decepção ao serem deixados em casa, mau humor com a atenção de um gato amigável. Naturalmente, interpreto a tentativa de Finnegan de içar um galho enorme de dentro do rio como orgulho; vejo ciúme em seu olhar severo quando permito que o gato se aninhe em meu colo; culpa em sua expressão ao ser descoberto mais tarde roubando sorrateiramente a comida do bichano. Há uma timidez no gesto de Upton de cobrir o rosto com a pata; diversão na brincadeira que ele mesmo inventou, de imitar os sons produzidos por uma aula de trompete; constrangimento com o movimento involuntário dos próprios quadris muito depois de seu amiguinho já ter ido embora.

Como simplificação, faz sentido utilizar termos emocionais para descrever o que vejo. No laboratório, seria mais provável que eu dissesse: *A cabeça do cachorro avança quase um passo à frente do restante do corpo; as orelhas se erguem o máximo possível* (leia-se: curiosidade). *Um cachorro pula para trás, preparando o corpo para a fuga; um som de "rurf" escapole* (surpresa). *Afastando-se, o corpo do cachorro encolhe e recua* (ansiedade); *ao se aproximar, um cachorro distancia a cabeça, levanta a pata, contrai o lábio* (repulsa); *com o rabo erguido e agitado, o cachorro saltita com duas ou com as quatro patas e tenta lamber todo rosto que vê pela frente, canino ou humano* (alegria).

Não uso esse tipo de abreviação como minha primeira descrição do que eles estão fazendo porque hesito em presumir que a experiência de um cão daquilo que se parece com curiosidade ou alegria seja precisamente igual à minha. Embora as similaridades entre o cérebro dos mamíferos tornem bastante provável a ideia de que todos tenham diversas experiências emocionais, nós também temos experiências de vida muito diferentes; para os seres humanos, a base está em nossas culturas, no local em que vivemos e nas pessoas que conhecemos. O mesmo vale para os cães. Caso pudéssemos entrar no corpo dos cachorros, me arrisco a dizer que não reconheceríamos suas emoções como sendo exatamente iguais às nossas. Mas que existem sentimentos, disso não tenho dúvida.

Assim sendo, eu me encontro no meio do caminho entre a concessão presumível da experiência subjetiva igual à dos seres humanos e a completa negação de qualquer tipo de experiência. Não presumir conhecer a experiência subjetiva dos cães não tem nenhuma relação com negar-lhes qualquer experiência. Na verdade, essa negação tem sido o modelo padrão em boa parte da ciência. Segundo os pesquisadores, sem uma evidência definitiva do medo da dor por parte de um animal, como podemos ter certeza de que ele sente qualquer tipo de medo — ou dor?

Por mais estranho que pareça, boa parte da história da pesquisa médica e psiquiátrica também não parece duvidar da realidade dos sentimentos dos animais. Na verdade, ela pressupõe sentimentos em sua premissa. Para comprovar a eficácia de um medicamento ansiolítico para seres humanos, primeiro ele precisa ser inteiramente avaliado em um "modelo animal": em outras palavras, é necessário provocar ansiedade nos animais de laboratório, aplicar-lhes o teste e esperar a ansiedade se esvair (sem que nenhum efeito colateral se manifeste). Nas entrelinhas de todos os estudos médicos que envolvem o uso de animais, encontramos esse tipo de pensamento: *eles são tão semelhantes a nós que oferecem um bom modelo para os seres humanos.*

Os cães — os mesmos que ficam alarmados ao toparem com um balão murcho trotando pela calçada; os mesmos que desde o primeiro dia em sua casa já recebem você com alegria à porta da frente — não conseguiram escapar desse tipo de pesquisa.

Caso alguém me diga que é evidente que um cachorro não pode se sentir "deprimido" nem se beneficiar de medicamentos antidepressivos, pegarei sua mão para fazermos uma viagem no tempo. Muitas décadas atrás, os estudos relacionados à depressão avançaram com o desenvolvimento do modelo do "desamparo aprendido", que se tornou conhecido graças a Martin Seligman. Ele e seu colega criaram um esquema para verificar se as circunstâncias seriam capazes de induzir o desamparo. Prepare-se: o estudo envolvia cachorros.

Eu nasci no hospital mais antigo da Filadélfia, a cerca de um quilômetro e meio do prédio estilo *mid-century* no qual o experimento de Seligman provavelmente se deu dois anos antes. Conheci meu primeiro cachorro, um setter irlandês chamado Trevor — peludo, gracioso, mais espalhafatoso do que minha versão infantil —, na casa de meus avós, alguns quilômetros ao norte. Vinte anos depois, no outono, trilhei caminhos iguais aos de Seligman na Pensilvânia, com folhas vistosas espalhadas pelo chão e o ar perfumado com a nova estação.

Os cães dele nunca puderam sentir o cheiro daquele ar. Os 32 "vira-latas adultos" que foram seus primeiros objetos de estudo viviam dentro do laboratório. Não sei de onde vieram, mas se eram mestiços, talvez fossem dos abrigos da cidade. O mesmo tipo de abrigo de onde saí, dois anos depois de ter chegado na Pensilvânia, com minha primeira vira-lata, Pumpernickel, cujo corpo preto e macio e caminhar suave ao deixarmos o prédio sob a luz do sol me recordo até hoje. Pump trilhou aqueles caminhos e se divertiu com as folhas.

Certo dia, esses 32 vira-latas adultos foram amarrados em peitorais de borracha dentro de um pequeno cubículo, com orifícios para as patas. A cabeça ficava fixa em painéis que restringiam movimentos de cabeça e pescoço. Um ruído de 70 decibéis — mais ou menos equivalente ao som de um aspirador de pó próximo — soou dentro da caixa. Seligman, ou seu assistente, prendeu nas patas traseiras dos cães eletrodos de latão, através dos quais foram dados de 64 a 640 choques elétricos.

A força dos choques, de seis miliampéres, é descrita nos registros com humanos adultos como "dolorosa"; "o controle muscular se perde" quando a experiência dura um segundo. Naquele dia, os cães sentiram os choques por um período que variava de cinco segundos a dois minutos por vez, dezenas ou centenas de vezes. Quando outros cachorros do grupo de controle sentiram o que o estudo descreve como "choque severo e pulsante", os pesquisadores notaram que os animais "latiram, uivaram, correram e pularam até conseguirem escapar".

Em algumas situações, os cães podiam interromper os choques ao empurrar a cabeça contra os painéis, caso fizessem tal descoberta durante seus esforços; com outro grupo, não havia possibilidade de escapar dos choques. Assim, o experimento prosseguiu, sem sinal algum de acabar, apesar das tentativas de deslocamento e dos gritos. Por fim, terminou abruptamente. No dia seguinte, os dois grupos foram colocados em uma gaiola diferente, com uma grade de metal no chão e um obstáculo que separava o espaço que eles ocupavam de uma gaiola adjacente. A grade era eletrificada. Os cães que haviam aprendido a impedir o choque no dia anterior não tardaram em pular o obstáculo para fugir da corrente elétrica. Aqueles que haviam sido expostos ao choque inevitável sentaram-se passivamente, imóveis, entregues.

Foi isso que animou os pesquisadores. Esses cães aprenderam que eram impotentes: o que os estudiosos chamaram de "desamparo aprendido".*

Portanto, os cães tomavam choques, eram levados à depressão e à sensação de passividade e impotência para provar que nós podíamos nos sentir passivos e impotentes quando em depressão. Eles ainda são muito usados em pesquisas médicas, não se engane: isso está acontecendo agora. E agora também. E de novo.

Para os estudos de desamparo aprendido, no entanto, alguns pesquisadores foram incapazes de utilizar os cães, que foram substituídos por roedores. Em um primeiro momento, talvez você não ache que um rato passar por esse estudo seja tão dramaticamente perturbador quanto o destino dos cães. Eu me arrisco a dizer que, caso conhecesse qualquer rato há mais do que algumas horas, é possível que você mudasse de ideia. Ou talvez se ouvisse falar do teste preferido do momento, um experimento bastante comum conhecido como teste do "nado forçado" — que é exatamente o que parece. Ele também é chamado oficialmente de teste do "desespero". E, segundo um artigo, "talvez seja o teste de triagem mais utilizado para medir o potencial antidepressivo de novos compostos": uma boa maneira de testar se os antidepressivos funcionam, "reproduzindo ou prevenindo estados depressivos" em roedores. Um rato (ou um camundongo) é colocado em um tanque ou em um balde cheio de água, do qual ele não consegue escapar. Os pesquisadores o observam por muitos minutos. Então, eles medem a quantidade daquilo que descrevem como o

---

* Precisei de três tentativas para ler o estudo inteiro. Na primeira vez, fechei o computador com força e saí da sala. Na segunda, precisei me deitar e fechar os olhos. Quando terminei a leitura, minha mandíbula estava completamente travada. Com cuidado, arrastei o PDF para a lixeira, aumentei o volume do computador para o 11 e a esvaziei.

"esforço" dos animais. Depois de algum tempo, os ratos perdem a energia e a força de vontade, tornando-se passivos. As patas ainda se movem na água, mas a cabeça pouco se mantém acima da superfície, apenas o suficiente para sobreviver. Mas, veja só, os antidepressivos testados "reduzem o tempo de imobilidade", ou seja, fazem com que o rato *continue se esforçando*.

Observar os animais se debatendo sem fazer nada para aliviar seus esforços demonstra a grande dissociação que aceitamos em relação aos animais. A atitude de nossa sociedade perante eles é, assim, incompatível. Nós lhes concedemos sentimentos quando é conveniente aos nossos experimentos, mas os privamos desse direito quando não convém às nossas necessidades experimentais. O comportamento humano nos ambientes de teste — eletrocutá-los; quase afogá-los — é considerado crueldade animal em qualquer lugar fora do contexto laboratorial.

Então, por que ainda levantamos a questão das emoções dos animais? Estamos presos nas extremidades de um pêndulo: ou presumimos que os cães não têm nada a ver conosco ou que são exatamente como nós. Por mais equivocado que seja supor que os cães não têm sentimentos, conceder-lhes uma vida emocional semelhante à dos humanos não é uma alternativa mais correta. (Também não devemos pensar em um meio-termo: até onde sabemos, a experiência emocional dos cães pode ser muito mais elaborada do que a nossa.) Observamos os cachorros e concluímos saber o que eles sentem, mas nossa ânsia de especular com base em poucas evidências — e a inabilidade de ler as emoções caninas quando nos são exibidas — é profunda.

Há poucos exemplos melhores do que o cinema para comprovar essa afirmação. Os cães participam de filmes não por serem excelentes atores, mas porque fazem parte de nossa vida. Aqueles que surgem saltitantes na maioria dos filmes* são metodicamente dirigidos, assim como tudo que vemos na tela. Eles são apresentados como companheiros que se importam com o que acontece ao redor. Mas a linguagem corporal entrega a indiferença canina. Basta prestar atenção nos cães no canto da cena para notar que, muitas vezes, eles agem de forma incompatível com aquilo que o momento exige. Dorothy chega a Oz com Totó, um cairn terrier. Enquanto ela observa o mundo novo, colorido e fantástico ao redor, uma bolha radiante surge no céu: Glinda, a Bruxa Boa, está prestes a chegar. Dorothy é tomada por sentimentos de apreensão e admiração enquanto encara a bolha que se aproxima. De fato, mesmo depois de viajar em um tornado, ainda é possível se surpreender com este novo fenômeno climático. Mas observe a cachorrinha a seus pés. Totó, que aparentemente não compartilha de sua ansiedade, é o retrato da indiferença. Ela dá uma leve sacudida, vira-se de costas e sai de cena casualmente.

Para a cachorrinha (Terry, como era conhecida), "o que acontece" é definido pela presença de um adestrador nos bastidores. Um espectador mais atento logo percebe que os cães participam de uma experiência paralela, com a atenção voltada para uma presença invisível. Eles são, é claro, atores involuntários: a performance deles não passa de um treinamento para "atuar" de determinada maneira no momento certo. Os diretores sabem, contudo, que a disposição do público de interpretar como modéstia ou apreensão um cachorro que cobre os olhos com as patas (comportamento não exatamente comum da espécie) supera nosso interesse em enxergar o que ele de fato está fazendo (executando um comportamento em

---

* E eles estão na maioria dos filmes, por mais estranho que pareça: na próxima vez em que for ao cinema, preste atenção no cachorro passeando pela rua, relaxando no sofá ou latindo a distância.

troca de recompensa). O cão está atuando — para o adestrador; os atores estão atuando — para o diretor; e nós estamos atuando — como seres humanos que deixam de lado não só a descrença, mas também o bom senso. Os cães cinematográficos devem sentir vergonha da própria nudez, ser gananciosos, ser indecisos — ou seja, versões quadrúpedes de nós mesmos. Não se espera que sejam cães autênticos. Filmes com cães que falam ultrapassam todos os limites: eles deixam de vez de ser canídeos. Embora ainda mantenham a forma de um cachorro e apresentem alguns comportamentos caninos banais (latir, cheirar traseiros, coçar a orelha), eles não passam de manequins peludos que ornamos com nossos medos e preocupações. Ignoramos deliberadamente o que a postura ou a expressão de um cachorro pode nos indicar a respeito daquilo que eles de fato sentem ou querem dizer.

Nossa indiferença em tentar decifrar o que as ações de um cachorro realmente significam é lendária. Na verdade, existe uma lenda reproduzida por toda parte, de histórias da Grécia Antiga até textos árabes, de escritos da França medieval até contos galeses, sobre um homem que, ao voltar para casa, encontra seu bebê e seu cachorro — geralmente descrito como um greyhound — cobertos de sangue. O greyhound se aproxima da porta com alegria para cumprimentar o dono, que, por sua vez, assim que vê a boca ensanguentada do cãozinho, o mata, presumindo ser o sangue de seu filho. Só depois ele descobre que há uma cobra no berço do bebê, morta pelo cachorro antes que ferisse a criança (que escapou ilesa).

Considere também todos os retratos (pinturas ou fotografias) em que vemos um cão sentado aos pés de uma pessoa, ou entregues a um abraço. Podemos interpretar a pose como "carinho", mas qualquer um que já tenha tirado uma foto parecida com um cachorro talvez observe que a experiência do animal está mais para "tolerância resignada" e, normalmente, "disposição de encarar a chatice diante da perspectiva de ganhar petiscos de fígado".

Nossa interpretação do estado emocional de um cachorro com base na dedução a partir do nosso comportamento é necessariamente limitada. O que vemos depende do que está no ar no momento. No contexto do filme, presume-se que Totó esteja fazendo o mesmo que Dorothy; sentindo o que ela sente. Veja Darwin, aludindo à sugestão de um de seus contemporâneos de que o comportamento canino ao se reencontrarem com os donos após um período de ausência é prova de que "o cão enxerga seu mestre como um deus". O próprio Darwin se interessava pelas origens do pensamento religioso em não humanos — condizente com a noção bastante profunda de continuidade entre seres humanos e não humanos, popularizada por ele. O argumento da religião era um exemplo de algo que estava "no ar" naquela atmosfera contrita. Assim, eles enxergavam uma devoção quase religiosa.

Hoje em dia, nos Estados Unidos do século XXI, o que está no ar é a ideia de que os cães nos acompanham não apenas fisicamente, como também psiquicamente.* Nós — inclusive esta cientista de cães que vos fala — naturalmente interpretamos a atenção de um cachorro como afeto; um olhar como compreensão; um silêncio como comiseração. Assim como sentimos orgulho, ciúme, constrangimento e vergonha, chegamos à conclusão de que eles também devem sentir.

* A noção de os cães serem emocionalmente conectados a nós atingiu o auge com a proliferação de cães para "apoio emocional", cuja simples presença é estabilizadora. Curiosamente, não existem muitas pesquisas que sustentem a ideia de que o comportamento canino é um paliativo; em vez disso, talvez os cães sejam os placebos mais peludos que já inventamos.

Como cientista, ainda não vejo uma maneira de testar de forma definitiva a experiência emocional de outro animal. O que é possível testar é se os comportamentos que nos levam a fazer uma atribuição — *ela fica do meu lado quando estou triste (logo, está demonstrando compaixão); ele está prestando atenção (logo, me ama)* — de fato surgem com mais frequência em contextos de comiseração e amor ou não. Se um cachorro fica *regularmente* do seu lado, parece ser menos por compaixão do que pelo simples desejo de proximidade; se você está com um punhado de queijo, talvez haja outras explicações para a atenção dispensada.

Assim, nosso laboratório demonstrou que, na verdade, os gestos que fazem parte do chamado "olhar de culpa" — a pose de cabeça baixa, rabo entre as pernas e olhar arrependido que podemos observar em nossos cachorros — não surgem com mais frequência quando os cães fazem algo do qual se sentem culpados — revirar o lixo, destroçar seus melhores sapatos, arrancar as plumas de seu travesseiro. Em vez disso, eles adotam o olhar de culpa mais quando estamos com raiva ou prestes a ficar com raiva deles (os cães são excelentes em prever o que estamos prestes a fazer) — não importa se fizeram ou não algo de errado. Em vez de provar a habilidade dos cachorros de se sentirem culpados, os estudos mostram que aquilo que vemos como culpa simplesmente não é.

No entanto, é complicado elaborar esses estudos: qual é a aparência de uma emoção? Nossos sentimentos de culpa, vergonha, ciúme e até mesmo afeição ou medo podem ou não ser acompanhados de uma ação ou expressão evidente. Podemos apenas tentar criar um contexto em que as chances de qualquer gesto se manifestar são maiores. Nesse sentido, a ciência tem tido resultados inconsistentes.

Por exemplo, o "ciúme" parece surgir da compreensão de que outra pessoa tem algo que você gostaria de ter, mas não tem. Em um estudo, os cães param de obedecer a um comando quando percebem que outros estão ganhando petiscos pela mesma ação enquanto eles não ganham nada. Mas, se pararmos para avaliar, a situação parece acontecer menos por ciúme e mais por uma justa recusa de trabalhar em troca de nada. Nosso laboratório conduziu um experimento para analisar como os cães se sentiam em relação a uma pessoa que sempre dava mais petiscos a outro cão (*injusto!*) em comparação a outra pessoa que sempre distribuía os petiscos igualmente. Contra todas as expectativas, eles preferiram ficar com a pessoa injusta. Mais uma vez, a motivação parece ser menos pelos sentimentos de injustiça ou ciúme que os seres humanos vivenciam do que por puro otimismo de que *desta* vez, quem sabe, alguns dos petiscos serão lançados em sua direção...

Uma pesquisa desenvolvida para testar a empatia inerente dos cães descobriu ser mais provável eles se aproximarem de um dono que chora do que de um que cantarola uma música. No fim das contas, isso serve mais para provar a falta de interesse dos cães no cantarolar de alguém do que para comprovar a empatia canina. Em outro estudo, os cães treinados para puxar uma bandeja e dar salsicha ou queijo para *outro* indivíduo o fazem com um cão conhecido, mas não com uma pessoa — incluído o próprio dono —, como se pudessem sentir empatia, mas não por você.

Portanto, tanto os donos quanto os pesquisadores têm dificuldade de atribuir a emoção correta a determinado comportamento.

É provável que a origem de nossa incapacidade de interpretar corretamente as emoções caninas seja a incapacidade de compreendermos direito nossas emoções. Embora possamos acessá-las muito bem — e apenas nós podemos, na verdade —, nossa sociedade sempre nos faz "entrar em contato" com nossas emoções. Mesmo que elas já estejam bem na nossa frente. Dada nossa dificuldade, não é de surpreender que estejamos tão despreparados para compreender as emoções das criaturas de quatro patas ao nosso lado. Então, nos contentamos em dar aos cães emoções — humanas, no entanto. Presumimos que eles não apenas convivem conosco, mas também compartilham uma espécie de mente coletiva com os seres humanos.

Na verdade, Darwin parece sugerir que são os humanos que têm menos poder de expressão emocional do que os cães: "O homem é incapaz de expressar amor e humildade com sinais externos de modo tão claro quanto um cachorro que, ao encontrar seu amado mestre, é visto de orelhas caídas, boca aberta, corpo torcido e cauda agitada." Nós usamos a linguagem para compensar nossa ausência de orelhas que se mexem e caudas que abanam.

Apesar de nosso amplo antropomorfismo, vejo com menos frequência atribuições dos tipos de traços característicos que reconhecemos uns nos outros: um jeito sarcástico, uma insegurança crônica ou um temperamento mórbido. Eu me pergunto por que não descrevemos nossos cachorros como irônicos, cuidadosos ou serenos. Parece tão provável que os cães sintam fascínio e gratidão quanto ciúme e pura vergonha. Mas não é o que está no ar no momento.

Eu adoraria tentar testar essas atribuições, onde o que está em jogo não é a ideia de um cão ter ou não experiência emocional, e sim como seríamos capazes de descrevê-la. Um cachorro cuidadosamente treinado para realizar a servil tarefa de trazer o jornal até você e que, então, cuidadosamente busca o jornal de seu vizinho irritado: *zombeteiro*. Um cão *pedante* pode ser aquele que se senta de um jeito bem específico quando lhe é solicitado, ou que chama a atenção de outro cachorro que não vem quando é chamado (estou olhando para você, Finnegan). Talvez um cão *pragmático* seja aquele que leva para a caminha, com muito cuidado, uma bola de cada vez; *ostentoso*, o labrador cujas bochechas estão abarrotadas com três.

Nem o antropomorfismo desenfreado nem a completa negação de experiência são alternativas corretas. A primeira é simples demais, banal demais; a última desafia a lógica e a ciência. Mas ainda há bastante terreno a ser explorado entre os dois polos. Darwin — e todo o estudo moderno de comportamento animal — sugere que os cães nos mostram o que estão sentindo o tempo inteiro, basta apenas olhar. Comece a prestar atenção e a abrir a mente para o emaranhado de experiências incríveis. Fomos levados a acreditar que as emoções caninas se resumem a simples movimentos de uma parte do corpo: rabo para cima, feliz; rabo para baixo, triste. Mas e quando o rabo balança na horizontal? Ou quando balança para baixo, junto com orelhas caídas e postura agachada? Ou quando balança rigidamente, com orelhas para a frente? Nada disso representa alegria ou tristeza com precisão. Se reconhecermos sua complexidade, chegaremos mais perto de entender o que os donos dessas caudas podem estar sentindo.

Será que seu cachorro ama você? Observe-o e me dê a resposta.

Contra o sexo

E vou dizer por quê. Digamos que você vive em uma cidade grande, com um ou dois cachorros. Você passeia com eles talvez duas vezes ao dia, por cerca de uma hora, em média. E encontra outros cachorros. Golden retrievers sorridentes; um grupinho de cães brancos, pequenos e peludos que vestem roupinhas feitas a mão; um vira-lata malhado, do tamanho ideal; cães que se viram e latem para você e cujos donos os puxam para o meio-fio em tom de repreensão; um beagle com um olhar atraente; uma dupla de buldogues franceses, de língua agitada e aparência sonhadora; um cão preto e branco, porte médio, com uma mancha que parece uma sela nas costas; outro preto e branco, porte pequeno, com uma mancha no rosto que parece um tapa-olho; um rottweiler com uma *prong collar*, ou uma coleira de garras, guiado por um homem de aparência austera; um efusivo e choroso pit bull mestiço, praticamente em êxtase, o qual você deve cumprimentar à altura. Talvez, em um dia ensolarado que pede por um passeio, seja possível encontrar uma centena de cachorros na rua.

Nesse mesmo dia, para cada um dos cem cachorros que você encontra, dezoito cães saudáveis são sacrificados nos Estados Unidos. Seus cem cachorros, alinhados um atrás do outro em um quarteirão da cidade, são seguidos por uma fila de cães que há pouco sorriam, latiam e se agitavam, mas que agora estão mortos, alinhados um atrás do outro, por mais de um quilômetro e meio.

A culpa é nossa. A culpa é da nossa espécie. Há dezenas de milhares de anos, quando começamos a moldar os cães a partir dos lobos, nós os trouxemos para nosso rebanho. Pegamos um carnívoro habilidoso e o transformamos em um animal extremamente dependente dos seres humanos para sobreviver. Até mesmo as centenas de milhões de cães abandonados que vagueiam pelo mundo neste instante o fazem ao lado dos humanos — morando na periferia das cidades, vasculhando aldeias, vivendo dos restos, da caridade, dos desperdícios e dos excessos dos humanos. No entanto, embora tenhamos tornado os cães dependentes, nós não assumimos a responsabilidade. Perdemos cachorros. Deixamos que eles vivam sem supervisão. Caso se tornem um estorvo, ou se comportem mal, ou se simplesmente perdemos o interesse, nós os "liberamos". Talvez os donos quisessem apenas um filhote fofinho ou um cão de guarda útil; o cachorro por completo era indesejado. Nosso admirável objetivo de trazer cães para a família se perdeu no caminho e acabamos criando um monstro — um monstro reprodutor, livre de nossa intervenção.

É por isso que nos Estados Unidos existe uma religião secular altamente popular. Seus líderes são as pessoas contratadas e encarregadas de cuidar dos animais: fazem parte de sociedades protetoras, abrigos e clínicas veterinárias. Seus seguidores são evangelistas devotos, inabaláveis e sempre dispostos. Sua doutrina é explícita: só existe um caminho para a salvação. E é desse jeito.

A religião se chama "castração". Castrar (tanto machos quanto fêmeas) significa "dessexualizar" os cães cirurgicamente: remover suas gônadas — testículos ou ovários — para evitar que machos e fêmeas fiquem juntos e tenham filhotes.* Para resolver o problema de nossa má vontade em monitorar nossos cães, nós não lidamos com ele. Para lidar com a superpopulação de cães indesejados, nós não abordamos a questão. Em vez disso, caímos em uma falácia: acolhemos cães novinhos e os levamos para nosso lar, mas antes os submetemos a uma cirurgia aos 6, 4 ou até mesmo 3 meses de vida. Esses novos filhotes assexuados são ao mesmo tempo nossa projeção para o futuro e nossa esquiva do passado: "Veja!", dizemos. "No futuro haverá menos cães indesejados!" Quanto aos nossos erros anteriores, nada declaramos.

Castrar significa realizar duas coisas: a cirurgia que o termo descreve e a redução do sexo. É também conveniente. O cão contemporâneo não deve ser sexual. Não existem referências ao desejo ou à futura performance sexual dos cachorros nas descrições das raças. O sexo entre os cães é indesejado e impensável para a grande maioria dos donos ocidentais, cujos filhotes já chegam até eles sem ovários ou testículos. Castrar é o padrão. Na maioria das vezes, fora do contexto dos abrigos, evitamos conversas ou decisões pessoais sobre o assunto. Não queremos nem mesmo usar a palavra que começa com "s". Existem diversas maneiras bem-humoradas

---

* Na verdade, nos Estados Unidos é mais comum remover também as trompas e o útero das fêmeas de uma vez: uma ovário-histerectomia.

de falar sobre castração sem fazer referência a nada remotamente gráfico: nós "alteramos" os cães; nós os "esterilizamos", como se desinfetássemos nossa pia; nós os "consertamos". Se você já viu filhotes de oito semanas — simples larvazinhas agitadas, a pele macia e com dobrinhas, os olhinhos piscantes que ainda têm muito o que ver neste mundo —, sabe que não há nada neles que precise de conserto. Eles são perfeitos.

"Para o cachorro urbano, de todo modo, a expectativa de sexo é extremamente pequena", escreveu J. R. Ackerley em *My Dog Tulip* (um livro de memórias da vida de sua cachorrinha, Queenie — e sua vida com ela). "Ele tem o equipamento necessário, mas este não é usado." Ackerley atribui esse fato a uma "conspiração humana" contra o cão — e ele não está errado: trata-se da conspiração para pôr o sexo nas mãos de poucos (os criadores) e longe da genitália da maioria. O próprio Ackerley pretende "casar" sua pastora-alemã Tulip, mas, segundo ele, Tulip não quer.

Publicado na Grã-Bretanha em meados do século passado, o livro de Ackerley, repleto de reflexões sobre a biologia canina — que inclui defecação, cio, estilos de micção e sexo —, deve ter feito muitos humanos arquearem as sobrancelhas. Vá até sua biblioteca de livros sobre cães e faça uma busca nos índices: quantos deles fazem qualquer tipo de menção aos órgãos sexuais ou ao sexo em si?* Mas esse embotamento sexual é algo extraordinário. O sexo, método reprodutivo de escolha de todos os mamíferos (e da maioria dos não mamíferos) — aspecto determinante da vida social adulta dos seres humanos —, é discretamente excluído dos livros e da vida dos cachorros.

---

* Conferi o índice de meu último livro, *Being a Dog*. Não. De "septum, nasal" [septo nasal] a "shampoos, smell of" [xampus, cheiro de], não há nada de sexo no meio.

Hoje em dia, a castração é tão difundida em nosso país que os que se opõem à regra são firmemente repreendidos. Todos os anos, quando pergunto aos graduandos em meu seminário de cognição canina o que eles pensaram ao terem visto um cão intacto — que não foi castrado — pela última vez, poucos se lembram de já terem encontrado um na vida. No ano passado, entre os que se lembravam, dois responderam quase que em uníssono: "Irresponsáveis." Não o cachorro: o dono, por não remover os testículos do animal, como de costume. O coro é muito maior do que essas duas vozes: são raras as sociedades protetoras ou os grupos veterinários que não recorrem à expressão "donos de pet responsáveis" para descrever os que castram seus animais. O oposto, é claro, são pessoas irresponsáveis, negligentes, criminosas. O escritor Ted Kerasote, que falou sobre o interesse em manter seu cão Pukka intacto, viu um conhecido compará-lo negativamente a Michael Vick, condenado por sua atuação em uma brutal rinha de cães. Comparar a decisão de um dono de não remover os testículos de seu cachorro à eletrocussão deliberada e vertiginosa e à metódica tortura de cães é ter muita, muita certeza da importância da castração universal.

Os donos de cães intactos podem descobrir que os esforços para serem "responsáveis" de outras maneiras — socializando seus animais ou encontrando uma creche canina para os dias em que trabalham até mais tarde — serão rejeitados. Cães não castrados com mais de seis meses de idade costumam ser proibidos de entrar nas creches. Alguns parques e espaços para cachorros também os proíbem. Muitas pessoas atravessam a rua para evitar interação com um cachorro visivelmente não castrado (ou com seu dono).

Minha simples menção ao tema da castração para debate já é, aos olhos de alguns, inadmissível. A regra é tão sagrada — tão sincera (e bondosa) é a intenção por trás dela — que é quase proibido falar sobre o assunto. Mas é aí que mora o problema. Se existe um tópico a respeito dos cães sobre o qual não podemos falar, é sobre ele que deveríamos falar.

* * *

A doutrina da falta de sexo foi reforçada, à nossa maneira secular, nas leis. "Castração" é o nome simples e direto da lei registrada em quase dois terços dos estados, exigindo que todos os cães adotados em abrigos ou em grupos de resgate sejam castrados. Caso vá a uma ASPCA local, a um abrigo "sem morte" ou a uma organização de resgate, você encontrará uma enorme variedade de animais que compartilham uma característica de seus futuros: a infertilidade. Talvez alguns animais ainda estejam intactos, seja por idade (jovens demais), seja por razões médicas (muito doentes), mas, nesses casos, a adoção acontece sob a condição de que o animal será esterilizado assim que tiver a idade e a saúde adequadas.

A ascensão ao sistema jurídico aconteceu depressa. O termo "castração" não era comum até os anos 1970. Começou a surgir nos jornais na década anterior, quando o vice-presidente da ASPCA de Cincinnati respondeu a uma carta de reclamação (de uma senhora que se surpreendeu ao descobrir que os doze gatos que havia deixado no local no dia anterior foram mortos) na qual dizia que a criação irresponsável os obrigava a sacrificar os animais, por meio do "método hiperbárico completamente indolor". Ele fez um apelo para que "todos os donos CASTREM e controlem os animais de estimação para que possamos impedir este cruel excesso de reproduções". O procedimento em si quase nunca era realizado em cachorros antes dos anos 1930. A literatura veterinária do início do século XX inclui menções à castração canina, mas como forma de adendo à cirurgia, que, até então, era mais comum em javalis, touros, carneiros e garanhões. Cães e gatos eram novatos no mundo da esterilização. Para os cães, o procedimento — realizado com o auxílio de uma fita adesiva para envolver o focinho, assistentes para segurar o animal e um instrumento semelhante a uma tesoura conhecido como "emasculador" — servia para acabar com os passeios noturnos (e as visitas às "integrantes femininas" da espécie). A castração só se tornou uma prática veterinária comum após a Segunda Guerra Mundial, à medida que mais profissionais passaram de gado e animais grandes para cuidar exclusivamente de cães e gatos, e eles recebiam treinamento para realizar a cirurgia.

Nos anos 1970, a crescente preocupação com a superpopulação desenfreada de cães (e gatos) aparentemente desabrigados fez com que algumas cidades, todas na Califórnia, abrissem clínicas de castração. A primeira clínica de baixo custo dedicada ao procedimento surgiu em North Hollywood, em 1973. As preocupações giravam em torno de alguns pontos: o alarmante aumento de cães abandonados — bem como o receio do perigo (não analisado) que eles representavam — e o custo envolvido em sacrificar todos aqueles cães, uma vez capturados, nos abrigos. Um repórter estimou que o custo de matar os 13 milhões de cães abandonados no ano anterior tenha sido de US$ 100 milhões. Do outro lado do país, após relatos de "matilhas" de cães de rua no Brooklyn, a Câmara Municipal local fundou uma clínica de castração. Embora a ASPCA tivesse sido contrária ao plano, em meados dos anos 1970 já havia se tornado líder da castração, e passou a exigir o procedimento antes da adoção. Como descreveu Stephen Zawistowski, consultor científico da organização, a política era "incrivelmente controversa. [A ASPCA] teve receio de que as pessoas não fossem querer adotar" cães e gatos operados. Um dos membros do conselho, a atriz musical da Broadway Gretchen Wyler, participou do talk show *The Mike Douglas Show* para explicar a exigência. Na época, era mais do que comum deixar que os cães passeassem sozinhos — e nem um pouco normal castrá-los. Um grupo de veterinários mostrou-se preocupado com a ideia de que, caso as clínicas de castração se popularizassem, os donos fossem se sentir ainda menos responsáveis por cuidar dos próprios cães — e, talvez, como alguns insinuaram, os veterinários tivessem medo de que *eles* não fossem conquistar esse negócio.

Na verdade, as taxas de eutanásia de fato caíram, a princípio; ao longo do tempo, o mesmo se deu com o número de "resgates" — um índice de quantos animais indesejados (em sua maioria, animais de rua ou abandonados pelos donos) existiam. Por fim, foram os abrigos que tornaram a castração universal. Nos anos anteriores ao seu surgimento, havia os "serviços de recolhimento", responsáveis principalmente por capturar animais errantes. Embora no século XIX esse grupo fosse formado quase sempre por porcos e cavalos, "recolhimentos caninos" acabaram surgindo. Em 1851, na cidade de Nova York, um serviço de recolhimento foi criado durante o verão, em parte devido ao medo do número elevado de cães na rua, gerando também o medo da infecção por raiva nos dias quentes. O recolhimento de Nova York foi também uma resposta à resolução da Câmara Municipal de pagar cinquenta centavos para cada cachorro morto que fosse entregue, o que resultou em uma chacina desenfreada. Os primeiros serviços de recolhimento sobreviviam graças às taxas de resgate, e, assim, ofereciam dinheiro às pessoas que trouxessem cães (vivos). Tal política logo levou a diversas maneiras nefastas de se encontrar cachorros: criação de filhotes apenas para receber o pagamento, além de roubo descarado de cães alheios. Os cães não resgatados pelos donos logo eram mortos — e isso normalmente significava morte a pauladas ou a tiros e, por fim, afogamentos em massa: até 48 cães de uma vez, amontoados em uma caixa de 1,2 x 2,1 x 1,5 metros, no East River. Certo dia, essa caixa mergulhou no rio dezesseis vezes, até 762 cães terem sido despachados. Os corpos viravam fertilizante. Por fim, desenvolveu-se o método aparentemente mais humano de matar por meio de uma literal câmara de gás — um tanque hermético cheio de dióxido de carbono. O método, no entanto, costumava levar pelo menos vinte minutos, e às vezes não matava seu conteúdo mesmo após uma hora. As primeiras sociedades protetoras ajudaram a supervisionar a futura transição para o tipo injetável de morte, bastante aprimorado, que se pratica até hoje.

O entusiasmo por castrar os animais atingiu tal nível em algumas partes do país, como em um condado não incorporado de Los Angeles,* que essas áreas decretaram leis de castração *obrigatórias* — em Los Angeles, para cada cachorro com mais de quatro meses de vida. A multa para transgressões é de US$ 500 ou quarenta horas de serviço comunitário — um custo modesto, se não insignificante. Afinal, já que faz sentido castrar animais de abrigo para controlar a população, por que não castrar todos os animais? Isso faria um controle populacional. Nos anos 1970, Los Angeles recolhia e matava mais de cem mil animais por ano. São mortes demais.

"Controle populacional" costuma ser a primeira explicação para as leis registradas. Muitas vezes, os autores do código legal

---

* Cerca de um oitavo do condado de Los Angeles propriamente dito, embora se excluam as cidades.

fazem uso da retórica — comum nas discussões sobre castração — para garantir um ar de inevitabilidade e incontestabilidade à regra. Em geral, isso envolve citar os benefícios à saúde e o comportamento do cachorro. A lei de Los Angeles, por exemplo, afirma que:

"Com a castração, alguns tipos de câncer são eliminados."

Além disso, o animal ficará mais seguro se for operado:

"Animais esterilizados são menos propensos a vaguear e, portanto, correm menos risco de se perderem, serem atropelados, se machucarem em uma briga ou sofrerem abuso."

E, caso se perca, a classificação do animal muda para "abandonado". Uma vez nessa categoria, ele deixa de ser considerado um animal de estimação; torna-se um risco para a sociedade:

"Animais abandonados representam uma ameaça à segurança pública, e os não esterilizados são mais propensos a se perder. Eles podem morder ou atacar pessoas e outros animais, provocar acidentes de trânsito, disseminar doenças, danificar propriedades e prejudicar a qualidade de vida dos habitantes de uma comunidade."

Além disso, o sexo — o desejo e a procura por relações — é descrito como profundamente problemático:

"Cães e gatos machos, quando não castrados, buscam parceiras e são atraídos aos montes quando as fêmeas de sua espécie entram no cio. Uma fêmea no cio, mesmo confinada, é capaz de desestabilizar um bairro inteiro ao atrair um bando de cães machos determinados a cruzar. Essas situações costumam se tornar perigosas."

Em poucas frases, a castração deixou de ser uma questão de reprodução canina para se tornar o fio que mantém a sociedade civil unida.

O estado de Nova York, que inclui as considerações a respeito do status sexual dos animais de estimação entre as leis relacionadas à "agricultura", também recorre à "superabundância" de cães e gatos para explicar a necessidade de castração. A superpopulação os leva a "privações e à morte" como animais abandonados, de acordo com a descrição do governo. As leis também mencionam os "grandes custos à comunidade" envolvidos em apreender e destruir esses animais, que representam uma indescritível ameaça à saúde e um "incômodo público impensável". Na cidade de Nova York, que conta com leis de castração nos abrigos, a organização Mayor's Alliance apresenta o argumento da saúde: os animais castrados terão "uma vida mais saudável e duradoura" e os machos serão "mais bem-comportados" se não tiverem testículos. Castrar as fêmeas "ajuda a prevenir o câncer de mama e infecções uterinas", anunciam eles, acrescentando que "evitará que sua cadela entre no cio". Especialmente se a castração ocorrer "antes dos seis meses de vida para os machos e antes do primeiro cio para as fêmeas". Ao que parece, o Animal Care Centers de Nova York (ACC) acredita que a seguinte informação possa ser útil: "Castrar também impede o nascimento de animais indesejados", informa o guia da organização, intitulado "About Your New Dog" [Sobre seu novo cachorro].

Diversas cidades norte-americanas aprovaram leis de castração específicas para raças — geralmente, com uma "raça" em especial como alvo: os pit bulls. Recorrendo ao perigo dos ataques caninos às pessoas, e não à preocupação com a espécie (ou com os cachorros em si), as leis exigem que os pit bulls sejam castrados. Se ignorarmos por um instante o fato de que, como agora sabemos, "pit bull" não é uma raça canina, e a dificuldade que até mesmo profissionais experientes têm de identificar com segurança as raças que encontram — mesmo assim, castrar esses cães não ajudará a reduzir os ataques. Só diminui as chances de que cachorros identificados como pit bulls possam ter filhotes. Ter testículos ou ovários não é a causa das mordidas.

* * *

Todos os cães com quem já convivi foram castrados. Até uns cinco anos atrás, nunca tinha parado para pensar a respeito. Todos os meus filhotes vieram de abrigos, cujas práticas, antes mesmo do surgimento das leis, costumam envolver castrar os animais antes da adoção, se possível. Não conheci Pumpernickel como um serzinho fértil, nem Finnegan: A Versão Viril. Isso é proposital, e o efeito desejado foi alcançado. Não precisei tomar uma decisão acerca do futuro reprodutivo de meus cães; e não lamentei aquilo que não conheci.

Inicialmente, tendo em vista que a castração servia para combater a superpopulação, o sucesso parece ter sido inegável. O número de animais que chegavam aos abrigos diminuiu drasticamente. À medida que as entradas caíam, o mesmo se deu com o número de eutanásias. Dos mais de 20 milhões de animais (cães e gatos) que, segundo estimativas de 1970, foram sacrificados todos os anos, no momento em que escrevo este livro o número caiu para dois a quatro milhões no ano passado. Imagine o alívio dos funcionários de abrigos, encarregados de supervisionar a escolha de quais cães matar e enviá-los para a morte — ou ser a pessoa que passa todos os dias dando fim à vida de cães que poderiam ter tido quintais, brinquedos e caminhadas, fechando seus olhos para sempre.

Embora isso pareça um triunfo, vale um asterisco. A imprecisão do número de cães sacrificados reflete uma incapacidade genuína de identificar os fatos específicos da questão.* "A dificuldade se encontra na informação dos números", disse Stephen Zawistowski. Não existe uma estrutura central de organização para os abrigos, e os pesquisadores que buscam se aprofundar no assunto não têm conseguido obter dados confiáveis sobre o número de entradas e os "resultados". Alguns abrigos "sem morte", filosoficamente contrários à eutanásia de animais, são, segundo Zawistowski, mais "relutantes" em liberar os números. E agora, com a explosão de popularidade desses abrigos, "a questão fica complicada, porque eles adquiriram um novo papel, o de transferir os animais", disse ele: os programas de adoção têm sido tão bem-sucedidos que os abrigos "sem morte" precisam trazer animais recolhidos em outros lugares. O "*overground railroad* dos animais de estimação", como a prática tem sido chamada em referência ao *underground railroad*, ou a rede de rotas secretas para a fuga de pessoas escravizadas principalmente no sul escravagista, se utiliza de carros, ônibus, caminhões e aviões para transportar animais de áreas com muita oferta — como Los Angeles e o sudeste dos Estados Unidos — até locais cujos abrigos só têm pit bulls mestiços disponíveis — como Portland, Oregon e o nordeste norte-americano. "Antigamente, se um cachorro chegava a Baltimore, ficava em Baltimore — e era adotado ou morto. Agora, é difícil de acompanhar", acrescentou.

O advento dessas instituições sem-morte é reflexo das mudanças significativas no sistema de abrigos desde 1970 — cuja influência

---

* É bastante difícil encontrar os números específicos, dada a imprevisibilidade dos relatórios e do recolhimento de dados pelos abrigos de todo o país. Um extenso relatório de 2018 feito pelo diretor científico da Sociedade Protetora dos Animais sugere que os números de 1973 estavam mais perto dos 13,5 milhões, por exemplo.

na melhoria do bem-estar dos cães não deve ser ignorada. Outras mudanças sociais profundas em nosso comportamento com os animais, em especial os animais domésticos, também afetaram os índices de eutanásia — como, por exemplo, maior popularidade da adoção de cães, melhor "contenção" (mais cachorros vivem dentro de casa, em vez de soltos do lado de fora para correr por aí) e melhores métodos de identificação dos animais (como o microchip), que permitem o reencontro de cães perdidos com seus donos.

Se pararmos para analisar, a história de causa e consequência que costuma ser contada entre a redução dos índices de eutanásia de cães indesejados e o advento das políticas de castração tem outros furos. Zawistowski, que estudou os números de admissão da ASPCA de Nova York desde sua fundação, no século XIX, me informou que "a maior queda na entrada de cães e gatos na cidade aconteceu nos anos 1940, 1950 e 1960" — antes de a castração se popularizar e muito antes de se tornar lei. Estudos descobriram que, em algumas áreas, a inauguração de uma clínica de castração subsidiada não impactou de forma alguma o número de eutanásias.

Eu nunca conversei, ouvi falar ou visitei um abrigo ou sociedade protetora que acredite que castrar é a única saída contra a superpopulação animal. Mas é uma solução tão sucinta e simples que substitui o investimento de recursos em um método mais multifacetado que pudesse, talvez, deixar para os donos a decisão a respeito do futuro reprodutivo (ou apenas gonadal) de seus cães. A verba para a criação de departamentos educacionais nos abrigos, que poderiam ajudar os donos a compreender a responsabilidade de levar para casa um filhote que talvez estejam adotando por impulso, tem sofrido cortes. Em vez disso, os abrigos buscam programas de apoio que alcancem comunidades mais necessitadas, ajudando com subsídios para cuidados veterinários, principalmente a castração. Às vezes, programas de incentivo abrem mão da taxa de adoção se o dono castrar o animal; programas de "redução de ninhadas" acolhem os filhotes e oferecem a castração dos pais.

Talvez o pior de tudo seja que a ideia da castração como solução está entranhada na mente das pessoas. Ao ser apresentado a uma saída simples, o povo a aceita, põe em prática e consegue piorar o problema inicial. "Com a esterilização de seu cão ou gato", diz-nos a American Veterinary Medical Association, "você fará sua parte para impedir o nascimento de filhotes indesejados". *Você fará sua parte.* Depois disso, "nossa parte" parece ter fim, então podemos nos indignar com aqueles que não fizeram a parte deles. Mas se a responsabilidade pela superpopulação termina ao castrar um animal de estimação (cuja cirurgia ocorre antes da adoção), as complexidades de ser um dono cuidadoso — aprender o comportamento e os sinais comunicativos, para compreender melhor o cachorro; valorizar o investimento monetário e as exigências de tempo de se viver com um cachorro; entender as complexidades de deixar um cão engravidar uma cadela ou de a fêmea engravidar — são contornadas. Passa a ser possível abandonar o cão sem consequências quando seu "mau comportamento" (que muitas vezes ocorre devido a mal-entendidos mútuos) faz com que o dono o devolva para o abrigo. E aqueles que pensam que os cães vêm sem funções corporais confusas e complicadas podem ser perdoados — porque, afinal de contas, eles foram *corrigidos*.

* * *

Quando me encontrei, uma década atrás, com o veterinário francês e pesquisador de cães Thierry Bedossa em Nova York, fomos direto ao Central Park — para observar os cachorros, naturalmente. Ao nos sentarmos em um banco próximo a uma das entradas do parque para assistirmos ao desfile de cães e pessoas chegando para o passeio matinal, ele falou casualmente sobre como os cachorros norte-americanos são gordos. Eu nunca havia pensado muito a respeito, mas o comentário me fez rever as ancas e as caudas que víamos desaparecer pelo caminho. Um labrador amarelo passava bamboleando; um par de dachshunds quase se dobrava ao meio com o próprio peso. Nenhum cachorro parecia subnutrido, e muitos eram rechonchudos. Eu havia me acostumado a ver meus cães bem alimentados; para dizer a verdade, o único cachorro que despertou minha preocupação recentemente foi um bastante subnutrido, com a pele marcada pelas costelas aparentes.

Por mais que eu quisesse defender meus companheiros donos de cães norte-americanos, Bedossa tinha razão: a crise da obesidade de nossa sociedade foi contagiosa. Estudos mostram que até cinquenta e seis por cento dos cães que têm donos estão acima do peso ou são obesos. E um dos fatores que contribuem para isso é o status reprodutivo: o metabolismo de cães castrados desacelera; portanto, eles tendem a engordar. Embora exista verdade na sugestão de que a perda das gônadas por si só não implica obesidade — "A falta de exercícios físicos ou o excesso de alimentação engordam seu animal, não a castração", o site da Mayor's Alliance de Nova York nos informa —, ela contribui para tal. Em um mundo em que gostamos de mostrar nosso amor pelos cães com petiscos e em que existe uma indústria multibilionária dedicada a produzir refeições para animais de estimação, o conselho de reduzir a alimentação de seu cachorro "em cerca de vinte e cinco por cento" caso seja castrado chega a ser cômico. E não para por aí: é muito raro que se deem tais conselhos alimentícios ao possível adotante no momento da adoção — portanto, eles são involuntariamente ignorados. Para agravar o problema, a premissa do melhor tipo de adestramento que existe — o reforço positivo — costuma envolver o uso de *comida* como recompensa. Mesmo que eu reduza a alimentação de meu cachorro, em cada passeio pela cidade acabamos encontrando donos bem-intencionados, cheios de amor nos bolsos, prontos para compartilhá-lo com os cães da vizinhança.

Um dos motivos pelos quais Bedossa reparou que nossos cães são roliços e sem músculos é por ser francês. Longe de garantir a ele uma presciência perceptiva, sua cidadania simplesmente o expôs a uma nova variedade de tipos físicos caninos. Na maior parte da Europa, até pouco tempo atrás, a castração não era tão comum. De acordo com ele, os cães franceses não castrados mostram-se não apenas mais magros, mas também mais musculosos — uma consequência natural de ter mais testosterona, tanto para os machos quanto para as fêmeas. Os benefícios não se resumem à estética, mas também à anatomia, conferindo-lhes patas e costas mais fortes, além de menor probabilidade de romper discos e ligamentos.

Do outro lado do oceano, a castração não é prática rotineira e está longe de ser uma religião. Na verdade, até pouco tempo atrás, na Noruega, era ilegal *realizar* o procedimento nos cachorros. Formalizada na Lei de Bem-Estar Animal do país, encontra-se a surpreendente declaração de que os animais "têm um valor intrínseco que independe do valor de uso que possam representar para o homem". A respeito da castração, a lei especifica, de modo simples, que qualquer cirurgia ou "remoção de partes do corpo" só é permitida quando "existe uma razão justificável para fazê-la, levando-se em conta a saúde do animal". Quando o bem-estar do animal específico vem em primeiro lugar, bem como "a capacidade do animal de funcionar e sua qualidade de vida", a castração sai de cena.

Em Oslo, a adestradora profissional Anne Lill Kvam me disse que castrar ainda era proibido, mas que a cidade vinha "se tornando mais mente aberta em relação ao assunto". No restante da Escandinávia, a castração nem sempre foi legalizada, mas hoje em dia é, embora ainda não seja tão popular. Sete por cento dos cães suecos são castrados (em comparação com os mais de oitenta por cento nos Estados Unidos*). A Suíça conta com uma cláusula em sua Lei de Proteção Animal que recorre à "dignidade" dos animais: "(...) seu valor inerente, que deve ser respeitado ao lidarmos com cada um." Qualquer tipo de dor, sofrimento ou dano ao animal, como seria o caso da castração, qualquer "interferência significativa em sua aparência ou em suas habilidades", segundo a lei, provoca "ansiedade ou humilhação", desrespeita sua dignidade e é proibido.

"Na Europa, ter um cachorro é um conceito diferente", como me disse Stephen Zawistowski. "Lá, se você tem um pastor-alemão, provavelmente faz parte do clube dos pastores-alemães. Eles levam a sério." Anne Lill Kvam me informou que os cães abandonados "não são um problema" — na verdade, eles quase não existem —, porque todos "tomam conta" de seus cachorros. Em outras palavras, eles mantêm os animais por perto, prestam atenção neles e os treinam para não se comportarem de modo que resulte em

---

* Embora a Sociedade Protetora dos Animais aponte que oitenta e sete por cento dos cães em "comunidades carentes" *não* são castrados.

filhotes indesejados. Como disse uma autoridade norueguesa de bem-estar animal: "Castrar jamais deve ser um substituto para adestrar um cão de modo adequado." E se um cachorro indesejado nascer?, perguntei a Kvam. É raro, respondeu ela. Mas, no caso, "são simplesmente mortos" — e deu de ombros.

* * *

Se a castração for nossa religião, mesmo com toda a incerteza a respeito de seus efeitos concretos na superpopulação, deveríamos nos perguntar quais são as consequências de nossa fé nos cachorros. Apesar das declarações inequívocas feitas por aqueles que defendem os efeitos salutares da castração nos cães, os resultados de uma série de programas de pesquisa de longo prazo mostraram que eles são muito mais sutis — e, às vezes, totalmente prejudiciais.

No fim das contas, Benjamin Hart, professor emérito e pesquisador da Escola de Medicina Veterinária da Universidade da Califórnia, em Davis, disse: "A biologia básica sugere que a ausência dos hormônios gonadais pode levar a efeitos adversos." Os corpos são estruturas integradas e altamente interconectadas. Se uma parte para de funcionar por conta de algum dano ou de sua remoção total, haverá consequências — leves ou profundas — em outras partes. Caso sofra uma pequena lesão na perna, em um esforço para manter o equilíbrio e o movimento constantes, não só a outra perna, como também o tronco, as costas e o pescoço serão comprometidos. Se um pulmão sofre algum dano, não apenas o outro pulmão, mas o coração e, por fim, outros órgãos serão afetados. Com a remoção das gônadas, estamos eliminando o principal produtor de estrogênio, testosterona e progesterona — hormônios sexuais cruciais para qualquer sistema reprodutor

—, mas as consequências para o corpo vão muito além dos órgãos genitais. O estrogênio participa do crescimento e da maturação dos ossos ao acionar o fechamento das placas ósseas. A testosterona aprimora a massa muscular, aumentando a síntese de proteína nos músculos. A progesterona é uma importante protetora caso o cérebro sofra uma lesão traumática, em parte por controlar os níveis de inflamação; o estrogênio também funciona no cérebro, afetando a aprendizagem, a memória e as emoções. Os profissionais que trabalham com os cães sabem disso. No Penn Vet Working Dog Center, os cachorros não são castrados antes dos 14 meses de vida, como me informou a diretora Cindy Otto, para permitir que as placas de crescimento se desenvolvam por completo e se fechem. Ted Kerasote escreveu sobre uma veterinária que deixou de realizar cirurgias de castração após perceber um aumento no número de cachorros com disfunção adrenal em seu consultório. A profissional, Karen Becker, concluiu que sem as gônadas para produzir os hormônios sexuais necessários ao funcionamento normal do corpo, a glândula adrenal, que produz pequenas quantidades dos hormônios, fica sobrecarregada. Benjamin Hart sugeriu que os hormônios gonadais podem ter uma função protetora para o corpo, e que a remoção do estrogênio "pode acionar células metastáticas".

Hart lidera o maior esforço até o momento para descobrir quais seriam exatamente as repercussões da falta desses hormônios a longo prazo. Com o auxílio do banco de dados do hospital veterinário da universidade na qual trabalha, ele e sua equipe têm analisado o prognóstico de raças específicas, em particular os índices das doenças que supostamente diminuem com a castração: cânceres e certos distúrbios do trato reprodutivo, como a piometra, uma infecção uterina grave. Eles também têm analisado os índices de distúrbios da articulação e incontinência urinária, que, se suspeita, aumentam no pós-operatório.

As descobertas de Hart complicam a solução simples que a castração costuma representar. A primeira publicação do grupo sobre o assunto, em 2013, relata que a cirurgia em golden retrievers, especialmente antes dos seis meses, *aumenta* o risco de doenças articulatórias graves em quatro vezes para as fêmeas e cinco vezes para os machos em relação ao risco que os cães intactos enfrentam. O resultado não agradou nem um pouco aos defensores da castração. "Nós criamos um verdadeiro caos com nossos estudos", disse Hart em uma conferência sobre castração em Davis, Califórnia, em 2017. As pessoas diziam: "Por que fizeram isso? É irresponsável." Além do mais, "não dá para acreditar nos seus dados".

Desde então, ele tem dado continuidade às pesquisas, que revelaram um aumento no número de doenças articulatórias entre labradores, pastores-alemães e dobermans, atingindo também uma quantidade alarmante de até um quarto ou um terço dos boiadeiros berneses e são-bernardos. Em relação ao câncer, a situação é ainda mais alarmante: castrar goldens fêmeas em qualquer idade aumenta em quatro vezes o risco de desenvolvimento de tumores malignos. Outras raças têm trajetórias próprias deprimentes: castrar boxers machos de 1 ou 2 anos eleva em trinta por cento o risco de câncer; castrar berneses eleva os riscos de machos e fêmeas em um quinto. Um dos argumentos preferidos a favor da castração, o de que o procedimento aumenta a expectativa de vida do animal, pode perder força com a descoberta de que, com maior tempo de vida, maiores são os índices de câncer. Além disso, as taxas de comprometimento cognitivo relacionado à idade são mais altas em animais castrados.

No entanto, nem todas as raças são tão afetadas. Pelo que Hart viu até então, muitos cachorros menores que são castrados não parecem apresentar números elevados de doenças nas articulações; os índices de câncer em raças mestiças parecem os mesmos, não importa o status sexual. E castrar em idades avançadas pode, às vezes, eliminar o risco elevado de doenças observadas. O problema é que os abrigos gostam de castrar com pouca idade — porque, geralmente, é o momento em que têm posse dos filhotes.

A conclusão? A veracidade de quase todos os ditos benefícios à saúde dos animais estão sob ameaça graças aos novos resultados. Os índices de piometra de fato caem com a remoção do útero, uma vez que se trata de uma infecção uterina. Mas as ocorrências de incontinência urinária nas fêmeas aumentam com a castração. O mais importante é que os riscos são totalmente diferentes de acordo com raça, tamanho, gênero e idade em que a cirurgia ocorre. Tal resultado se presta a uma abordagem mais cuidadosa da castração — levando em consideração as particularidades do cachorro.

Da mesma forma, as tão faladas melhorias comportamentais dos animais castrados são, em alguns casos, exageradas; em outras situações, a mudança pode ocorrer para pior. Os donos de cães machos que optaram por castrar especificamente para resolver o problema da agressão a outros cães e a pessoas podem constatar que o comportamento indesejado diminuiu após a cirurgia — mas isso ocorre em apenas um em cada quatro cães. O mesmo vale para outros comportamentos tidos como ruins: montar e marcar território com urina. Nos outros setenta e cinco por cento dos cães machos, não se vê nenhuma mudança significativa. Nas fêmeas, existem evidências de um *aumento* de comportamentos agressivos, caso sejam castradas antes de 1 ano. Quanto mais compreendemos as consequências médicas da castração, mais complicada a escolha parece ser.

* * *

O que se esquece na maioria dos debates a respeito da castração é o fato de se tratar de um procedimento médico, uma cirurgia. Embora faça parte das cirurgias "de rotina", todo procedimento requer concessões e riscos ao indivíduo. Peter Sandøe, professor de bioética da Universidade de Copenhague, listou alguns: de serem deixados em um lugar desconhecido com pessoas desconhecidas à dor de uma incisão e outros danos cirúrgicos ao corpo; risco posterior de inflamação ou infecção na incisão; e, às vezes, complicações fatais durante o procedimento. Por fim, como em qualquer cirurgia, existe um risco, incluído o de morte, ao se usar anestesia geral.

Risco de morte. É preciso submeter o animal a um risco de morte para impedir o surgimento de novas vidas — evitando, assim, que sejam mortas. É isso que a castração parece exigir. Hoje em dia, faço parte do grupo de pessoas que já precisaram assinar uma folha de papel em que reconheciam o risco de morte por anestesia quando alguém — nossos familiares, nossos animais ou nós mesmos — aguarda uma cirurgia. *É um risco pequeno*, somos informados. E *precisamos* da cirurgia, é claro, então qualquer cálculo em tempo real do "pequeno risco" *versus* os possíveis benefícios de uma cirurgia que já decidimos fazer, e que estamos prestes a nos submeter, nos leva à assinatura do documento.

Assinei o documento. Quando nosso filho tinha 5 anos, ele já havia passado a vida inteira admirando, aguardando e acariciando qualquer gato que encontrasse (e que permitisse sua aproximação). O gato da bodega, o gato do pet shop. O gato da livraria, o gato da biblioteca, o gato da rua. Os gatos de amigos, os gatos de abrigos, um gato em um trator. Em uma casa de cachorros, meu filho ansiava por um gato que se juntasse a eles, e naquele ano ele transformou o interesse em apelo. Hesitei — basicamente hesitante em trazer novos animais para a família com base em impulsos passageiros de crianças —, mas disse a ele que "se passássemos por um gato que precisasse de um lar, nós poderíamos adotá-lo".

Na semana seguinte, é claro, foi o que aconteceu. Encontrei uma linda gata marrom e malhada, magra e comprida, que mal havia deixado de ser filhote, andando pelas ruas de Bensonhurst, no Brooklyn. Eu estava no meio de uma caminhada meditativa de alguns quilômetros, ainda de luto pela perda recente do meu pai, quando a gatinha cruzou meu caminho. Ela parou quando me aproximei. Por cima das costas, o rabo se curvava em um ponto de interrogação. Eu a cumprimentei, depois retomei a caminhada — e ela veio atrás de mim por vários quarteirões, correndo por baixo de carros e ao longo das laterais dos edifícios, mantendo-se perto de mim, mas não muito. Com medo de que eu pudesse estar afastando a gatinha de casa, dei meia-volta, acompanhada por seu andar silencioso. Entrei em uma mercearia e comprei um pouco de leite para ela e uma tigela improvisada. Ela contornou as sebes que revestiam uma modesta funerária no momento em que um homem deixou o prédio.

"Essa gata é sua?", perguntei.

"Não", respondeu ele. "Ela vive aqui. Não é minha gata."

"Ela é de rua?"

Ele fez que sim.

"Ela teve filhotes. Acho que eles morreram. Ela vive por aqui", disse o homem, apontando na direção da funerária. As sebes também contornavam o prédio, e tentei imaginar essa pequena bolinha em forma de mãe com filhotinhos, amontoados sob uma cerca viva. Estendi a tigela de leite na direção dele.

"Você poderia dar isso para ela?"

Ele recuou:

"De jeito nenhum. Não vou alimentá-la." Enquanto ia embora, o homem disse: "Pode ficar com ela — se conseguir pegá-la."

Eu topara com um gato. No dia seguinte, pedi ajuda a uma amiga que vivia nas redondezas e ela encontrou a gatinha, atraiu-a habilmente para dentro de uma caixa e, naquela mesma noite, tínhamos uma gata.

"Beezelbub Jeosafá!", exclamou meu filho.* O nome não lhe caía tão bem, pois era um amorzinho de gata, mas refletia o prazer exclamativo que sentíamos com uma nova energia animal dentro de casa. (E ela adorava pular.) Era uma companheira de brincadeiras sempre bem-disposta e perseguia cada pequeno item no chão, lançando-o corredor adentro; corria feito louca por todos os cantos, pelas prateleiras e pela escada da biblioteca. Cabos pendurados a atiçavam, e ela logo se livrou do fio de nosso telefone (o que finalmente nos livrou de ter uma linha fixa: obrigada, Beezelbub). Poucas semanas depois, ela passou a me acompanhar no escritório e a se acomodar diretamente em minhas mãos no teclado do computador. Os cachorros ficavam alertas e animados com sua presença, enquanto ela se mantinha cautelosa e atenta à deles, mas a amizade vinha se formando com facilidade. Como sempre acontece, não demorou até que não conseguíssemos mais imaginar a ideia de não conhecê-la.

---

* Transliteração fantasiosa de Beelzebub [Belzebu], diretamente da mente e da língua de meu filho de 5 anos.

Eu a levei ao veterinário para vacinas e um check-up, e ele recomendou a castração. Senti-me inclinada a seguir o conselho. Era a primeira vez que me perguntavam se eu queria ou não castrar um de meus animais. Em geral, tenho predisposição a seguir o conselho médico de um profissional; gosto de ter acesso à sua experiência através de recomendações, tanto como paciente quanto como representante do paciente. Por certo, eu não tinha motivo algum para acreditar que este ou qualquer veterinário me dariam um conselho ruim.

No entanto, eu sabia que ela seria uma gata que viveria dentro de casa — e, em Nova York, dentro de casa é dentro de casa. Não existe nenhuma porta dos fundos por onde escapar por acidente. As janelas são teladas e protegidas quando abertas. Ela não sairia. Em vez disso, continuaria a dormir com meu filho, que a adorava, brincaria com os cães e calmamente me impediria de digitar no computador.

O veterinário foi persistente. Ele me ligou repetidas vezes, e em uma ocasião me deixou uma mensagem de três minutos sobre minha responsabilidade de castrá-la. Embora seu completo desinteresse por nossa circunstância individual tenha me desencorajado, também lhe dei ouvidos por conta de sua experiência em relação a decisões médicas. Todos os meus anos observando o comportamento canino não eram muito relevantes aqui. Levamos Beezelbub para ser castrada cerca de um mês após ter chegado em nosso lar. Meu filho lhe deu um aceno casual na caixa de transporte que compramos para ela, e garantimos que ele a veria naquela mesma noite, depois da aula.

Ele não a viu. Em vez disso, recebi, no trabalho, uma ligação do veterinário avisando que Beezelbub havia morrido durante a administração da morfina, que vem antes da anestesia. Seis meses depois da morte lenta de meu pai, eu me sentei do lado de fora, na calçada, e caí no choro. Eu havia tirado essa gata da vida que ela levava, "resgatando-a", apenas para destiná-la a uma morte prematura. E de repente me dei conta — como acontece nos momentos de perdas grandes e repentinas, quando a mente gira sem parar por todas as ideias relacionadas —: eu teria de contar ao meu filho. Ela se fora para ele.

O veterinário sentia muito, é óbvio. "Acontece em apenas um por cento das vezes, mais ou menos", disse ele. Em meio às lágrimas, não consegui responder nada, e só mais tarde parei para refletir a respeito. Se eu tivesse percebido que as chances de ela morrer em uma cirurgia que eu considerava desnecessária eram de *uma em cem*, não há dúvida de que eu não a teria levado ao consultório.

* * *

Só tive respostas inconclusivas quando perguntei a veterinários qual era a taxa de mortalidade por anestesia. Mas o que não me saía da cabeça não eram as estatísticas do risco. Era o fato de que as *especificidades* de nossa família — desta gata, destas pessoas — não foram de interesse do veterinário ao fazer a recomendação. Ela não era uma gata individual, vivendo com pessoas específicas que têm certo conhecimento a respeito da vida dos animais... Para ele, era apenas "uma gata". E uma gata com ovários. E, para ele, isso era tudo que importava.

Por que os resultados de Benjamin Hart, segundo ele mesmo, "criaram um verdadeiro caos"? Porque os riscos são altos. Caso as políticas de castração desaparecessem da noite para o dia, o número de cães abandonados e indesejados quase certamente aumentaria. Ninguém quer algo assim. Portanto, é bem preocupante ver que determinada solução não é simples — e, às vezes, pode ser inadvertidamente prejudicial.

A pesquisa sobre a saúde dos cães castrados serve para tirar o foco da espécie e direcioná-lo para a raça — e até mesmo para o indivíduo. "Existem grandes diferenças individuais", disse Hart, em resumo, sobre as taxas de sucesso e de danos causados pela castração. E também existem diferenças individuais nas famílias. Um gato que vive dentro de casa, que não encontrará outros gatos, é diferente de um gato da vizinhança, que é diferente de um gato de fazenda. O cão norueguês é mantido na rédea curta, responde ao dono — ou, quem sabe, o dono norueguês simplesmente saiba que não se deve, por exemplo, expor uma fêmea no cio a cães machos. Ao levar o indivíduo em consideração, alguns países europeus modificaram as regras, passando de "como podemos controlar o número de cães" para "o que é certo para o cão".

Existem, evidentemente, diferentes maneiras de tratarmos nossos animais. Se a "esterilização" ainda for o mantra que desejamos propagar nos Estados Unidos, há opções não cirúrgicas. Existem esterilizantes injetáveis à venda no mundo todo — inclusive um nos Estados Unidos —, e muitos estão em fase de desenvolvimento. Gary Michelson, um abastado cirurgião interessado no destino dos animais, ofereceu subsídios para pesquisas que levassem ao desenvolvimento de um esterilizante químico acessível e US$ 25 milhões (que, desde então, subiu para US$ 75 milhões) para o primeiro que chegasse lá. Os produtos disponíveis no mercado têm nomes como "Infertile" [Infértil], que vão direto ao ponto: a intenção é produzir esterilizantes permanentes. Mas, em vez de procedimento cirúrgico, trata-se de injeções, administradas com uma leve sedação. Como as gônadas do cachorro permanecem intactas, mantém-se um pouco da produção de hormônios sexuais — o que, possivelmente, evita os problemas de saúde que Hart e sua equipe têm descoberto. O implante contraceptivo, minimamente invasivo, está disponível em algumas partes do mundo. Ou, se os riscos de uma cirurgia são menos preocupantes do que a perda dos hormônios, alguns dos mesmos procedimentos feitos em humanos — vasectomia, laqueadura tubária e histerectomia — são alternativas, apesar de serem realizados com muito menos frequência por seu veterinário local.

Ou poderíamos inverter o conceito. E se lidássemos com a superpopulação enfrentando seus responsáveis? Neste caso, a superpopulação não foi criada pelos cães. Embora eles tenham o equipamento e a inclinação biológica necessários para povoar, foram os seres humanos que a criaram.

No início das castrações, as regras gerais aconselhavam os veterinários a não castrarem os animais antes dos 6 meses. Embora a pesquisa de Hart e sua equipe indique que isso pode ser benéfico para muitos cães, e que é contraindicado aplicar anestesia em animais muito jovens (para início de conversa, o corpo deles não consegue manter a temperatura central sob o efeito da anestesia), as primeiras diretrizes foram "um obstáculo para o controle populacional", como descreve uma história da medicina de abrigo. Afinal, quando os animais eram adotados antes dos seis meses, eles iam intactos. "Muitos desses animais puderam, posteriormente, cruzar, devido a donos irresponsáveis e mal-informados que aumentaram os problemas do abrigo ao devolver a eles uma cria indesejada."

Ah, agora encontramos os culpados. "Donos irresponsáveis e mal-informados." Não são apenas os autores desse texto que fazem tal afirmação. A responsabilidade pode ser ensinada e exigida. E o conhecimento é comunicável. Alguns abrigos desenvolveram programas de apoio, com vans móveis, eventos para animais de estimação ou visitas domiciliares, com foco em pessoas que estão tendo dificuldades com seus animais a ponto de devolvê-los, oferecendo maneiras de se adequarem ao convívio. Em outras palavras, apoiar financeiramente e educar esses donos. Um funcionário de abrigo com quem conversei citou uma pesquisa que mostra a correlação entre problemas em um lar, financeiros ou não, e o abandono. "Os animais deixados nos abrigos vêm de áreas muito específicas", acrescentou o veterinário que dirige a instituição. "A meu ver, o 'problema da castração' é que as pessoas que precisam dela não a fazem. E as que castram os animais não são aquelas que causariam o problema."

Se a instrução por si só pode ser suficiente para a mudança de comportamento, por que não deixamos os bisturis de lado e nos concentramos nela? Certamente, é preferível adotarmos uma abordagem que não envolva abrir os cachorros. A American Veterinary Medical Association, que defende abertamente a castração nos abrigos, também incentiva programas educacionais — embora os definam como "consultas com veterinários para informações" sobre o cuidado responsável do animal. Nenhum governo local ou estadual já aprovou ou sugeriu qualquer tipo de lei a qual exigisse que os donos de animais de estimação fossem instruídos, e qualquer restrição à posse de animais também seria de difícil aceitação para o legislativo. Em vez disso, a preferência por programas de castração no lugar de programas educacionais revela que o procedimento tem mais a ver com aliviar os abrigos de seu evidente fardo do que se preocupar com a melhor solução para a espécie *Canis familiaris*. "Precisamos deixar de lado a ideia de que 'Ah, os abrigos vão cuidar disso'", disse-me o veterinário do local. O problema caiu nas mãos deles, e eles estão simplesmente tentando encontrar a solução.

* * *

Nós adotamos Finnegan — nosso labrador preto mestiço de expressão séria e um gosto por farejar bolsas — onze anos atrás. Ele veio de um grande abrigo "sem morte" em Nova York, cujo ambiente é preenchido por latidos e um aroma de cachorro molhado e remédios veterinários. Gaiolas em cima de gaiolas, quase todas ocupadas; funcionários simpáticos ficavam a postos para providenciar breves encontros entre você e qualquer um dos cãezinhos que lhe chamassem a atenção. Esperei um ano para fazer uma visita ao abrigo após a morte de Pumpernickel, a adorável e inteligente cadela de pelos cacheados que me acompanhou durante o início de minha vida adulta e ao longo de seus quase 17 anos. Por saber que "17 anos" é uma possibilidade real (com sorte), mas também profundamente passível de me apaixonar por todos os cães que vejo em um abrigo, cheguei preparada. Eu sabia que sairíamos de lá com um cachorro. Mas eu queria conhecê-lo o máximo possível antes de irmos embora. Colocamos os dedos dentro da gaiola de um filhotinho absurdamente fofo que já havia aprendido a latir, sorrimos para dois irmãos aninhados um no outro enquanto dormiam, nos demoramos diante de um cãozinho cabisbaixo de 2 anos que havia sido devolvido ao abrigo. Quando conhecemos Finn, ficamos animados, mas cautelosos.

Pedimos para vê-lo e, após passarmos algum tempo com ele nos canis, tivemos permissão para levá-lo até uma área cercada perto da entrada, com uma árvore de mentira. Lá, nós o observamos durante horas. Ele tirou um cochilo. Preenchemos alguns documentos com informações sobre nossos empregos, as regras de nosso prédio a respeito de animais de estimação, detalhes sobre animais que tivemos anteriormente e dois contatos para referência. Ninguém procurou nenhum dos contatos, e logo fomos aprovados. Mesmo assim, nós nos demoramos por lá e o observamos: como ele reagia às pessoas, aos sons e a cócegas atrás da orelha, ou no queixo, ou na anca? O que lhe chamava a atenção e o que lhe fazia arrepiar os pelos? O que ele gostava de morder e quando latia? Quem era ele?

Enquanto refletíamos sobre quem era aquele alegre, mas calmo, filhote, pelo menos dez pessoas entraram no abrigo, escolheram um cachorro ou um gato e saíram com o animal. A cada pessoa que passava, minha perplexidade crescia. As apresentações pareciam breves demais para um relacionamento que pode durar dezessete anos. A criança de 7 anos ganhando um filhotinho roliço entraria e terminaria o ensino médio — e a faculdade — antes que o animal os deixasse; o jovem casal, começando a vida a dois, chegaria à meia-idade com o mesmo cachorro. Como é possível demorarmos mais tempo para encontrar a calça jeans perfeita do que a companhia canina perfeita?

Do ponto de vista do abrigo, porém, quanto mais depressa os cães forem adotados, melhor. Quando fiz uma visita ao Maddie's Shelter Medicine Program, na Flórida, a professora Cynda Crawford, pesquisadora de longa data da medicina de abrigo e descobridora da vacina para a gripe canina, ouviu minha sugestão de que seria ótimo se houvesse algum tipo de instrução pré-adoção para possíveis donos e sacudiu a cabeça. "Precisamos *derrubar* os obstáculos para que se adote um animal. É mais fácil conseguir um cartão de crédito" do que adotar um cachorro. Não sei dizer por que conseguir um cão *deveria* ser fácil. Mas, para ela, é uma questão de tirar os animais de lá, já que muitos outros chegam das ruas, via *overground railroad*, todos os dias. Crawford faz coro a uma reclamação que já ouvi muitas vezes sobre processos de requerimento onerosos em abrigos, que recusam adotantes interessados quando considerados imperfeitos de acordo com a cautelosa administração.

Que tal invertermos o conceito mais uma vez? E se, em vez de enxergarmos os cães como animais com os quais precisamos lidar por meio da esterilização cirúrgica, nós os enxergássemos como animais a serem levados em consideração como indivíduos? E se pensássemos em cada cachorro como *alguém* para quem estamos fazendo *alguma coisa*?

"A ideia é óbvia se pensarmos em alguém que quer *nos* castrar", disse Shelly Kagan, filósofa moral da Universidade Yale, em uma mesa-redonda sobre os destinos dos animais. Se reconhecermos que os cães são conscientes e têm sensibilidade, a experiência deles durante e depois da castração, bem como a saúde, ganham relevância. Kagan não está convencida de que o penhasco que os abrigos dizem encarar seja suficiente para justificar os danos individuais. Mesmo que a castração universal seja "melhor" para os cães, "não significa que a melhor opção seja *admissível*".

E quanto ao sexo? A ordem existente na Noruega de tratar os cães como seres com valor intrínseco e a preocupação da Suécia com a "dignidade" do animal exigem que seus cidadãos pensem neles como indivíduos, não como uma propriedade a ser gerenciada. E indivíduos não têm apenas sensibilidade, como, talvez, desejos — de fazer sexo. Nós devemos uma vida sexual aos animais, é o que as abordagens desses países parecem dizer. Eles querem que os cachorros possam levar a vida que desejarem, dentro do razoável. "O ideal", disse Peter Sandøe, "é que de fato comecemos a olhar para cada animal como um animal", tratando-os com respeito e atenção às necessidades da espécie e do indivíduo.

Falar sobre as *necessidades* biológicas dos cães — se eles merecem ou não fazer sexo ou ter desejos sexuais — certamente provocará gargalhadas. Suspeito que o motivo pelo qual podemos nos sentir relutantes em levar a vida sexual canina em consideração seja a ideia de que nossos cachorros (mais uma vez) são um reflexo de nós mesmos. Assim como nossa sociedade, apesar da liberalização radical ao longo dos últimos sessenta anos, considera os detalhes do sexo sobretudo íntimos, indiscutíveis em ambientes profissionais, como se ninguém nunca o fizesse, ficamos mais do que felizes em fingir que não existe nada de sexual em relação aos cachorros. Nossas políticas de castração e aceitação revelam um sentimento profundamente ambivalente acerca da ideia de nossos cães fazerem sexo.

Os Estados Unidos têm completa aversão às práticas sexuais caninas. O tema do sexo entre cães praticamente desapareceu dos manuais de adestramento e de como cuidar de um cachorro: parte-se do princípio de que eles não vão cruzar ou, Deus nos livre, ter pensamentos lascivos. Embora restringir o acasalamento signifique, segundo os defensores da castração, ser um dono consciente, trata-se de uma profunda circunscrição daquilo que é, para todos os animais, parte comum da vida e parte significativa da interação social com outros cães.

Não é apenas sexo. Espera-se que os cães do outro lado da guia sejam *civilizados*: exigimos que sejam nossos representantes e obedeçam às regras de nossa cultura em um nível surpreendente. Isso significa que devem urinar e defecar em lugares específicos, não onde achar que deve; nada de enfiar o focinho nas partes íntimas alheias (humanas ou caninas); e nada de insinuações sexuais com conhecidos em público. Na verdade, um cão que emenda uma cheiradinha em uma nova amiga com uma tentativa vigorosa de montar em suas costas é considerado mal-educado.

O simples ato de montar, ou trepar, tem uma seção própria em livros que prometem curar seu cachorro de diversos comportamentos supostamente inadequados (que podem ser explicados por uma combinação de inclinações naturais dos cães e a inabilidade dos seres humanos de mostrar a eles com clareza o que gostariam que tivesse acontecido): pular, latir e destroçar os sapatos, as roupas de baixo ou as almofadas do dono. Muitos donos reconhecem a humilhação de ser a pessoa (ou a perna) para a qual um cachorro direciona tamanha intenção amorosa. Mas montar é um comportamento razoável, que faz parte do repertório dos cães, e alguns gostam de usá-lo entre si durante as brincadeiras. Ainda assim, o desconforto que o dono sente quando seu cachorro (castrado) monta outro (castrado) só compete com o constrangimento que o tutor daquele que é montado experimenta. Eu mesma levo em mim tão entranhada a cultura do comportamento "educado" entre os cães que, embora considere perfeitamente educado um cachorro farejar o traseiro de outro (com o consentimento desse outro), costumo afastar meu cão montador para poupar os tutores do embaraço.

Nós sentimos repulsa pela demonstração mais evidente dos desejos caninos. Mas de que nos envergonhamos? Da ideia de que o cachorro que monta serve para expressar o *meu* desejo oculto de montar aquele dono? De outros sentimentos lascivos desconhecidos pairando no ar? Ou do fato de que nossos cães, assim como nós, são animais que, de vez em quando (ou com frequência) gostariam de ser sexuais — e talvez ajam antes de ter "consentimento"? As três respostas são válidas — mas nunca chegamos a esse ponto, porque os tutores dos dois cachorros inevitavelmente os separam, restando-lhes para farejar apenas o ar deixado para trás.

Os cães querem fazer sexo? Biologicamente, sim. Individualmente, é provável que ocorram diferenças. O ato sexual canino termina, por exemplo, com o "abotoamento", momento em que os cães permanecem grudados através dos genitais por vários minutos ou até uma hora, traseiro com traseiro. Eles podem parecer angustiados por ficarem amarrados, e a genitália pode se manter inchada após o coito. Mas os cães quase não mostram evidências de prever essa surpreendente conclusão do ato sexual. Quando estão no cio, as cadelas certamente agem como se quisessem fazer sexo, tentando se mostrar disponíveis, exibindo os quadris para avaliação, afastando o rabo. Esse comportamento, é claro, está atrelado aos hormônios que estimulam o cio. Os machos que já conheci fazem o possível para "passar o rodo". Será que os cães castrados ainda podem sentir vontade de copular? A frustração animal é bem reconhecida na literatura científica. Como Sandøe descreveu, até mesmo o governo britânico concordou, lá em 1965, que os animais sentem não só dor, mas também frustração: "Então, oficialmente, reconheceu-se que os animais podem se sentir frustrados caso suas necessidades comportamentais não sejam satisfeitas", e, assim, qualquer ação que as bloqueie seria considerada nociva e proibida.

E, no entanto, as necessidades caninas não são idênticas às nossas. Um cão macho com desejo de montar pode ser — e é, em alguns círculos — confundido com o desejo que uma pessoa tem de ser considerada viril. A existência de um implante testicular chamado "Neuticles", uma mistura de "neuter", do inglês "castrar", e "testicles", ou "testículos", comprova a confusão. "Neuticles permite que seu precioso animal de estimação mantenha a aparência natural e a autoestima, além de ajudar tanto o animal quanto o dono com os traumas associados ao procedimento", anuncia a propaganda do produto. A literatura científica sobre os cães não explica como os animais castrados podem perder a "autoestima" típica de um cachorro intacto — porque não faz o menor sentido.* O produto, que busca "reproduzir os testículos dos animais em tamanho, forma, peso e sensação" (sensação... para quem?), é voltado para o dono que se preocupa com a própria autoestima e a "aparência natural". O *New York Post* citou a hesitação de um homem em castrar seu pinscher miniatura de sete quilos: "Pensei: 'Ele vai ficar menor, ou menos musculoso, mais afeminado.'" Algumas sociedades protetoras, ignorando a falta de noção específica desse tipo de comentário, deram apoio ao produto, uma vez que poderia ser uma forma de convencer um indivíduo a castrar seu cachorro.

No que diz respeito à castração, a sensibilidade dos donos fica mais em evidência do que as necessidades do cão. A "conveniência" costuma ser citada como razão pela qual um dono deveria castrar seu cachorro. "Uma cadela no cio é um verdadeiro caos, e os donos não gostam disso", disse Anita Oberbauer, pesquisadora de ciência animal da Universidade da Califórnia, em Davis,

---

* O site do produto cita alegremente um estudo de 2009, no qual pesquisadores implantaram neuticles em macacos adolescentes castrados para controlar as semelhanças visuais com macacos intactos e, em seguida, analisaram o efeito da gonadectomia no desenvolvimento social desses animais. Lamentavelmente, a empresa deve ter interpretado mal os resultados: os macacos castrados tiveram o desenvolvimento social prejudicado — os pesquisadores sugerem que isso se deva a uma falta de hormônios — e ter neuticles não aprimorou suas habilidades. A descoberta do estudo também é condizente com a interpretação de que os neuticles podem ter contribuído para as dificuldades sociais.

na conferência sobre castração. Ela diz isso como criadora de cães. "É caótico: precisei confiná-la na cozinha", contou-me veterinário.* Uma cadela pode urinar pela casa e espalhar secreção vaginal cheia de sangue por onde quer que ande ou se deite; o cio dura algumas semanas. Oberbauer cita a suposta melhoria das "características indesejáveis" — ou seja, comportamentos como passeios noturnos dos machos e incidentes sexuais decorrentes — como vantagens da castração. Por sermos os donos dos cães, podemos definir a vida deles de modo a ser mais conveniente para *nós mesmos* — menos caótica, mais controlada.

* * *

Se analisarmos de outro ângulo, a característica mais misteriosa das leis de castração é a existência de tantas exceções à regra. Em Los Angeles, por exemplo, não são apenas os cães cuja saúde pode ser comprometida pela cirurgia que estão isentos da política obrigatória de castração, mas também os empregados "pelas forças policiais para fins policiais", "cães de serviço ou de assistência que auxiliam pessoas deficientes" e "cães de competição". O motivo pelo qual as equipes policiais precisam de cães machos não castrados (e os machos são uma óbvia preferência para o papel, embora as fêmeas possam ter um desempenho melhor) é um mistério — provavelmente porque não existe uma explicação científica para desvendá-lo. Na verdade, para cães de busca e salvamento e outros cães de trabalho, os veterinários especializados

---

* "Caótico" é, na verdade, o termo mais utilizado para descrever este fenômeno biológico bastante comum — que, a propósito, faz parte do processo responsável por produzir um filhotinho para você.

recomendam castrar as fêmeas, "porque cadelas no cio que participam das buscas com outros cachorros acabam criando uma distração", e "elas perderão muitos meses de treinamento e de serviço se derem crias". Mas, "para os machos, castrar ou não tem mais a ver com psique do que com dados", disse-me Cindy Otto, do Working Dog Center. "As pessoas pensam que [os machos] se tornam mais 'agressivos'" quando permanecem intactos, "mas não existem provas quanto a isso — e, na minha opinião, com base em nossos cachorros, eles de fato podem ficar mais focados quando castrados", disse ela. Não há evidência alguma de que a falta de testículos reduza as habilidades de detectar, proteger ou até mesmo atacar. A necessidade de testículos ou ovários em cães-guia ou de serviço também é intrigante.

Os "cães de competição" são a terceira exceção, e se referem aos animais registrados no American Kennel Club ou em outro clube de cães de raça pura, que podem ou não competir em qualquer tipo de esporte ou exposição. Vamos nos ater a esse ponto por mais alguns instantes. Para fazer parte dessa categoria, é preciso ser um cão de raça pura, produzido por outros cães de raça pura, por intermédio de um criador de cães de raça pura. Ou seja, os criadores são total e inequivocamente isentos da exigência de castrar seus cachorros. Os filhotes produzidos e comprados por outros também são isentos. Deixando de lado por um momento tudo aquilo que sabemos sobre criadores (bons ou ruins, responsáveis ou de fundo de quintal), trata-se de uma lei que proíbe a produção de filhotes, exceto pelos produtores de filhotes. É como proibir o assassinato, exceto pelos assassinos. Existe uma classe de indivíduos, os "criadores", considerados produtores aceitáveis, embora não haja nenhuma qualificação para se tornar um criador (a não ser afirmar que se é um) e arcar com as despesas de ser sócio de um clube canino.

Criar cães de raça pura, como devemos lembrar, é um processo de cruzamento consanguíneo. Já produziu tanto indivíduos fantásticos como pesadelos genéticos. Mas, além de nossa cultura atual aceitar a endogamia, nossas leis garantem que a perpetuação das raças puras — com a exclusão específica daquelas que não o são — seja inevitável. Se a castração fosse universalmente bem-sucedida, teríamos conseguido não apenas reduzir populações indesejadas. Teríamos inadvertidamente modificado os cães: os mestiços seriam extintos.

* * *

Como podemos fazer a coisa certa pelos cães? Qualquer pessoa atenciosa que goste de cachorros se faz essa pergunta. A narrativa da superpopulação — que, por si só, é poderosa — e a solução proposta para o problema — a castração — se apropriaram da resposta. Mas o que aconteceria se o significado de ser um dono responsável fosse compreender o cachorro *como* cachorro, com sua biologia e seus comportamentos? E se nossas preferências ou conveniências não pudessem ser superiores às preferências do animal?

Com a castração, tratamos os cães como a parte responsável por um problema que nós criamos e mantemos. A superpopulação, disse um agente de controle de zoonoses no início do reconhecimento da crise, "não é um problema canino, é um problema humano". Pedimos aos cães que se submetam a um procedimento cirúrgico em nosso favor — para lidarmos com a superpopulação que nossas ações causaram. Pedimos aos cães que se submetam ao procedimento em nome dos outros membros da espécie, presumindo que o destino dos cachorros será melhor se tivermos menos indivíduos. Por que esse é um peso que eles precisam carregar? Por que o problema não é dos seres humanos, que, ao longo de milênios de domesticação, se responsabilizam pelos cães?

O problema *é nosso*. É um problema da sociedade e para a sociedade. Assim como não deveria ser obrigação dos funcionários de abrigo assumirem a responsabilidade por toda a superpopulação em nome da sociedade, não é obrigação dos cães serem castrados para salvar a espécie. Um abrigo, escreveu certa vez Bernard Rollin, especialista em bioética, não protege de fato os animais: ele protege pessoas irresponsáveis; protege nossa sociedade de ter que enfrentar as consequências de nossos impulsos. Embora sejam os cães que realizem a superpopulação, nós fizemos os cães e somos responsáveis por eles. Agimos como se fosse perfeitamente aceitável escolher as especificidades de nossos animais com base em caprichos passageiros ou popularidade local — as raças de cães que aparecem nos filmes resultam em muitas compras imprudentes de filhotes — e depois descartá-los quando ficam mais velhos, indisciplinados, ou quando simplesmente perdem o brilho inicial. Como responsáveis pela gênese dos cães, como aqueles que guiaram os antigos protolobos para nossas aldeias e nossos lares, que esculpiram cães de focinho bizarramente pequeno, patas curtas e rosto peludo a partir do bem-adaptado lobo — nós, humanos, temos o dever moral de garantir que eles não percam toda sua animalidade. A criação arbitrária de cães satisfaz nosso desejo e ignora suas vontades e sua dignidade.

Nosso amor pelo cão de grife atinge níveis surpreendentes:

alguns funcionários de abrigo com quem conversei, testemunhas oculares da devastação do cruzamento consanguíneo e dos danos constantes causados pelo excesso de criações, me disseram que as pessoas desejam cães com determinada aparência, ou que sejam de uma raça que já tiveram antes — mesmo que sejam animais geneticamente danificados pela criação, como o pug.

Em menor grau, as pessoas que adotam cachorros também são estranhamente identificadas como a solução para o problema da sociedade. Indivíduos "responsáveis". Aqui, torna-se relevante o fato de que aqueles que escolhem criar cães como "criadores" são isentos, por lei, de carregar o peso de castrar seus animais; seja por amor, seja por dinheiro, eles têm permissão para continuar a produção de cachorros. Na verdade, aqueles que ignoram qualquer responsabilidade e criam cães de maneira desenfreada e negligente, causando mais problemas para todos, também são isentos. Não existe punição nem mesmo desencorajamento para essa prática. Qualquer que seja o melhor caminho para cachorros e seres humanos, não é por aí.

Será que devemos aos cães individuais — o fiel filhotinho a seu lado, o cão esperançoso no abrigo, o futuro cãozinho que ainda não nasceu — consideração moral? A filósofa Shelly Kagan argumenta que todos os animais têm um peso moral — que o modo como agimos em relação a eles não é "moralmente irrelevante". Certamente, a maioria dos donos trata seus cachorros com o maior cuidado e atenção. O fato de que às vezes cometemos erros de julgamento a respeito dos desejos e das necessidades do animal não vêm ao caso aqui: o ponto é que levamos em consideração as necessidades dos cães.

Castrar é uma exceção notável. A proliferação de opções veterinárias atesta a diversidade de maneiras pelas quais tratamos os cachorros como gostaríamos de ser tratados. Hoje, enquanto escrevo este livro, acabo de falar com um veterinário que, diante dos resultados de raio x e ressonância magnética de meu cachorro manco, sugeriu que tentássemos agora a ultrassonografia, a injeção de esteroides e a fisioterapia aquática. Nós avaliamos uma extensa lista de opções. De algum modo, a castração passa despercebida: esse mesmo cachorro passou por uma grande operação antes de o conhecermos, e simplesmente aceitamos este fato, concordando que a superpopulação canina é um problema terrível. Ao castrarmos, porém, estamos pedindo ao meu cachorro, e a todos os cachorros, que carregue todo o peso da carga moral de nosso ato imoral: excesso de criação e completa irresponsabilidade com a espécie.

Por que agimos assim? Os cães são animais com os quais podemos fazer esse tipo de coisa. Nós "podemos", uma vez que controlamos, em grande medida, seu destino. Mas, como cachorros são incapazes de protestar contra o tratamento que recebem, cabe a nós refletirmos por eles. Se lhes é prejudicial, e se consideramos os cães seres dignos de atenção individual, então precisamos ser capazes de justificar esse dano — não só para a espécie, mas também para o indivíduo: para Finn. Para Beezelbub. O motivo pelo qual vivemos com os cães não é por gostarmos de ter esse animal — com sua animalidade — ao nosso lado? Se não conseguimos justificar nosso comportamento, deveríamos questionar se as futuras gerações de seres humanos devem ter permissão para ter cachorros. Estamos prontos?

Sem graça

Em um primeiro momento eu me culpei. Ao sair do cinema e avançar pela rua banhada pelo sol radiante do meio-dia, estava furiosa por dentro. Havia acabado de assistir ao filme *Ilha dos cachorros*, de Wes Anderson — uma animação que conta a história de um Japão distópico em que os cães são enviados para uma ilha cheia de lixo —, com um som surround de fazer vibrar os assentos. Eu me encolhi diante do sol forte e logo deduzi o motivo de minha ira: jamais deveria ter ido assistir a um filme durante o dia. Sair, depois de duas horas, do escurinho confortável de um mundo ficcional para um dia comum sempre me deixa com os nervos à flor da pele.

Depois de andar alguns quarteirões, consegui me acalmar um pouco. Não era a luz do dia que me fazia fechar a cara; eram os cachorros. Os cachorros do filme a que havia acabado de assistir: criações em *stop-motion*, retratados com destreza, a espinha dorsal da história.

Sempre assisto a filmes com cachorros com uma mistura de receio e animação. Embora existam muitas coisas que eu espero poder conhecer sobre as experiências, a compreensão, as percepções e os sentimentos dos cachorros, a ciência da cognição canina ainda está dando seus primeiros passos. Não sabemos mais do que aquilo que já sabemos: e fico sempre na expectativa de que um relato ficcional sobre os cães possa me oferecer um novo vislumbre de como eles são — ou até mesmo a possibilidade de ver algo que nós, cientistas, não vemos.

Infelizmente, não foi o caso desse filme. Os cachorros eram frutos reconhecíveis de nossa imaginação: com vozes e preocupações humanas, eles serviam basicamente como fantoches para uma trama humana. Certamente, esta não é a primeira vez que os cães fazem o papel de substitutos fofos e peludos dos seres humanos nos filmes. Assim como todos os animais, eles aparecem em diversas animações — em todo tipo de papel, desde professor genial (Sr. Peabody em *As aventuras de Rocky e Bullwinkle*) até o trapalhão adorável (*Scooby-Doo*) e o fiel e consciente parceiro (Gromit, em *Wallace e Gromit*). Por meio de um mau uso da tecnologia cinematográfica, a boca dos cães se mexe em filmes *live-action* como *Beethoven*, *Marmaduke* e *Perdido pra cachorro*, para acabar com qualquer receio de que um cão possa de fato ser... simplesmente um cão. O simples fato de haver um cachorro vagando pela cena de um filme — ao acompanhar uma criança, passear pela cidade ou esperar perto da árvore de Natal — é uma ferramenta conhecida por proporcionar um senso de realidade. Ao incluir um cachorro como personagem de um filme, a realidade não é apenas reproduzida, mas melhorada. Infelizmente, muitos diretores acabam exagerando e distorcem a realidade com os cães. Cachorros fictícios se tornam o tema e os sujeitos. E, ao que parece, o público gosta de ver, por exemplo, uma cachorrinha de raça pura e bem tosada com a voz da Scarlett Johansson flertar com um vira-lata maltrapilho que soa como o Bryan Cranston. Os espectadores ao meu redor riam animadamente dos pontos fracos dos personagens de *Ilha dos cachorros*: são tão reconhecíveis! Porque trata-se de fraquezas humanas transferidas para os cães.

Enquanto franzia os olhos diante do sol e remoía minha raiva em silêncio, me dei conta, com um sobressalto, de que não conseguia mais rir dos cachorros. Não achava mais graça dos vídeos hilários do YouTube e das fotos-que-todo-mundo-precisa-ver, com cães vestidos pelos donos em trajes ridículos (chapéus, pequenos smokings, meias-calças). Não achava mais graça dos GIFs com caretas de cães impassíveis, forçados a usar uma coroa de balões; dos memes que representam cachorros como seres ignorantes, incapazes de controlar o próprio intestino, ou como responsáveis pelo excesso de alimentação.

Pensando bem, acho que parei de achar engraçado há um bom tempo. No espaço de uma década, desde que realizei um estudo sobre o que motivava o "olhar de culpa" dos cães, o compartilhamento de fotos de "cachorros envergonhados" se disseminou feito uma praga. Não consigo entender o que há de tão hilariante em escrever uma plaquinha representando algo que seu cachorro definitivamente não sente ou diz ("Desculpe por ter comido as asas de frango"; "Cruzei com o travesseiro"; "Eu como calcinhas"), pendurá-la no pescoço dele e postar a imagem na internet.

Os seres humanos conhecem há muito tempo o poder da humilhação pública contra os que violam as regras de uma cultura. Basta voltarmos algumas centenas de anos no tempo para encontrarmos cabeças raspadas, testas marcadas a ferro, placas de confissão e pelourinhos como formas de punição criminal. Mulheres com um A escarlate bordado no vestido eram uma desgraça para o gênero feminino e párias da sociedade. E nem precisamos voltar no tempo: em pleno século XXI, o sistema judiciário norte-americano condenou um homem, culpado por roubo de correspondência, a "ficar do lado de fora de uma agência de correio com uma placa pendurada no peito onde se lia 'Eu roubei cartas. Esta é minha punição'" durante cem horas.

A eficácia da humilhação como forma de punição depende tanto de ser visto quanto de saber que alguém está sendo visto. Embora os cachorros possam estar livres do sentimento de vergonha de terem sua suposta transgressão publicada no mundo inteiro, o "olhar de culpa" fica em evidência na expressão e na postura corporal dos inúmeros cães "envergonhados". Em minha pesquisa, o que as pessoas pensavam ser culpa por parte dos cachorros era, na verdade, uma reação respeitosa e suplicante às broncas e punições dos donos: está mais para "Por favor, não me machuque" do que para "Fiz besteira". Não me parece tão hilariante assim.

Está vendo? Sem graça. Da mesma forma, minha opinião firme contra fantasias de Halloween para cachorros (*não* faça isso) — mesmo que estejam vestidos de Darth Vader, de papa ou de algum personagem do McLanche Feliz — é de que não têm graça. E, olha, se ainda não comentei, fazer seu cachorro equilibrar um petisco no focinho enquanto você prepara a câmera também é meio que péssimo.

Todos os meus colegas da área de comportamento veterinário são igualmente rígidos. Suas avaliações nada sorridentes a respeito do tipo de vídeo de cachorros com bebês — em que os olhos de um cão surpreendentemente estoico se arregalam e o corpo congela quando uma criancinha agarra seu pelo (até que ele começa a tentar lambê-la/mordiscá-la); assim como aquela sua foto "fofa" em que seu filho puxa a cabeça do cachorro para um abraço desajeitado — são impiedosas.

O que há de errado com a gente? Será que somos incapazes de ver o amor que as pessoas que perpetuam essas bobagens sentem pelos cães?

Fico surpresa com minha falta de humor, porque sinto uma grande e sincera alegria em estar com os cães e pensar sobre eles. Vivo dando risadas na presença deles. Quando entro em algum cômodo e encontro meus cachorros, sinto as rugas em minha testa se desfazerem, meus ombros caírem, os músculos de minha mandíbula relaxarem. A visão de um cachorro se aproximando de mim no meio do caminho me faz abrir um sorriso largo e involuntário.

A vida com os cães tem muito humor, só não deve envolver nenhum tipo de humilhação. Esse tipo de humor priva os cães de sua dignidade. "Uma forma justa de medir uma sociedade civilizada é como suas instituições se comportam no espaço entre o que pode ser feito e o que deveria ser feito", escreveu um juiz no caso do roubo de correspondências. Nós *podemos* vestir um cachorro de Yoda, de Frodo ou de peru assado, mas não deveríamos. A filósofa Lori Gruen identifica como atos de roubo de dignidade aqueles em que "os animais são forçados a ser algo diferente deles mesmos" e "quando são submetidos ao ridículo, apresentados como um espetáculo risível". É quase certo que ela não estivesse sorrindo quando escreveu isso. Mas já a vi sorrir ao descrever as travessuras dos cães que conhece, e estou sorrindo agora mesmo ao pensar em um passeio matinal pelas calçadas da cidade com um de meus cachorros, que gentilmente me conduz, decidido, até as portas de todos os pet shops que existem no caminho.

A magia dos cachorros é que eles nos libertam de nossa existência indigna — de nossa autoconsciência e nossas inibições; dos obstáculos que nós mesmos impomos ao prazer; de nossa relutância em nos sentirmos envergonhados, expostos ou vulneráveis. Eu rio quando um cachorro me cumprimenta com lambidas efusivas, encantada com o nível de entusiasmo que eles podem sentir. Com o que já me senti tão entusiasmada na vida? Nós disfarçamos e ridicularizamos nossos odores corporais, mas o focinho de um cachorro vai direto para o meio de minhas pernas. Eles também se surpreendem com o som e o cheiro daquele arzinho que escapa por trás do próprio rabo. Fico alegre ao ver um cão animado em suas corridas frenéticas;* um cão pequeno que, com cautela ou determinação, aponta o focinho para cima, na direção de um cachorro grande; meus cachorros prestando o máximo de atenção a palavras que rimem com "passear", "petisco", "farejar", "okay" e "gato"; rabos que balançam sincronizados; o ar desconfiado com a aproximação de um filhote muito agitado; cães rolando na neve; cães procurando, caçando, encontrando, trazendo de volta, descobrindo, cavando, mastigando.

O que provoca a alegria é o fato de eles serem *quem são* — às vezes, perfeitos exemplos de "cães" como um todo; mas sempre exemplos precisos de quem aquele cão específico é.

Hoje em dia, embora possamos pintar um retrato altamente inteligível de quem os cachorros são, ainda há muito em nosso

---

* As divertidíssimas "corridas frenéticas" [*zoomies*] foram descritas por especialistas em cães como corridas circulares em que os membros posteriores às vezes ficam à frente dos membros anteriores, o que "pode levar os donos de primeira viagem a suspeitarem de que seu cachorro enlouqueceu momentaneamente".

modo de lidar com eles que ignora ou subverte essa imagem. Nós herdamos esses hábitos com os cães, e já passou da hora de reexaminá-los.

Pense em lugares onde não há cachorros — os zoológicos, por exemplo. Seria ultrajante encontrar um cachorro no zoológico. E não tem nada a ver com o fato de que eles não são exóticos o 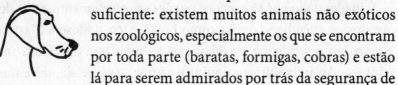 suficiente: existem muitos animais não exóticos nos zoológicos, especialmente os que se encontram por toda parte (baratas, formigas, cobras) e estão lá para serem admirados por trás da segurança de um vidro. Em vez disso, a indignação com a ideia vem de sua simples inaplicabilidade: os cães estão *entre nós*; são nossa família, nossos amigos. Estão do meu lado no sofá agora mesmo. Além do mais, o lugar deles é entre nós, em cima do sofá — não em gaiolas, isolados das pessoas.*

Mas onde está seu amigo agora, enquanto escrevo este livro e você o lê? Talvez esteja a seu lado, em seu sofá. No entanto, o estilo de vida da maioria dos donos permite outra previsão: sozinho. Hoje em dia, ter um cachorro significa forçá-lo a se isolar. Ao escrever sobre as condições de vida dos animais de zoológico, o biólogo Heini Hediger mostrou-se preocupado com o "isolamento em cativeiro". Os donos de cães arriscam o contrário: criar um cativeiro por meio do isolamento. Os cachorros ficam sós a maior

---

* Havia cachorros nos zoológicos do século XIX: entre os macacos e os grandes felinos do Bristol Zoological Garden havia cães "exóticos" — são-bernardos, labradores e esquimós (husky e malamute). Até 1950, duas décadas após o reconhecimento da raça pelo AKC, ainda era possível encontrar huskies no zoológico. E os cães se infiltraram nos zoológicos com outras funções: como família substituta (1841: um chimpanzé ganhou um cãozinho após ter perdido seu companheiro; 1843: uma cadela da raça pointer foi encarregada de amamentar uma cria de leopardos sem mãe) e animais de terapia (um spaniel emparelhado com uma pantera; um border collie fazendo companhia a um leão). Hoje, no Zoológico de San Diego, os cães convivem com os guepardos a fim de servir de exemplo de comportamento amigável para os felinos.

parte da vida; dada a dependência que eles têm de nós, suas interações com outros cães e outras pessoas é bastante regulada — e foge totalmente ao controle deles. Sozinho dentro de uma grande gaiola,* o cão tem sua experiência sensorial e física ainda mais limitada, até o momento mágico em que você entra pela porta. Para serem nossos, eles têm se tornado reféns.

É inadequado para a espécie: os cães são, certamente, mais do que nossos apêndices. Assim como Lori Gruen, a filósofa Martha Nussbaum defende a ideia de que os animais têm dignidade intrínseca. Ao interagirmos com um animal, sugere ela, devemos permitir que ele floresça para se tornar "o que quer que seja" — cachorro, elefante, vaca, coelho, cavalo, caracol. Mudar o curso da vida de um animal com atos de crueldade, negligência ou morte é claramente errado. Mas, é curioso, o mesmo vale para atitudes que impedem suas habilidades — a habilidade de um cachorro "ser um cachorro".

Mais do que humilhar ou vestir fantasias, a relutância das pessoas em prestar atenção e ter curiosidade a respeito de quem os cachorros realmente são significa negar-lhes dignidade.

Como cientista em busca de organização e procedimento, meu coração bateu mais forte com a lista de elementos que Nussbaum enumera como necessários para uma existência digna. Todos eles são coisas que podemos fazer pelos cachorros. Ela começa: permitir que tenham vida, saúde e integridade, além de atividades gerais para o bem-estar mental e emocional. Fácil: todos nós alimentamos nossos cães, cuidamos deles quando ficam doentes, tentamos tratá-los

---

* Hoje em dia, as gaiolas são famosas no mundo do adestramento (utilizadas com a melhor das intenções, recomendadas por adestradores que respeito e admiro) para manter os cães confortáveis e comportados durante as horas de solidão. Não deixa de ser um confinamento que limita as possíveis experiências do animal, por mais que seja um recurso bem-intencionado.

bem e damos brinquedos a eles. Mas ela também diz: estimulação dos sentidos, movimentação livre, exposição a uma série de elementos — "uma rica pluralidade de atividades da vida diária". Traduzindo para a língua dos cães, interpreto como: visões e fungadas diárias; possibilidade de correr, encontrar coisas novas ou uma variedade de coisas velhas queridas; a chance de tentar algo novo e desafiador. Ela prossegue: a oportunidade de se afeiçoar aos outros; brincar. Para os cães: uma vida social com pessoas e outros cachorros; não apenas um tempo com você, mas um tempo no chão com você, brincando, lutando ou se encostando. Nussbaum: contato com o mundo natural; ter um pouco de controle sobre o ambiente. Para os cães: poder sair regularmente, farejar a grama, rolar na terra, brincar na água; e ter direito a opções — a simples chance de escolher aumenta o bem-estar.

Talvez não seja coincidência estas serem as coisas — farejar, lamber, correr, criar laços, brincar — que já me alegram em relação aos cães. Quando, daqui a dois minutos, eu sair da cadeira, meu cachorro vai levantar a cabeça, lamber o focinho, descer do sofá e alongar o corpo virado para mim, os olhos atentos para saber o que estamos prestes a fazer juntos. Isso faz dele um ser completamente digno. E ele me empresta um pouco dessa dignidade. *Hilário!*

O conto do cachorro

É raro encontrar um dono que não tenha um carinho especial pelo cachorro em seu coração. Sejam eles fontes de renda, ajudantes de caça, sejam, com maior frequência, amigos e companheiros de família, nós amamos nossos cães. Isso é fantástico não apenas para eles, mas também para a nossa espécie. Sempre que adotamos um novo cachorro, demonstramos a complacência de ampliar nosso círculo para incluí-lo. Todos os dias procuramos tratar bem nosso cão: a indústria de US$ 70 bilhões dos animais de estimação comprova nosso esforço em obter "apenas o melhor" para eles. Pesquisamos a melhor ração nos pet shops; oferecemos petiscos e brinquedos; organizamos nossa vida para encaixar um horário de passeio durante o dia. Guardamos um pouco da janta para eles. O melhor de nós vem à tona quando os incluímos no círculo de Animais Especiais dos quais nos aproximamos. O nome que damos aos cães, a forma como conversamos com eles e a disposição que temos para deitar no chão e brincar são os melhores resultados da individualidade que lhes concebemos, em sentido amplo. Nos nossos piores dias, buscamos um cão para receber um carinho ou o afeto de suas lambidas.

Ao mesmo tempo, somos volúveis com eles. Nossa língua revela uma atitude inconstante: com exceção da descrição literal de um cão do sexo feminino, *cadela* é um termo definitivamente pejorativo. A métrica *doggerel* é infantil, inexperiente — o filhote desajeitado da poesia; a *casinha de cachorro* é o lugar para onde somos levados quando não nos comportamos; em inglês, as expressões *dog-tired* [cansado como um cachorro] e *sick as a dog* [doente como um cachorro] não são condições desejadas; *hound* [cão de caça] é um verbo que significa assediar alguém (o verbo *harass*, de mesmo significado, vem do termo "hare", usado para provocar um cão de caça). *Dias de cão* e *vida de cão* são expressões tristes. Também em inglês, *hangdog* [cão enforcado] significa "envergonhado" e remete à prática medieval de enforcar publicamente os cães acusados de cometer crimes. Até mesmo a palavra *cachorro* não é um elogio quando direcionada a alguém.*
Escondido na palavra *adulação*, temos o termo em latim *adulari*, "bajular alguém como um cão abanando o rabo".

Como vimos, ao examinarmos de perto, muitos de nossos comportamentos completamente normalizados com os cães mostram-se surpreendentes. Fazemos doenças surgirem com o cruzamento de cães. Desprezamos os impulsos reprodutivos desses animais

---

* Com algumas exceções: a partir do fim do século XVII, *you old dog* [seu velho cão] também pode descrever uma pessoa alegre e calorosa. Os jargões do hip hop no século XX também produziram uma nova camada: é quando vemos Sean Connery dizendo a Rob Brown "Você é o cara, *dawg*" no filme *Encontrando Forrester*, popularizando um uso amigável da palavra "dog".

— e tentamos eliminá-los; castigamos, mutilamos e abandonamos os cães. Parece que gostaríamos que eles fossem humanos, mas de muitas maneiras, definitivamente, não os tratamos como tais.

Eles são *nossos*. Os cães são nossos. E rapidamente também estão se tornando prisioneiros dessa posse. A história do cachorro é que eles são acoplados a nós: nosso rabo, seguindo nossos passos; ligados a nós de maneira inextricável. Quais são nossas responsabilidades com esse companheiro fiel? Há muito entusiasmo e boas intenções com os cães hoje em dia, o que encaro com esperança: eles já estão no nosso coração. Entretanto, observe bem a forma como vivemos com os cachorros e de onde nossas ideias sobre essa convivência surgiram. Veremos, então, como nos tornamos socialmente complacentes com a noção de que, como os cachorros são "bajulados" — a criança mimada dos animais domésticos —, eles devem ter vidas maravilhosas.

Sugiro que não deixemos nossos compromissos com os cães serem ditados por acidentes do passado. De muitas maneiras, a visão que temos dos cães foi imposta por indústrias centradas no lucro e em motivações suspeitas. Chegou a hora de questionarmos como devemos viver com essa espécie que acoplamos à nossa existência. Talvez não exista para os cães um estado natural longe de nós.* Se "libertarmos" um deles — abra a porta e solte os cães de caça —, ele buscará um jeito de se juntar aos humanos, seja de maneira íntima, seja a uma distância segura. A despeito da imaginação de Jack London em *O apelo da selva*, eles não voltariam a ser lobos. A questão, então, é: considerando a ligação atual que os cães têm com os seres humanos, podemos melhorar a vida deles?

---

* Também não é evidente se um estado "natural" é o ideal para qualquer animal: algumas pessoas argumentam que a vida de um animal selvagem é essencialmente curta e difícil.

Sim, podemos. Podemos analisar melhor a situação que nos encontramos com os cães. No momento, os cachorros ainda são nossa posse; nós somos os donos; eles pertencem a nós. Além disso, dada a dependência da espécie em relação aos humanos, pode-se argumentar que eles *precisam* ser mantidos como propriedade, na medida em que ainda precisamos ser responsáveis por seus cuidados. Mas é uma propriedade que reconhece estar *vivendo* bem debaixo de nosso nariz. Nós ajudamos a fazer dos cães aquilo que eles são; não podemos nos eximir desse fato nem ignorar sua animalidade.

A animalidade dos cães foi o que nos interessou neles a princípio: que maravilha ter um animal em casa, com seus pensamentos misteriosos, suas aventuras e percepções — que também encara seu olhar, sorri para você e escuta seu resumo do dia atentamente. Mesmo assim, é a animalidade que parecemos querer remover deles hoje em dia. Eliminando seu sexo, seu cheiro — sua biologia. Surge uma tensão quando percebemos que não sabemos tudo sobre os cães, que não podemos prever ou controlar todos os seus comportamentos. Que eles têm motivações que não gostamos, experiências que não inspecionamos, necessidades que não imaginamos.

E se, em vez disso, pegarmos a contribuição do cachorro para a família — em geral, composta de pessoas completamente diferentes — e a levarmos a sério? E se abraçarmos nossas diferenças em vez de resistirmos a elas? O próprio fato de ampliarmos nossa família para incluir outra espécie é um exemplo claro de nossa capacidade de empatia. Existem milhares de funcionários de abrigos que levantam todos os dias com a missão de resgatar cães de rua e em situações de abuso; de levá-los para bons lares. É impressionante como eles mantêm a sanidade e o bom humor: são, sem dúvida, conduzidos pelo amor puro dos cães, mas eles também demonstram com cada cachorro quanto somos capazes de resistir para ajudar o próximo.

Acredito que esse é o caminho para os cachorros. Uma das forças de nossa espécie é a disponibilidade para ajudar os outros. Vamos, então, ajudar os cães a serem cães — tentar enxergá-los da maneira que são, para que possamos ajudá-los a fazer aquilo que querem. Deixe o cão farejar aquela coisinha, rolar naquela outra, ter a sua companhia, se envolver, socializar, se ocupar. A maneira como nós — individualmente e como sociedade — tratamos os cães é importante. Levar em consideração aquilo que é o ideal para os cães e os deixará mais felizes é reconhecer o encanto do vínculo que nos conecta.

Nossa troca de olhares — o elo da relação entre cães e humanos — nos transformou como espécie e nos transforma como indivíduos. De fato, olhar para os cães mudou a própria maneira como enxergo o mundo. Mesmo após a morte de Pumpernickel, percebo como me direciono para algumas árvores de tronco largo, caminho ao lado de cercas-vivas e me sinto feliz ao lado de placas ou esquinas de prédios — porque esses eram os interesses *dela*. Finnegan me trouxe um olhar aguçado para enormes poças de chuva no parque. Não sou mais indiferente às batidas das portas de garagem ou aos estouros barulhentos do escapamento de carros, porque Upton se assusta com todos eles. A vida com os cães mudou permanentemente minha percepção, meus hábitos, a maneira como me movimento pelo espaço.

Aquilo que somos com os cães é aquilo que somos como pessoas. Cada crueldade, abraço, negligência e indulgência é um retrato de nós mesmos quando ninguém está olhando. Em que tipo de espécie nos transformaríamos se tentássemos enxergar os cães de um novo jeito, em prol deles próprios? Seríamos um animal que eu adoraria conhecer.

Agradecimentos

Agradeço, especificamente, às seguintes pessoas por suas considerações, seu conhecimento e seu tempo a respeito de um ou mais assuntos de relevância canina:

"O nome perfeito": Stanley Brandes, Bob Fagen, Jesse Scheidlower, Richard Zacks.

"Ser tutor de um cão": David Favre, Stephen Zawistowski.

"Coisas que as pessoas dizem a seus cães": Keith Olbermann e todos os donos que completaram o questionário.

"O problema com as raças": Bronwen Dickey, Brynn White — extraordinária bibliotecária do American Kennel Club —, Stephen Zawistowski, os veterinários e a equipe do Maddie's Shelter Medicine Program da Escola de Veterinária da Universidade da Flórida.

"Coisas de cachorro": Katherine Grier (e seu livro essencial), Daniel Hurewitz, Brynn White.

"O cachorro no espelho": Dan Charnas (*you dawg*).

"Contra o sexo": Amy Attas, Thierry Bedossa, Cynda Crawford e outros do Maddie's Shelter Medicine Program, Anne Lill Kvam, Cindy Otto, Stephen Zawistowski.

"Sem graça": Honor Jones, do NEW YORK TIMES; Kirsten van Vlandren, do Colonial Theater.

"O conto do cachorro": Ammon Shea.

Obrigada, de modo geral, aos estudantes de Cognição Canina e aos pesquisadores do Laboratório Horowitz de Cognição Canina por conversas constantes sobre cachorros ao longo de uma década; aos donos sempre prestativos e aos charmosos e cooperativos cães que participaram de nossos estudos; e a April Benson, pelo apoio generoso ao laboratório.

A New York Society Library, Barnard College, e a Roe Jan Library me proporcionaram lugares silenciosos para trabalhar e ar produtivo para respirar, e por isso sou grata.

Agradeço a Becca Franks e a Jeff Sebo, que estimularam meus pensamentos em relação a diversos assuntos deste livro; a Wendy Walters, pelos ensaios; a Valeria Luiselli e a Jesús Rodriguez-Velasco, pelas ideias sobre manuscritos medievais que inspiraram meus pensamentos nas notas; a Julie Tate, pela cuidadosa verificação dos fatos nos capítulos "Contra o sexo", "O problema com as raças" e "Ser tutor de um cão"; e a Elizabeth e Jay, que incentivaram em mim o amor pelos animais, por pensarem com clareza e questionarem a sabedoria percebida. Pela amizade e pelas conversas sobre livros, agradeço a Meakin Armstrong, Betsy Carter, Catherine Chung, Alison Curry, Daniel Hurewitz, Elizabeth Kadetsky, Maira Kalman, Sally Koslow, Aryn Kyle, Susan Orlean, Aaron Retica, Timea Szell, Jennifer Vanderbes e Bill Vourvoulias.

Devo a todos da Scribner um grande agradecimento por me acompanharem enquanto acompanho meus cães: em especial, Susan Moldow, Nan Graham e Roz Lippel. E, mais ainda, sinto-me grata e privilegiada por ainda ter Colin Harrison como leitor e editor e Sarah Goldberg com seu olhar artístico e crítico. Jaya Miceli, Kara Watson, Ashley Gilliam, Brian Belfiglio, Abigail Novak, obrigada por ajudarem a dar vida a este livro — e agradeço a Christian Purdy por dar asas a ele.

Agradecimentos

Se é para ter uma câmera apontada para mim, fico sempre feliz que seja Vegar Abelsnes por trás dela. Agradeço sua constância: as minhas fotos com Finnegan tiradas por ele são um registro de nossa vida juntos: tendo início em 2008, com A CABEÇA DO CACHORRO (Finn: 1 ano), prosseguindo por 2012, 2015 e, agora, 2019 (Finn: 11 anos) — ainda que a capa seja de Edsel.

Sou grata a Kris Dahl, da ICM, pelas várias conversas descontraídas e criativas, e por sua defesa inabalável.

Obrigada a Ammon e Ogden, por olhar, passear e falar comigo sobre cachorros. E, mais uma vez, agradeço a Ammon, pela generosidade de seu entusiasmo a respeito de cada assunto novo. A Damon, por pensar em voz alta comigo. E, novamente, a Ogden, por me conceder a ilustração desta página.

Finnegan e Upton, vocês não fazem ideia de como sou grata por vocês e por todos os inúmeros cães que já trocaram olhares comigo. Fico muito feliz de ter conhecido todos vocês.

Referências

O NOME PERFEITO

18 *um besouro chamado* Anelipsistus americanus: Todos os exemplos de nomes em latim foram encontrados no maravilhoso livro de John Wright *The Naming of the Shrew: A Curious History of Latin Names*, de 2014.

18 *indri e ilhas Canárias*: Etimologia do *Oxford English Dictionary*.

20 *"efeitos problemáticos" — aqueles que surgem a partir das diferenças reais entre animais singulares*: Martin, P. e H. C. Kraemer, 1987. Individual differences in behaviour and their statistical consequences. *Animal Behaviour*, 35, 1366-1375.

21 *"Eu não fazia ideia que teria sido mais apropriado [...] atribuir a cada chimpanzé um número em vez de um nome"*: Goodall, 1998, citada em E. S. Benson., 2016. Naming the ethological subject. *Science in Context*, 29, 107-128.

21 *sobre os problemas da identificação individual de animais*: Kenward, R., 2000. *A Manual for Wildlife Radio Tagging*.

21 *sobre Druzhok*: Pavlov, I. 1893. Vivisection, via D. P. Todes. 2001. *Pavlov's Physiology Factory: Experiment, Interpretation, Laboratory Enterprise*.

22 *nada de Amiguinho*: Pavlov, I., 1927. *Conditioned Reflexes*.

22 *Nos laboratórios de neurociência contemporâneos que estudam primatas:* Sharp, L. 25 de abril de 2017. "The animal commons in experimental laboratory science." Palestra apresentada no seminário Human-Animal Studies University, Universidade Columbia.

23 *Aos seis meses de vida, os bebês humanos são capazes de reconhecer os sons da fala:* Bortfeld, H., J. L. Morgan, R. M. Golinkoff e K. Rathbun., 2005. Mommy and me: Familiar names help launch babies into speech-stream segmentation. *Psychological Science, 164,* 298-304.

23 *fazendas nas quais as vacas têm nome produziram 258 litros de leite a mais:* Bertenshaw, C. e P. Rowlinson, 2009. Exploring stock managers' perceptions of the human-animal relationship on dairy farms and an association with milk production. *Anthrozoös, 22,* 59-69; D. Valenze, 2009. *Milk: A Local and Global History.*

24 *nomes dos cães de Viena:* Schmidjell, T., F. Range, L. Huber e Z. Virányi. 2012. Do owners have a Clever Hans effect on dogs? Results of a pointing study. *Frontiers in Psychology, 3,* 558.

24 *nomes dos cães alemães:* Bräuer, J., J. Call e M. Tomasello., 2004. Visual perspective taking in dogs (Canis familiaris) in the presence of barriers. *Applied Animal Behaviour Science, 88,* 299-317.

24 *nomes dos cães ingleses:* Piotti, P. e J. Kaminski, 2016. "Do dogs provide information helpfully?". *PLOS One, 11,* e0159797.

24 *nomes dos cães de Nova York:* Horowitz, A., J. Hecht e A. Dedrick, 2013. Smelling more or less: Investigating the olfactory experience of the domestic dog. *Learning and Motivation, 44,* 207-217.

25 *nomes de galgos corredores:* Arluke, A. e C. R. Sanders, 1996. *Regarding Animals,* pp. 12-13.

26 *as práticas de nomeações dos baribas:* Schottman, W., 1993. Proverbial dog names of the Baatombu: A strategic alternative to silence. *Language in Society, 22,* 539.

REFERÊNCIAS

27 *os nomes para cães mais escolhidos na minha região ao longo dos anos*. New York City Department of Health. "Dog names in New York City". Disponível em: http://a816-dohbesp.nyc.gov/IndicatorPublic/dognames/. Acesso em 18 de agosto de 2018.

28 *"Spigot" [Torneira], "Bubbler" [Bebedouro] etc.*: Xenophon. "On Hunting". Disponível em: http://bit. ly/2vT8hx3 & http://bit.ly/2womJOG.

29 *Alexandre, o Grande batizou seu cão*: O'Brien, J. M., 1994. *Alexander the Great: The Invisible Enemy*.

29 *os nomes dos cães de Acteon*: Mayor, A. "Names of dogs in ancient Greece". Disponível em: http://www.wondersandmarvels.com/2012/07/names-of-dogs-in-ancient-greece-3.html.

29 *Os nomes recomendados para cães de caça na Idade Média*: Walker-Meikle, K., 2013. *Medieval Dogs*.

29 *o nome de um cachorro "de certo modo deveria conter implicitamente todos os elementos para uma conversa com [o cachorro] sobre sua personalidade"*: 6 de maio de 1871. "The Naming of Dogs", *The Spectator*.

29 *um homem chamado Carl reservou "o nome Rock"*: 19 de agosto de 1876. *Chicago Field*.

30 *"melódicos e sonoros"*: 6 de outubro de 1888. Notes and Queries, 269. Disponível em: http://bit.ly/2wlMNXY.

30 *regras de nomeação do AKC*: Disponível em: http://www.akc.org/register/naming-of-dog/. Acesso em 8 de agosto de 2017.

30 *No inglês estadunidense, como seu ouvido já deve saber por intuição, a maioria das palavras dissílabas e trissílabas tem ênfase na primeira sílaba*: Jesse Scheidlower, comunicação pessoal, 29 de agosto de 2017.

31 *Pequineses e livros de registros genealógicos*: *The American Kennel Gazette and Stud Book*, vol. 34. Disponível em: http://bit.ly/2vpp3oD. Acesso em 8 de agosto de 2017.

31 *Um livro de 1706 sobre cães de caça*: 6 de outubro de 1888. Notes and Queries. Disponível em: http:// bit.ly/2wlMNXY.

31 *Os cães de George Washington:* Grier, K., 2006. *Pets in America: A History*, p. 34.
31 *Foxhounds do século XIX:* Trigg, H. C., 1890. *The American Fox-hound.*
31 *Os cães de Mark Twain:* Zacks, R., 2016. *Chasing the Last Laugh: Mark Twain's Raucous and Redemptive Round-the-World Comedy Tour.*
31 *As revistas infantis do século XIX:* 1879-1880. *Harper's Young People*, 20 volumes.
32 *um Peter Kelley, um Rum Punch [Ponche de Rum] e um Billy Sykes vivendo no South Side:* 28 de outubro de 1896. "Fashions in dogs' names." *Austin Daily Statesman*, p. 6.
32 *Entre os setters ingleses com pedigree:* 1878. *National American Kennel Club Stud Book*, vol. 1.
32 *Os animais de estimação também recebiam apelidos humanos:* Grier, 2006, p. 237.
32 *O primeiro animal de estimação do Hartsdale Pet Cemetery:* Disponível em: https://www.hartsdalepetcrematory.com/about-us/our-history/.
33 *os nomes nas lápides do Hartsdale:* Brandes, S., 2009. The meaning of American pet cemetery gravestones. *Ethnology*, 48, 99–118.
33 *William Safire pediu que os leitores de sua coluna On Language [Sobre a linguagem, em tradução livre] lhe enviassem os nomes de seus cachorros:* 22 de dezembro de 1985. "On Language: Name that dog". *The New York Times.*
38 *As práticas de nomeação dos tlingit:* Bob Fagen, comunicação pessoal, 2 de julho de 2017; ver também G. T. Emmons. *The Tlingit Indians,* 1991.
38 *As práticas de nomeação em Taiwan.* Chen, L. N. H., 2017. Pet-naming practices in Taiwan. *Names*, 65, 167-177.
39 *Em fóruns de nomes de bebês:* Ver, por exemplo, o Twitter de Lauren Collins', 2 de agosto de 2017, após seu artigo da revista *New Yorker* sobre nomes de crianças.

Referências

SER TUTOR DE UM CÃO

48 *mobílias caninas*: Shearin, A. L. e E. A. Ostrander., 2010. Canine morphology: Hunting for genes and tracking mutations. *PLOS Biol*, 8, e1000310.
48 *"Afinal de contas, um cachorro é apenas um cachorro."*: Henderson v. Henderson. 2016 SKQB 282 (CanLII). Disponível em: https://www.canlii.org/en/sk/skqb/ doc/2016/2016skqb282/2016skqb282.html.
48 *"Saia daqui e vá comprar outro cachorro."*: McLain, T. T., 2009. Detailed discussion: Knick-knack, paddy-whack, give the dog a home?: Custody determination of companion animals upon guardian divorce. *Michigan State University College of Law*. Disponível em: https://www.animallaw.info.
49 *os cães são "bens atribuíveis"*: Kindregan, C. P., Jr., 2013. Pets in divorce: Family conflict over animal custody. *American Journal of Family Law*, 26, 4, 227-232.
49 *Um labrador chocolate de 5 anos é "propriedade conjugal"*: 25 de julho de 2002. C. R. S., Plaintiff, v. T. K. S., Acusado. Suprema Corte, condado de Nova York.
49 *"fazer um cronograma de visitas a uma mesa ou a uma lâmpada"*: 5 de julho de 2002. Desanctis v. Pritchard, Apelação. Tribunal Superior de Justiça da Pensilvânia, 803 A.2d 230.
49 *Os cães Gracie [...] e Roxy*: 31 de dezembro de 2015. Enders v. Baker. Tribunal de Apelação de Illinois.
49 *Será que um juiz deveria conceder a uma das partes a posse das "facas de manteiga da família"*: 2016. Henderson v. Henderson (Canadá). Disponível em: https://www.canlii.org.
49 *O caso da custódia de Joey*: 29 de novembro de 2013. Travis v. Murray. Suprema Corte, condado de Nova York.
50 *resolvia-se a disputa entre duas pessoas quanto à custódia legítima de um cão ao chamá-lo e ver para qual lado ele iria*: Walker-Meikle, 2013, p. 29.

50 *disposição adequada de um boston terrier sem nome conhecido:* 15 de maio de 1944. John W. Akers v. Stella Sellers. Tribunal de Apelação de Indiana.

51 *O caso da custódia de um doberman do Tennessee:* Hamilton, J. T., 2005. Dog custody case attracts nationwide interest. Em W. L. Montell, org., *Tales from Tennessee Lawyers*, pp. 180-181.

52 *Os cães são parte da família:* 2015. The Harris Poll. Disponível em: http://www.theharrispoll.com/health-and-life/Pets-are-Members-of-the-Family.html.

53 *O bioeticista Bernard Rollin:* 12 de agosto de 2015. "When is it ethical to euthanize your pet?" The Conversation. Disponível em: http://theconversation.com/when-is-it-ethical-to-euthanize-your-pet-44806.

55 *o versículo seguinte do livro de Gênesis:* Scully, M., 2003. *Dominion: The Power of Man, the Suffering of Animals, and the Call to Mercy*, p. 44. [*Domínio: O poder do ser humano, o sofrimento dos animais e um pedido de misericórdia*, Civilização Brasileira, 2018.]

55 *Antigo Testamento:* Provérbios 12:10 e Oseias 2:18, respectivamente, via K. Thomas. 1996. *Man and the Natural World: Changing Attitudes in England 1500-1800*, p. 24. [*O homem e o mundo natural: Mudanças de atitude em relação às plantas e aos animais, 1500-1800*, Companhia das Letras, 1988.]

56 *a domesticação era vista como boa para os animais:* Thomas 1996, p. 20.

56 *Etimologia da dominância:* Oxford American Dictionary.

56 *as leis "foram estabelecidas em prol dos homens":* Wise, S. M,. 2003. The evolution of animal law since 1950. Em D. J. Salem e A. N. Rowan, orgs. *The State of the Animals*, vol. II, pp. 99-105.

56 *As origens da lei romana:* Wise, 2003; também "The common law and civil law traditions". Escola de Direito, UC Berkeley. Disponível em: https://www.law.berkeley.edu/library/robbins/CommonLawCivilLawTraditions.html.

57 *Os pontos de vista de Descartes e Kant:* Francione, G. L., 2004. Animals — Property or persons? Em C. R. Sunstein e M. C. Nussbaum, orgs. *Animal*

Rights: Current Debates and New Directions, pp. 108-142. Ver também Kant, *Antropologia*, a partir de um ponto de vista pragmático.

57 *Darwin sobre continuidade:* Darwin, C., (1871) 2004. *The Descent of Man*. London: Penguin. [*A origem do homem e a seleção sexual*, editora Hemus, 1974.]

57 *seu status moral "não era diferente do status de objetos inanimados":* Francione, 2014, p. 110.

58 *Os donos como "desviantes sociais":* Taylor, N. e T. Signal, orgs., 2011. *Human-Animal Studies: Theorizing Animals: Re-thinking Humanimal Relations.*

58 *Os próprios donos como suspeitos:* Ritvo, H., 1989. *The Animal Estate: The English and Other Creatures in Victorian England*, pp. 175–176.

59 *"Talvez chegue o dia em que o restante da criação animal venha a adquirir os direitos":* Bentham, J., 1823. *An Introduction to the Principles of Morals and Legislation*. Capítulo XVII, seção 1, parágrafo IV, e nota de rodapé 122. [*Uma introdução aos princípios da moral e da legislação*, Abril Cultural, 1974.]

60 *apenas a "inflição injustificada" de dor, "sem nenhum propósito razoável", é ilegal — mas não a própria inflição:* "Animal cruelty". *Catholic Encyclopedia*. Disponível em: http://www.catholic.org/encyclopedia/view.php?id=812.

60 *A centralidade da lei no ser humano:* Favre, D. e V. Tsang., 1993. The development of anti-cruelty laws during the 1800s. *Detroit College of Law Review*, 1, 1-36.

60 *Nova York no século XIX:* Ver, por exemplo, Dickens, C., 1842. *American Notes*; Liboiron, M. 2012. History of consumption and waste in the U.S., 1800-1850. In Zimring, C. A. e W. L. Rathje, orgs. *Encyclopedia of Consumption and Waste: The Social Science of Garbage*, pp. 356-358; Miller, B., 2000. *Fat of the Land: Garbage of New York-The Last Two Hundred Years.*

61 *os cães não tinham nenhum "valor socialmente reconhecido"*: Favre, D., 2010. Living property: A new status for animals within the legal system. *Marquette Law Review*, 93, 1021.

61 *Henry Bergh e a evolução das leis:* Favre e Tsang, 1993.

61 *Mas o espírito da lei, que com o tempo ultrapassou os limites de Nova York, fez avanços:* Favre, 2010.

61 *relato do embate entre Thursday e Dan:* 26 de julho de 1889. *Cincinnati Enquirer*, p. 2.

62 *Status de propriedade na Virgínia:* 2008. Virginia Code Ann. § 3.2-6585, de Favre, 2010.

62 *As leis anticrueldade do estado de Nova York:* State of New York Department of Agriculture and Markets. Artigo 26 da Lei de Agricultura e Mercados em relação à Crueldade Animal, § 353, 353-a.

62 *"O envenenamento indiscriminado de cães não é permitido em Baltimore":* 3 de junho de 1890. "City dogs that may be captured". *Baltimore Sun*.

64 *"Com que força você bate no cachorro?":* Monges de New Skete. 2002. *How to Be Your Dog's Best Friend*, p. 75.

64 *Somente "um estado mental maligno" representa malícia:* 16 de março de 1990. Regalado v. Estados Unidos. Tribunal de Apelação do Distrito de Columbia.

65 *FBI e casos de crueldade:* Disponível em: https://www.fbi.gov/news/stories/-tracking-animal-cruelty. Acesso em: 4 de janeiro de 2018.

65 *Lei de Bem-Estar Animal:* Brulliard, K., 18 de outubro de 2018. "USDA's enforcement of animal welfare laws plummeted in 2018, agency figures show." *Washington Post*.

65 *"Lei de Prevenção à Crueldade e à Tortura Animal":* Disponível em: https://www.congress.gov/116/bills/hr724/BILLS-116hr724ih.pdf.

66 *graças ao interesse constante dos seres humanos em poder "controlar, dirigir ou consumir":* Favre, D., 2000. Equitable self-ownership for animals. *Duke Law Journal*, 50, 473-502.

REFERÊNCIAS

66 *"Adicione uma bicicleta, um animal de estimação ou tacos de golfe à sua viagem"*: Anúncio da Amtrak durante compras de passagens on-line. Disponível em: https://www.amtrak.com/ibcontent/ancillary_introtext. Acesso em: 9 de janeiro de 2018.

66 *"não tenha cheiro, não cause perigo:* Disponível em: https://assistive.amtrak.com/h5/assistive/r/www.amtrak.com/onboard/carry-on-pets.html. Acesso em: 9 de janeiro de 2018.

66 *Preparação dos cães para o inverno:* Brody, J. E., 19 de dezembro de 2017. "How to 'winterize' your dog." *The New York Times.*

66 *Ambiente externo para deixar os cães na Ikea:* Disponível em: https://www.apartmenttherapy.com/dog-parking-at-ikea-175781.

67 *Você pode usar um valioso labradoodle como garantia em um empréstimo:* Francione, 2014, pp. 116-117.

67 *Estudo de Bateson:* Bateson, P., 2010. Independent inquiry into dog breeding.

67 *Animais como fontes de capital no Egito:* Mikhail, A., 30 de janeiro de 2017. Human-Animal Studies seminar, Universidade Columbia.

67 *Padrões de bem-estar dos canis:* General Business Law do estado de Nova York. Artigo 35-D. "Sale of dogs and cats." Disponível em: https://www.agriculture.ny.gov/AI/AILaws/Art-35D-Sale-of-Dogs-and-Cats.pdf.

68 *"valor de livre mercado":* McLain, 2009.

68 *Animais usados para pesquisas simples, testes em produtos etc.:* Francione, 2014, p. 109.

68 *ratos, camundongos e pássaros (que não são nem considerados "animais"):* Lei de Bem-Estar Animal. "O termo 'animal' [...] exclui (1) pássaros, ratos do gênero *Rattus* e camundongos do gênero *Mus*, criados para uso em pesquisas." Disponível em: https://www.nal.usda.gov/awic/animal--welfare-act. Acessado em 9 de janeiro de 2018.

69 *mas também existe um número significativo de cães:* Departamento de Agricultura dos Estados Unidos, 2016. Serviço de Inspeção da Saúde de Animais e Plantas. Relatório Anual de Uso Animal por Ano Fiscal. Em 2016, o número foi de 60.979.

69 *Claude Bernard:* Zwart, H., 2008. What is a dog? Animal experiments and animal novels. In *Understanding Nature: Case Studies in Comparative Epistemology.*

69 *cão marrom:* Thornton, A., 2012. Portrait of a man and his dog: The Brown Dog affair. Disponível em: https://blogs.ucl.ac.uk/researchers-in-museums/2012/10/22/portrait-of-a-man-and-his-dog-the-brown-dog-affair/.

70 *Barbra Streisand clonou o cão:* Stevens, M., 28 de fevereiro, de 2018. "Barbra Streisand cloned her dog. For $50,000, you can clone yours." *New York Times.*

72 *"É custoso proteger os interesses animais":* Francione, G. L. e A. E. Charlton, "The case against pets". *Aeon.* Disponível em: https://aeon.co/essays/why-keeping-a-pet-is-fundamentally-unethical.

73 *"quase todos os animais são utilizados apenas por hábito":* Francione, 2004, p. 115.

73 *não somos muito bons em determinar o que cada cão ou animal precisa agora:* Ver, por exemplo, Franks, B., 2019. "What do animals want?" *Animal Welfare Science,* 28, 1-10.

74 *habeas corpus para Tommy:* Walsh, B., 2 de dezembro de 2013. "Do chimps have human rights? This lawsuit says yes". *Time.* Ver também https://www.nonhumanrights.org/blog/lawsuit-filed-today-on-behalf-of-chimpanzee-seeking-legal-personhood/.

74 *entidades "de qualquer natureza" podem ser pessoas:* Disponível em: https://www.lawinsider.com/clause/person.

74 *Ser uma pessoa quer dizer que você conta com certos interesses significativos:* Francione, 2004, p. 131.

Referências

74 *"coisas" são propriedade de "pessoas", mas não têm direito algum*: Wise, 2003.

74 *Nunca houve uma época em que apenas seres humanos fossem considerados pessoas*: Wise, S. M., 24-25 de fevereiro, 2017. "Nonhuman animals as legal persons". Palestra do simpósio "I am not an animal!: The signature cry of our species", Universidade Emory. Vídeo disponível em: http://www.earthintransition.org/2017/05/non-human-animals-legal-persons/.

75 *"Não há direitos na relação entre o homem e o animal"*: Cícero, M. T. *De finibus*, 3.67.

75 *A aplicação histórica do habeas corpus:* S. M. Wise., 2007. The entitlement of chimpanzees to the common law writs of habeas corpus and de homine replegiando, *Golden Gate University Law Review*, 37, 257.

75 *uma chimpanzé chamada Cecilia:* "The first 20 days of Cecilia." Disponível em: http://www.projet ogap.org.br/en/noticia/the-first-20-days-of-cecilia/. Ver também "Chimpanzee recognized as legal person." Disponível em: https://www.nonhumanrights.org/blog/nonhuman-rights-project--praises-argentine-courts-recognition-of-captive-chimpanzees-legal--personhood-and-rights/.

75 *"Embora possa ser argumentado que um chimpanzé não é uma 'pessoa', não há dúvida de que também não é apenas uma coisa":* 8 de maio de 2018. Opinion on Motion No. 2018-268. In the Matter of Nonhuman Rights Project, Inc., on Behalf of Tommy, Appellant, *v.* Patrick C. Lavery, &c., et al., Respondents and In the Matter of Nonhuman Rights Project, Inc., on Behalf of Kiko, Appellant, *v.* Carmen Presti et al., Respondents. Tribunal de Apelação do Estado de Nova York.

75 *"qualquer extensão de direitos para uma nova entidade havia sido, até então, inconcebível":* Stone, C. D., 1972. Should trees have standing? – Towards legal rights for natural objects. *Southern California Law Review* 45, 450–501.

76 *o rio Ganges e um de seus afluentes, o rio Yamuna, na Índia, também receberam tal distinção:* Roy, E. A., 16 de março, de 2017. New Zealand river granted same legal rights as human being. TheGuardian.com; Safi, M., 21 de março de 2017. Ganges and Yamuna rivers granted same legal rights as human beings. TheGuardian.com.

76 *Esse conceito remete à separação dos objetos entre propriedades ou pessoas legais:* Favre, 2000.

78 *Animais domésticos como cidadãos:* Donaldson, S. e W. Kymlicka., 2011. Zoopolis: A Political Theory of Animal Rights.

79 *"bem-estar" de um cachorro:* Alaska: Emenda da AS 25.24.160, Capítulo 24 sobre Divórcio e Dissolução do Casamento. Ver https://www.animallaw.info/statute/ak-divorce-§-2524160-judgment; para Illinois, ver http://www.ilga.gov/legislation/ilcs/ilcs5.asp?ActID=2086.

80 *o compromisso é com os indivíduos caninos, não com o Estado:* Favre, 2000, p. 494.

80 *alguns estados contam com decretos que exigem "condições sanitárias":* Ver, por exemplo, o Código Penal de Michigan, § 750.50(1), via Favre, 2000.

81 *ser um cão por completo:* A lista é parcialmente inspirada por Nussbaum, M. C., 2004. Beyond "compassion and humanity": Justice for nonhuman animals. Em Sunstein e Nussbaum, orgs., pp. 299–320.

81 *"o apetite por lixo, a promiscuidade sexual":* Serpell, J., 2017. From paragon to pariah: Cross-cultural perspectives on attitudes to dogs. Em seu *The Domestic Dog: Its Evolution, Behavior, and Interactions with People*, p. 310.

COISAS QUE AS PESSOAS DIZEM A SEUS CÃES

87 *Stephen Colbert:* Disponível em: http://www.cc.com/video-clips/m3omdi/the-colbert-report-malcolm-gladwell.

89 *"Coom biddy":* Thomas, 1996, pp. 95-97.

Referências

90 *"Ora, ora!", diz ele a Jip, o cão:* Lofting, H., (1920) 1948. *The Story of Doctor Dolittle*, p. 150. [*A história do Doutor Dolittle*, Martins Fontes, 2001.]

91 *"mamãe" ou "papai" do cachorro:* Arluke e Sanders, 1996, pp. 67ff.

91 *os mesmos padrões de atividade cerebral ao olharem para fotos dos cães e dos filhos:* Stoeckel, L. E., L. S. Palley, R. L. Gollub et al., 2014. Patterns of brain activation when mothers view their own child and dog: An fMRI study. *PLOS ONE, 9,* e107205.

91 *com muitas variações:* Ben-Aderet, T., M. Gallego-Abenza, D. Reby e N. Mathevon., 2017. Dog-directed speech: Why do we use it and do dogs pay attention to it? *Proceedings of the Royal Society B, 284.*

92 *Em vez disso, tendemos a repetir palavras:* Ver, por exemplo, Jeannin, S., C. Gilbert e G. Leboucher. 2017., Effect of interaction type on the characteristics of pet-directed speech in female dog owners. *Animal Cognition, 20,* 499–509.

92 *costumamos dar muita ênfase às vogais:* Burnham, D., C. Kitamura e U. Vollmer-Conna, 2002. What's new, pussycat? On talking to babies and animals. *Science, 296,* 1435.

92 *Ênfase em frases dirigidas a estrangeiros que estudam inglês como segunda língua:* Uther, M., M. A. Knoll e D. Burnham. 2007. Do you speak E-N-G-L-I-S-H? A comparison of foreigner-and infant-directed speech. *Speech Communication, 49,* 2–7.

94 *povo indígena Yurok:* Serpell, 2017, p. 303.

97 *Elas repetem mais as palavras:* Prato-Previde, E., G. Fallani e P. Valsecchi, 2006. Gender differences in owners interacting with pet dogs: An observational study. *Ethology, 112,* 64-73.

100 *Dá patinha! Dá patinha!:* Compartilhado comigo via Twitter.

101 *envolvendo-os como se eles pudessem nos responder:* Conforme notado por Beck e Katcher, 1983 (em Arluke e Sanders, 1996) em suas observações das interações entre dono e veterinário.

104 Tchauzinho, Max; Vejo você amanhã, rapazinho: Robins, D. M., C. R. Sanders e S. E. Cahill, 1991. Dogs and their people: Pet-facilitated interaction in a public setting. *Journal of Contemporary Ethnography, 20*, 3-25.

105 "Mamãe está tão malvada hoje": Tannen, D. 2007. Talking the dog: Framing pets as interactional resources in family discourse. Em D. Tannen, S. Kendall e C. Gordon, orgs. *Family Talk: Discourse and Identity in Four American Families*, pp. 49-70.

105 "fantasia humana" de como a comunicação deveria ser: Garber, M., 1996. *Dog Love*. 82 *"We like our pets' silence":* Fudge, E., 2008. *Pets (Art of Living)*, p. 52.

105 Luath: Magnum, T., 2002. Dog years, human fears. Em Nigel Rothfels, org. *Representing Animals*, pp. 35-47.

106 "Odeio andar só": Dezembro de 1827. Revista *Blackwood's Edinburgh*, pp. 731-733.

106 delatores: Ver, por exemplo, Stables, G., 1893. *Sable and White: The Autobiography of a Show Dog*, via Ritvo, 2007.

106 "Melhor festa do pijama de todos os tempos": Disponível em: https://www.instagram.com/p/ BPxjyQdADq9/?hl=en&taken-by=chloetheminifrenchie.

106 cães de Instagram: Newman, A., 13 de julho de 2017. "This Instagram dog wants to sell you a lint roller." *The New York Times*.

107 pessoas com poder ou autoridade tendem a traduzir o discurso daqueles que estão sob seus cuidados: Arluke and Sanders, 1996, p. 62.

107 "Falas" do exame veterinário: Arluke e Sanders, 1996, p. 67. 84 *"I am sensing a smell that's not mine":* Jeannin et al., 2017. 84 *the dog is the center:* Goffman, 1981, em Tannen, 2007.

108 "discurso interior": Ver, por exemplo, Alderson-Day, B. e C. Fernyhough, 2015. Inner speech: Development, cognitive functions, phenomenology, and neurobiology. *Psychological Bulletin, 141*, 931-965.

109 "Mas é óbvio que devemos falar com os cães, madame": Da apresentação de D. McCaig's a Hearne, V., 2007. *Adam's Task: Calling Animals by Name*, p. xi.

109 Eu te amo: 2002. "Did you know..." *Canadian Veterinary Journal*, 43, 344.

109 Até mesmo o simples som de nossa voz: Tannen também fala de conversa como som.

O PROBLEMA COM AS RAÇAS

111 Padrão da raça clumber spaniel (Nota: os padrões de raça também podem ser encontrados no site do American Kennel Club e estão amplamente disponíveis na internet): Site do Clumber Spaniel Club of America. Disponível em: https://www.clumbers.org/index.php/clumbers/breed-standard/official-akc-standard. Acesso em 23 de fevereiro de 2019.

112 "shepterrier escocês rabo de coelho" etc.: Do Território de Zaguates.

113 "entender e cuidar de seu cão melhor do que nunca"; "Conhecer a linhagem de seu cachorro": Embark e Wisdom Panel, respectivamente.

114 Padrão da raça sloughi: Disponível em: https://www.akc.org/dog-breeds/sloughi/. Acesso em 23 de fevereiro de 2019.

116 bem mais de 50 milhões de cães: Ghirlanda, S., A. Acerbi, H. Herzog e J. A. Serpell, 2013. Fashion vs. function in cultural evolution: The case of dog breed popularity. *PLOS ONE*, 8, e74770.

116 cães "híbridos" da raça setter: 1878. *National American Kennel Club Stud Book*, vol. 1.

117 os cães com pedigree deveriam ter características estabelecidas: Serpell, J. A., e D. L. Duffy, 2014. Dog breeds and their behavior. Em A. Horowitz, org. *Domestic Dog Cognition and Behavior*, pp. 31–57.

117 Um cão de caça com faro aguçado, foco, resistência (eles precisavam correr 160 quilômetros por semana): Kalof, 2007.

117 Criação de cães de caça: Ritvo, 1989.

118 pit bulls cruzados com terriers: Dickey, B., 2016. *Pit Bull: The Battle over an American Icon*, p. 33.

118 *"Para que serve a beleza?":* Julho de 1927. *AKC Gazette.*

118 *Padrão da raça welsh springer spaniel: Site do Welsh Springer Spaniel Club of America:* Disponível em: https://www.wssca.com/html/welshStandard.html. Acesso em: 23 de fevereiro de 2019.

118 *Max von Stephanitz e Horand:* Stephanitz, V. 1923. "The German Shepherd dog in word and picture." Disponível em: http://bit.ly/2ypKweZ.

118 *Padrão da raça pastor-alemão:* Disponível em: http://www.akc.org/dog--breeds/german-shepherd-dog/.

119 *Exposição Newcastle upon Tyne:* Pemberton, N. e M. Worboys. Junho de 2009. "The surprising history of Victorian dog shows." Revista *BBC History.*

119 *criação de cavalos:* Ritvo, H., 1986. Pride and pedigree: The evolution of the victorian dog fancy. *Victorian Studies*, 29, 227-253.

119 *Em Newcastle, o vencedor:* Lane, C. H. 1902. *Dog Shows and Doggy People*; Sampson, J. e M. M. Binns, 2006. The Kennel Club and the early history of dog shows and breed clubs. Em E. A. Ostrander, U. Giger, e K. Lindblad--Toh, orgs. *The Dog and Its Genome*, pp. 19-30.

120 *"a escolha de pontos a serem avaliados é totalmente arbitrária":* Ritvo, 1989, p. 105.

120 *"Onde havia um nome, havia uma raça":* Ritvo, 1989, p. 107.

120 *"um belo rosto segmentado" [...] ombros "largos, inclinados e profundos":* Ritvo 1989, p. 112; ver também Maj. J. M. Taylor, (1874-1891) 1892. Bench Show and Field Trial records and standards of dogs in America and valuable statistics.

121 *deixava pouco espaço para o cérebro:* Ritvo, 1989, p. 114; padrão da raça: "crânio [...] bastante plano e amplo, com focinho pontudo e belo comprimento [...] o tipo greyhound é muito censurável, pois não há espaço no crânio para o cérebro."

121 *Padrão da raça setter gordon:* c. 1884. The Malcolm Standard for judging Gordon Setters, p. 3.

121 *Belmont e Malcolm:* Taylor, 1892.

Referências

121 *cocker spaniel, mastiff, pug:* spaniel and pug: Taylor, 1892; padrão da raça mastiff, 1887.

122 *"Dog fashions for 1889":* Ritvo, 1989.

122 *Trapaças nas exposições caninas e a formação do Kennel Club:* Ritvo, 1989, pp. 98-102.

123 *exclusão absoluta de cães "com sarna":* 1885. Constitution, by laws and rules and regulations of the American Kennel Club.

123 *As primeiras raças puras:* 1878. *National American Kennel Club Stud Book,* vol. 1; 1898, vol. 15. Ver também *The Complete Dog Book,* vol. 20, do AKC.

123 *quase 350 raças reconhecidas:* Per Fédération Cynologique Internationale. Disponível em: http://www.fci.be/en/. Acesso em: 6 de agosto de 2018.

123 *A exposição canina de Barnum:* 18 de maio de 1862. *The New York Times.*

124 *Golden mountain berdoodle:* Visto no Kijiji, o Craigslist de Toronto.

124 *pit bulls XXL, cavachons e cavapoos:* Disponível em: http://www.foxglovecavachonpuppies.com/available-puppies/; http://www.xxldesignerpitbulls.com/general-information.html.

124 *pré-escolas altamente competitivas que custam US$ 32 mil ao ano:* Disponível em: http://www.blackboardawards.com/downloads/Manhattan_PreSchool_Tuition_08.pdf. Acesso em 3 de maio de 2018.

124 *Raças populares nos bairros de Nova York:* Disponível em: https://project.wnyc.org/dogs-of-nyc/. Acesso em 3 de maio de 2018.

124 *Padrão da raça shih tzu:* Disponível em: http://americanshihtzuclub.org/breed_standard. Acesso em 3 de maio de 2018.

125 *Padrão da raça labrador retriever:* Disponível em: https://thelabradorclub.com/about-the-breed/breed-standard/. Acessado em 3 de maio de 2018.

125 *responsáveis pelo aumento da popularidade de suas respectivas raças:* Ghirlanda, S., A. Acerbi e H. Herzog, 2014. Dog movie stars and dog breed popularity: A case study in media influence on choice. *PLOS ONE, 9,* e106565.

126 *Padrão da raça cão da montanha dos Pireneus:* Site do Great Pyrenees Club of America. Disponível em: http://gpcaonline.org/jeillustrated.htm. Acesso em 23 de fevereiro de 2019.

127 *Os cães de Shakespeare:* Nagarajan, S., 2017. *Shakespeare's King Lear: An Edition with New Insights*, p. 240.

127 *Cães mestiços do século XVIII:* Buffon, M., maio de 1769. Natural history of the dog. *Universal Magazine of Knowledge and Pleasure*, pp. 241-246.

128 *a maioria das raças que vemos hoje foi "totalmente fabricada":* Ritvo, 1989, p. 106.

128 *Afghan hound na Arca de Noé:* Drury, W. D., 1903. British dogs, their points, selection, and show preparation; Dickey, 2016.

128 *Padrão da raça afghan hound:* Disponível em: http://akc.org/dog-breeds/afghan-hound/.

128 *Padrão da raça xoloitzcuintle:* Disponível em: http://www.akc.org/dog-breeds/xoloitzcuintli/.

129 *os cães geneticamente mais velhos:* Larson, G., E. K. Karlsson, A. Perri et al., 2012. Rethinking dog domestication by integrating genetics, archaeology, and biogeography. *Proceedings of the National Academy of Sciences USA, 109*, 8878-8883.

129 *um pequeno recipiente de osso do Egito Antigo:* Disponível em: http://www.metmuseum.org/art/collection/search/545210.

129 *Arte medieval: Como a tapeçaria de Bayeux, século XI; e A jornada dos Magos.*

130 *Jan van Eyck:* Trata-se do retrato dos Arnolfini.

130 *Fyt:* No século XVII; muitos exemplos dessas pinturas.

130 *"O bom samaritano", gravura do século XVII de Rembrandt:* Disponível em: http://www.metmuseum.org/toah/works-of-art/41.1.53/.

130 *"Englishe dogges":* Caius, Johannus., 1576. *De Canibus Britannicus*, traduzido para o inglês como *Of Englishe dogges.* Disponível em: https://archive.org/details/ofenglishedogges00caiuuoft. Ver também Ritvo, 1989, pp. 93-94.

131 O Book of Saint Albans: Walker-Mielke, 2013, p. 82.

131 *Linnaeus:* Sampson e Binns, 2006.

Referências

131 O propósito dos cães: Ritvo, 1989.

131 Padrão da raça spaniel bretão: Site do The American Brittany Club. Disponível em: http://www.theamericanbrittanyclub.org/Breedstand.htm. Acesso em 23 de fevereiro de 2019.

132 "Eles buscavam raças puras": Sandøe, P., 2015. Podcast Up Close "Hello, pet!: Our love can hurt our animal friends." Disponível em: https://upclose.unimelb.edu.au.

132 "de pureza incontestável": The Malcolm Standard for judging Gordon Setters, c. 1884.

132 "Muitos 'vira-latas' desamparados": Grier, 2006, p. 44.

132 Pureza na produção de leite: Cohen, M. e Y. Otomo, orgs., 2017. *Making Milk: The Past, Present and Future of Our Primary Food.*

133 Frenologia na Dog Fancier: 1905.

133 "vigor híbrido": Como descrito em O. Sacks, 2017. *The River of Consciousness,* p. 9. [*O rio da consciência,* Companhia das Letras, 2017.]

133 "Criaturas de sangue puro" etc.: Stephanitz, 1923, pp. 50, 383, 279.

133 Race or Mongrel: Citação completa de Schultz, ao descrever pessoas miscigenadas: "Ou vê-se algo sem valor, um vira-lata, com suas características, entre as quais a principal é a falta de caráter" (1908, p. 260). Disponível em: https://babel.hathitrust.org/cgi/pt?id=osu.32435002808020;view=1up;seq=6.

134 AKC Gazette sobre raças mestiças: Março de 1929; maio de 1931.

135 Os vira-latas eram "porcarias": Ritvo, 1989, p. 91.

135 Os vira-latas como "degenerados", que "contaminavam" as matilhas de raça pura: Anderson, J., 25 de setembro de 1793. Thoughts on what is called varieties, or different breeds of domestic animals, suggested by reading Dr. Pallas' account of Russian sheep–By the Editor. *The Bee: or Literary Weekly Intelligencer,* Edinburgh.

135 "Como um verdadeiro mongrel [...]": Citação de 1613, *Oxford English Dictionary.*

135 *com as pessoas da rua:* Dickey, 2016.
135 *"Ninguém de importância":* Ritvo, 1989, pp. 92-93.
135 *"O valor de um vira-lata":* Gordon Stables, citado em Rogers, K. M., 2005. First Friend: A History of Dogs and Humans, p. 141.
136 *Kennel Club sobre os cães "resgatados":* Disponível em: https://www.thekennelclub.org.uk/services/public/findarescue/Default.aspx. Acesso em 15 de agosto de 2018.
136 *O "guia de informações":* "Information guide: Find a rescue dog." Disponível em: www.thekennel club.org.uk. Acesso em 3 de janeiro de 2018; "What to consider when getting a rescue dog." Disponível em: www.thekennelclub.org.uk/getting-a-dog-or-puppy/are-you-ready-for-a-dog/key-considerations-when-choosing-a-dog/what-to-consider-when-getting-a-rescue-dog/. Acesso em 4 de outubro de 2018.
137 *Padrão da raça american staffordshire terrier:* Site do Staffordshire Terrier Club of America. Disponível em: http://www.amstaff.org/standard.html. Acesso em 23 de fevereiro de 2019.
139 *Os cachorros variam bastante na capacidade de serem adestrados e na forma como interagem com pessoas:* Ver, por exemplo, Merkham, L. R. e C. D. L. Wynne., 2014. Behavioral differences among breeds of domestic dogs (Canis lupus familiaris): Current state of the science. *Applied Animal Behaviour Science*, 155, 12-27.
139 *As diferenças comportamentais das raças:* Hecht, J. e A. Horowitz, 2015. Introduction to dog behavior. Em E. Weiss, H. Mohan-Gibbons e S. Zawitowski, orgs. *Animal Behavior for Shelter Veterinarians and Staff*, pp. 5–30.
140 *"corajosa", "nobre" etc.:* Disponível em: http://www.akc.org. Acesso em 19 de outubro de 2017.
140 *Padrão da raça golden retriever:* Disponível em: https://www.grca.org/about-the-breed/akc-breed-standard/.
141 *"ótimos com crianças":* Disponível em: http://www.akc.org/dog-breeds/golden-retriever/. Acesso em 8 de outubro de 2017.

REFERÊNCIAS

141 Comportamento agressivo das raças: Ott, S. A., E. Schalke, A. M. von Gaertner e H. Hackbarth, 2008. Is there a difference? Comparison of golden retrievers and dogs affected by breed-specific legislation regarding aggressive behavior. *Journal of Veterinary Behavior, 3*, 134-140.

141 Padrão da raça afghan hound: Side do *The Afghan Hound Breed Club* of America: Disponível em: https://afghanhoundclubofamerica.org/index.php/information/breed-standard. Acesso em 23 de fevereiro de 2019.

141 Proibição de cães em Reykjavík, Islândia: Billock, J., 16 de dezembro de 2015. "Illegal in Iceland: Quirky Bans From the Land of Fire and Ice." Smithsonian.com.

141 o spitz: 24 de maio de 1876. "A whited canine sepulchre." *The New York Times.*

142 bicho-papão canino: Dickey, 2016, pp. 112, 117, 130.

142 dogo cubano: 28 de janeiro de 1840. *Florida Herald.*

142 "uma onda de histeria": Serpell, 2017, p. 310.

142 "Terroristas de quatro patas": 4 de junho de 1989. *The Observer* (Londres), p. 13.

142 Reino Unido criou legislação específica por raça: Taylor and Signal, 2011.

143 Cães proibidos: Ver, por exemplo, https://petolog.com/articles/banned-dogs.html.

143 proibindo cães acima de 11 quilos: NYCHA pet policy. Revisado em abril de 2010.

143 Teddy Roosevelt tinha um bull terrier: Dickey, 2016, p. 13.

144 O que o bull terrier de Teddy Roosevelt fez: 10 de maio de 1907. "Pete bites a visitor." *Washington Post*, p. 1; 13 de maio de 1907. "President's dog licked." *The Tennessean*, p. 5; 10 de maio de 1907. "Pete the bulldog gets a victim." *The New York Times*, p. 1; 11 de maio de 1907. "Plebian pup beats White House Pete." *The New York Times*, p. 5.

144 História e confusão acerca dos pit bulls: Dickey, 2016, pp. 157, 270.

144 não têm nenhuma gota de sangue não branco no corpo: Zimmer, C., 2018. *She Has Her Mother's Laugh: The Powers, Perversions, and Potential of Heredity*, p. 198.

145 a cidade de Montreal baniu várias raças: Dickey, B., 11 de outubro de 2016. "We're safer without pit bull bans." *Los Angeles Times.*

145 metade dos cães classificados dessa forma: Olson, K. R., J. K. Levy, B. Norby et al., 2011. Pit bull-type dog identification in animal shelters. Fourth Annual Maddie's Shelter Medicine Conference.

145 identificá-lo como "estilo pit bull": Olson, K. R., J. K. Levy, B. Norby et al., 2015. Inconsistent identification of pit bull-type dogs by shelter staff. *The Veterinary Journal*, 206, 197-202.

145 Identificação nos Estados Unidos versus no Reino Unido: Hoffman, C. L., N. Harrison, L. Wolff e C. Westgarth, 2014. Is that dog a pit bull? A cross-country comparison of perceptions of shelter workers regarding breed identification. *Journal of Applied Animal Welfare Science*, 17, 322-339.

145 Identificação visual não confiável: Croy, K. C., J. K. Levy, K. R. Olson et al. What kind of dog is that? Accuracy of dog breed assessment by canine stakeholders. Disponível em: http://sheltermedicine.vetmed.ufl.edu/library/research-studies/current-studies/dog-breeds/. Acesso em 16 de setembro de 2017.

145 90% das raças identificadas em abrigos vieram a se provar incorretas: Voith, V. L., E. Ingram, K. Mitsouras e K. Irizarry, 2009. Comparison of adoption agency breed identification and DNA breed identification of dogs. *Journal of Applied Animal Welfare Science*, 12, 253-262.

146 Pouco consenso nas descobertas de DNA: Voith, V. L., R. Trevejo, S. Dowling-Guyer et al., 2013. Comparison of visual and DNA breed identification of dogs and inter-observer reliability. *American Journal of Sociological Research*, 3, 17-29.

146 Scott e Fuller: Scott, J. P. e J. L. Fuller, 1965. *Genetics and the Social Behavior of the Dog.*

146 O banimento de raças é ineficaz na redução de ataques caninos: Serpell, 2017.

Referências

146 estudo dinamarquês: Forkman, B. e I. C. Meyer, 2018. The effect of the Danish dangerous dog act on the level of dog aggressiveness in Denmark. Artigo apresentado na International Society of Applied Ethology, Prince Edward Island, Canadá.

147 Pesquisas recentes no Reino Unido, na Irlanda e na Espanha: Creedon, N. e P. S. Ó Súilleabháin, 2017. Dog bite injuries to humans and the use of breed-specific legislation: A comparison of bites from legislated and non-legislated dog breeds. *Irish Veterinary Journal, 70,* 23; Gaines, S., 2017. Campaign to end BSL. *Veterinary Record, 180,* 126; Mora, E., G. M. Fonseca, P. Navarro, A. Castaño e J. Lucena, 2018. Fatal dog attacks in Spain under a breed-specific legislation: A ten-year retrospective study. *Journal of Veterinary Behavior, 25,* 76-84.

147 dachshunds: Ver, por exemplo, Duffy, D. L., Y. Hsu e J. A. Serpell, 2008. Breed differences in canine aggression. *Applied Animal Behaviour Science, 114,* 441-460.

147 Padrão da raça boykin spaniel: Site do Boykin Spaniel Club: http://theboykinspanielclub.com/2019_Revised_Boykin_Spaniel_Breed_Standard.pdf. Acessado em 23 de fevereiro, de 2019.

147 clonagem de cães: Para saber mais sobre o assunto, ver, por exemplo, Brogan, J., 22 de março de 2018. "The real reasons you shouldn't clone your dog." Smithsonian.com; Duncan, D. E, 7 de agosto de 2018. "Inside the very big, very controversial business of dog cloning." *Vanity Fair;* Hecht, J., 6 de março de 2018. "The hidden dogs of dog cloning." Scientific American blog.

149 Padrão da raça braco alemão de pelo curto: Site do German Shorthaired Pointer Club of America: Disponível em: http://www.gspca.org/Breed/Standard/index.html. Acesso em 23 de fevereiro de 2019.

149 "o buldogue tinha um rosto": Stephen Zawistowski, entrevista por telefone, 18 de julho de 2017.

149 O surgimento do buldogue: Ver Bateson, 2010.

150 *nós, humanos, gostamos de animais parecidos conosco:* Hecht, J. e A. Horowitz, 2015. Seeing dogs: Human preferences for dog physical attributes. *Anthrozoös*, 28, 153-163.

151 *ressecção do palato mole:* Ver também One's Pedigree Dogs Exposed, da BBC.

151 *quinta raça mais popular:* Disponível em: https://www.akc.org/expert-advice/news/most-popular-dog-breeds-full-ranking-list/. Acesso em 5 de outubro de 2018.

151 *"Que raça bonitinha!":* Todd, Z., 2016. "Why do people choose certain dogs." Disponível em: http://www.companionanimalpsychology.com/2016/08/why-do-people-choose-certain-dogs.html?platform=hootsuite.

152 *as raças populares desenvolvem mais doenças hereditárias:* Ghirlanda et al. 2013.

152 *American Airlines:* Disponível em: https://www.aa.com/i18n/travel-info/special-assistance/pets.jsp.

152 *problemas hereditários:* Ver, por exemplo, Hecht e Horowitz, 2015; Bateson, 2010.

153 *O tamanho do dogue alemão:* Taylor, 1892 (Nota: os primeiros dogues alemães também eram chamados de mastiffs alemães); Disponível em: https://www.akc.org/dog-breeds/great-dane/. Acesso em 7 de agosto de 2018.

153 *"Distinção sem diferença":* Bateson, 2010, p. 15.

154 *cruzamento heterozigótico dos dálmatas:* O criador era Robert Schaible e sua história pode ser encontrada aqui. Disponível em: http://www.dalmatianheritage.com/about/schaible_research.htm. Informações adicionais reunidas a partir do site do criador. Disponível em: https://luadalmatians-world.com/enus/dalmatian-articles/crossbreeding.

154 *Os resultados do cruzamento consanguíneo:* Bateson, 2010; ver também Asher, L., G. Diesel, J. F. Summers, P. D. McGreevy, L. M. Collins, 2009. Inherited defects in pedigree dogs. Part 1: Disorders related to breed standards. *The Veterinary Journal*, 182, 402–411.

Referências

155 *Pedigree Dogs Exposed:* Disponível em: https://www.youtube.com/watch?v=T3QdR GnSGVI.

156 *Padrão da raça cão d'água irlandês:* Site do Irish Water Spaniel Club of America. Disponível em: https://www.iwsca.org/breedstandard.htm. Acesso em 23 de fevereiro de 2019.

157 *doenças hereditárias decorrentes do cumprimento de exigências dos padrões:* Asher et al., 2009.

157 *"a sociedade seria contra":* Rollin, B. E. e M. D. H. Rollin, 2008. Dogmaticism and catechisms: Ethics and companion animals. Em S. J. Armstrong e R. G. Botzler, orgs. *The Animal Ethics Reader*, p. 548.

157 *Sobre a fábrica de filhotes:* ASCPA. "A closer look at puppy mills." Disponível em: https://www.aspca.org/animal-cruelty/puppy-mills/closer-look-puppy-mills-old.

158 *"operações de criação de filhotes em grande escala [...] tratam os cães como pecuária":* Grier, 2006, p. 352.

158 *Pet shops e a fábrica de filhotes:* Ver, por exemplo, https://www.aspca.org/animal-cruelty/puppy-mills; http://www.humanesociety.org/assets/facts-pet-stores-puppy-mills.pdf.

158 *AKC sobre as fábricas de filhotes:* High Volume Breeders Committee Report to The American Kennel Club Board of Directors, 12 de novembro de 2002.

159 *"é impossível interromper a criação de cães":* Sandøe, 2015.

159 *"O futuro dos animais domésticos [...]":* Sandøe, P., B. L. Nielsen, L. G. Christensen e P. Sørensen, 1999. "Staying good while playing God — the ethics of breeding farm animals", *Animal Welfare*, 8, 313–328.

160 *Pet shop Puppy Heaven:* Disponível em: http://www.puppyheaven.com/gallerycelebrity.html.

160 *AKC luta há anos contra qualquer restrição aos criadores comerciais:* Grier, 2006, p. 270.

160 *"Eles não querem o cão indesejado de outra pessoa ou algo do tipo":* Fortin, J., "California tells pet stores their dogs and cats must be rescues", *The New York Times*, 16 de outubro de 2017.

162 *Padrão da raça dogue-de-bordéus:* Disponível em: https://www.akc.org/dog-breeds/dogue-de-bordeaux/. Acesso em 23 de fevereiro de 2019.

162 *estimados 90 milhões de cães:* 89,7 milhões de cães, pela pesquisa American Pet Products, 2017-2018. Existem discussões acerca da solidez desse número, e certamente não é baseado em um censo de cães individuais.

162 *700 milhões de cães:* Hughes, J. e D. W. Macdonald. A review of the interactions between free-roaming domestic dogs and wildlife. *Biological Conservation*, 157, 2013, 341-351.

162 *cujas raças têm uma média de 32 doenças hereditárias:* Ghirlanda et al. 2013; Asher et al., 2009.

164 *Padrão da raça mastim napolitano:* Site do United States Neapolitan Mastiff Club. Disponível em: https://www.neapolitan.org/standard.html. Acesso em 23 de fevereiro de 2019.

165 *os cães que conseguem erguer a sobrancelha interna são adotados mais cedo nos abrigos:* Waller, B. M. K. Peirce, C. C. Caeiro et al. Paedomorphic facial expressions give dogs a selective advantage. *PLOS ONE*, 8, e82686, 2013.

165 *O conceito australiano de cachorro perfeito:* King, T., L. C. Marston e P. C. Bennett. Describing the ideal Australian companion dog. *Applied Animal Behaviour Science*, 120, 2009, 84-93.

O MÉTODO CIENTÍFICO REALIZADO EM CASA AO OBSERVAR CÃES EM UMA NOITE DE QUINTA-FEIRA

170 *pude testar — e até mesmo confirmar — algumas de minhas hipóteses favoritas:* Publicadas como, respectivamente: "Disambiguating the guilty look: Salient prompts to a familiar dog behaviour" (2009); "Fair is fine but more

is better: Limits to inequity aversion in the domestic dog" (2012); "Smelling themselves: Dogs investigate their own odours longer when modified in an 'olfactory mirror' test" (2017); ver *Being a Dog: Following the Dog into a World of Smell* (2016); "Smelling more or less: Investigating the olfactory experience of the domestic dog" (2013); "Seeing dogs: Human preferences for dog physical attributes" (2015); "Examining dog-human play: The characteristics, affect, and vocalizations of a unique interspecific interaction" (2016).

COISAS DE CACHORRO

182 *Site do Canine Styles:* Disponível em: https://www.caninestyles.com/.

183 *A bolsa e a "bolsa de pata" da Leonardo Delfuoco Croc:* Disponível em: https://www.today.com/ money/luxury-handbags-go-dogs-2D79703332.

183 *A colônia para cachorros da Maschio:* Disponível em: https://www.dogfashionspa.com/maschio-dog-cologne.

184 *Esmalte e roupão de banho canino:* Disponível em: https://www.dogfashionspa.com/dog-nail-polish-dog-nail-file-dog-nail-care.

184 *os cães têm "um interesse possessivo por determinadas propriedades pessoais, tais como um osso":* Cribbet, J. E. e C. W. Johnson. *Principles of the Law of Property* 4, 3ª ed., 1989, citado em Favre, 2010.

185 *Um bom número de mulheres — especialmente as abastadas — se aproveitou dessa brecha e desempenhou funções consideráveis como criadoras:* Grier, 2006, p. 302.

185 *os pet shops do século XIX:* Grier, 2006, pp. 308-311.

186 *"lucrar":* Catálogo da Craftsman Dog Goods, c. 1930.

186 *loja de acessórios para animais de estimação:* Desde 1887. Disponível em: http://newspapers.com.

186 *Os nomes de pet shops:* Grier, 2006, p. 335; também *New York Daily Herald*, 1876; *Philadelphia Inquirer*, 1903.

186 pet shops do século XIX eram fedorentos [...] e barulhentos: "Pretty things to pet", *Pittsburgh Press*, 28 de junho de 1888, p. 1; também crianças: Grier, 2006, p. 341.

186 suas revistas especializadas: Grier, 2006, pp. 305, 349.

187 "mas também consumidores": Grier, 2006, pp. 304, 350, 352, 353, 398; também *Anaconda Standard* (Anaconda, Montana), 25 de outubro de 1892; *Brooklyn Daily Eagle*, 24 de outubro de 1889.

188 As primeiras imagens de cães de que se tem registro [...] os retratam com guias e coleiras de metal inconfundíveis: Disponível em: http://www.sciencemag.org/news/2017/11/these-may-be-world-s-first-images-dogs-and-they-re-wearing-leashes.

188 gravuras em rochedos de arenito: Johns, C., 2008. *Dogs: History, Myth, Art*.

188 um cachorro mumificado no Egito Antigo: De 510 a 230 a.C. "Soulful creatures", *Brooklyn Museum*, 2018. Disponível em: https://www.brooklyn-museum.org/exhibitions/soulful_creatures_animal_mummies.

189 Um cão mesopotâmico imortalizado em calcário: Pickeral, T., 2008. *The Dog: 5000 Years of the Dog in Art*.

189 coleira egípcia: Phillips, D., 1948. *Ancient Egyptian Animals*, p. 28.

189 decorada: Pickeral, 2008, p. 30.

189 coleiras cravejadas de espetos ou pregos: Kalof, 2007; Grier, 2006.

189 Que cão é você: Grier, 2006, p. 398.

189 "A coleira de um cachorro deve ser adequada à raça": Q-W Dog Remedies and Supplies, 1922.

191 tamanhos adequados para raças populares: Catálogo de Acessórios Caninos. Walter B. Stevens & Son, Inc., 1920s.

191 o modelo Blackout: Catálogo da Abercrombie & Fitch, 1942.

191 enforcadores: The Dog Breakers' Guide, vol. 2, n. 10, 1878.

191 marca de focinheiras chamada Happidog: Catálogo de Acessórios Caninos. Walter B. Stevens & Son, Inc., 1920s.

192 Henrique VIII: Walker-Meikle, 2013, pp. 59, 64.

Referências

193 "a casinha que um cachorro gostaria de comprar para si mesmo": Q-W Dog Remedies and Supplies, 1922, p. 46.

193 as espreguiçadeiras: Catálogo de Acessórios Caninos. Walter B. Stevens & Son, Inc., 1920s.

194 beliche: Catálogo da Abercrombie & Fitch, 1937.

194 revistas como a Vogue: *Vogue*, 1915; 15 de janeiro de 1922.

195 vestido com um tutu: Q-W Dog Remedies and Supplies, 1922, p. 29.

195 padrões de tricô: Grier, 2006, p. 404.

196 manequim canino gratuito: Catálogo da Craftsman Dog Goods, c. 1930.

196 pet shop High Ball: Foto vista em Grier, 2006, p. 344.

197 Serviço de Plucking & Tosa: Catálogo da Abercrombie & Fitch, 1942.

198 "Exercício físico para mestre e cão": Catálogo da Abercrombie & Fitch, 1942.

198 anéis de borracha com cheiro de chocolate: Catálogo de Acessórios Caninos. Walter B. Stevens & Son, Inc., 1920s.

198 pinças de dente e escudo de cauda: Catálogo da Abercrombie & Fitch, 1937, p. 14.

199 alargador de buldogues: 16 de março de 1907. The American Stock Keeper (Boston).

199 freio automático, óculos de proteção: Q-W Dog Remedies and Supplies, 1922.

201 Um cão doméstico que vivia na Idade Média provavelmente recebia uma dieta à base de pão: Walker-Meikle, 2013, pp. 37, 44.

202 "Excelentes biscoitos para cães e porcos": 18 de outubro de 1819. *The Times* (Londres).

202 "comida para cães": Ver, por exemplo, 22 de setembro de 1829, *Morning Post*, p. 1.

202 os biscoitos deveriam ser embebidos: 5 de fevereiro de 1825. *Jackson's Oxford Journal.*

202 James Spratt: Grier, 2006, p. 367.

202 *indústria multibilionária:* American Pet Products Association, 2017.

203 *outras marcas incipientes:* Ver, por exemplo, 16 de março, de 1907. American Stock Keeper (Boston), vol. 36, n. 11.

203 *"Um guia para a escolha do biscoito adequado para cada raça":* 1911. The Kennel (UK).

203 *diversos fabricantes de alimentos caninos:* 1911. The Kennel (UK); Grier, 2006; Catálogo da Abercrombie & Fitch, 1937.

203 *"bolachas":* Catálogo da Abercrombie & Fitch, 1937.

203 *Dietas caninas:* Ver, por exemplo, 24 de março de 1897, *The New York Times,* p. 8. Ver, por exemplo, 11 de março de 1925, *Indiana (PA) Progress.*

204 *reduzir o "forte odor" dos cães:* charcoal ovals da Spratt's.

204 *Maltoid Milk Bones:* 15 de novembro de 1910. *Hartford Courant,* p. 6.

204 *comidas especiais para filhotes:* Catálogo da Spratt's, 1876, p. 103.

205 *conveniência:* Grier, 2006.

205 *alimentos caninos granulados:* 28 de janeiro de 1887. *Nottinghamshire Guardian,* p. 1.

205 *a comida do Rin-Tin-Tin:* 1º de dezembro de 1926. *Belvidere Daily Republican,* p. 5.

205 *a Lassie era a garota-propaganda:* 14 de abril de 1949. *Chicago Tribune,* parte 3, p. 12.

206 *sêmea:* Ver, por exemplo, o 56º relatório anual do secretário do Departamento de Agricultura do estado de Michigan, 1917.

206 *matadouros:* Grier, 2006.

206 *Wysong entrou com uma ação judicial:* Wysong Corporation v. APN, Inc.; Big Heart Pet Brands and J. M. Smucker Company; Hill's Pet Nutrition, Inc.; Mars Petcare U.S., Inc.; Nestlé Purina Petcare Company; Wal-Mart Stores, Inc., Defendants-Appellees. Tribunal de Apelação dos Estados Unidos para o Sexto Circuito, 2 de maio de 2018.

207 *"os cães nem sempre são capazes de diferenciar o que é bom para eles daquilo que eles gostam":* Panfleto da Spratt's.

207 "Por que esquentar a cabeça com um monte de detalhes": "How to care for your new dog." Panfleto da Purina Dog Care.

207 mimar um cachorro com "guloseimas": "The common sense of dog doctoring", Spratt's Patent Limited, 1886.

207 "Sob nenhuma circunstância o cão precisa de outro alimento": "The common sense of dog doctoring", Spratt's Patent Limited, 1886, p. 111.

207 "faça com que o cão excepcionalmente obstinado passe fome": Panfleto da Spratt's.

209 "Proibido para uso humano": Q-W Dog Remedies and Supplies, 1922.

209 bom comportamento doméstico: Catálogo de Abercrombie & Fitch, 1937.

209 Para ensinar um cão a ficar no quintal: "How to care for your new dog". Panfleto da Purina Dog Care.

O CACHORRO NO ESPELHO

213 Jacques Derrida [...] tinha uma gata: Derrida, J., 2008. "The animal that therefore I am." D. Wills, trad., pp. 4, 50. [*O animal que logo sou (A seguir)*. Trad. Fabio Landa. São Paulo: Editora Unesp, 2002.]

215 nunca dizermos "mais alto ou mais baixo": Gould, S. J. *Full House: The Spread of Excellence from Plato to Darwin*, 1996, p. 137.

216 "Seriam os seres humanos especiais em relação a todos os outros animais?": Wasserman, E. A. e T. R. Zentall. "Introduction", *Introduction to the Oxford Handbook of Comparative Cognition*, 2012, p. 7.

216 "Eis aqui o homem de Platão!": Branham, R. B. e M. O. Goulet-Cazé, orgs. *The Cynics: The Cynic Movement in Antiquity and Its Legacy*, 2000, p. 88.

217 "Agora precisamos redefinir o conceito de ferramenta [...]": Disponível em: http://www.janegoodall.org.uk/chimpanzees/chimpanzee-central/15--chimpanzees/chimpanzee-central/19-toolmaking. Acesso em 12 de abril de 2018.

217 *A lista daquilo que por fim poderia mostrar que os humanos são diferentes:* Escrevi mais sobre o assunto aqui: "Are humans unique?" Disponível em: www.psychologytoday.com/us/blog/minds-animals/200907/are--humans-unique.

218 *os seres humanos se separaram dos chimpanzés e dos bonobos:* Disponível em: http://www.pbs.org/wgbh/nova/evolution/first-primates-expert-q.html.

218 *Diferenças evolutivas de primatas/canídeos:* Ver, por exemplo, G. E. Lu et al., 2006. Genomic divergences among cattle, dog and human estimated from large-scale alignments of genomic sequences. *BMC Genomics, 7,* 140. Ver também a avaliação da TimeTree sobre as divergências entre Carnivora e Primates.

218 *fazer contato visual:* Hoje amplamente documentado, entre os primeiros trabalhos publicados a respeito das habilidades caninas em cognição social encontramos Brian Hare, que estudou os chimpanzés. Será que eu poderia recomendar a você o livro *A cabeça do cachorro,* sobre a variedade de experimentos de cognição social já feitos, uma vez que impressionam a todos nós? Então eu vou.

220 *associar a foto de um cão de raça pura com seu dono:* Roy, M. M. e N. J. S. Christenfeld, 2004. Do dogs resemble their owners? *Psychological Science, 15,* 361-363; Roy, M. M. e N. J. S. Christenfeld, 2005. Dogs still do resemble their owners. *Psychological Science, 16,* 9; Nakajima, S., M. Yamamoto e N. Yoshimoto, 2015. Dogs look like their owners: Replications with racially homogenous owner portraits. *Anthrozoös, 22,* 173-181; Payne, C. e K. Jaffe, 2005. Self seeks like: Many humans choose their dog pets following rules used for assortative mating. *Journal of Ethology, 23,* 15-18.

221 *"havia um cara de sorriso brincalhão":* Bhattacharya, S., 2004. Dogs do resemble their owners, finds study. *New Scientist.*

221 *Preferimos as letras do alfabeto que fazem parte de nossos nomes, números que compõem nossa data de nascimento:* Jones, J. T., B. W. Pelham, M. C. Mirenberg e J. J. Hetts, 2002. Name letter preferences are not merely mere

exposure: Implicit egotism as self-regulation. *Journal of Experimental Social Psychology*, 38, 170-177.

221 nos sentar perto de pessoas que se parecem conosco: Mackinnon, S. P., C. H. Jordan e A. E. Wilson, 2011. Birds of a feather sit together: Physical similarity predicts seating choice. *Personality and Social Psychology Bulletin*, 37, 879–892.

222 os níveis de extroversão e de afabilidade são compatíveis entre cachorro e tutor: Turcsán, B., F. Range, Z. Virányi, A. Miklósi e E. Kubinyi, 2012. Birds of a feather flock together? Perceived personality matching in owner--dog dyads. *Applied Animal Behaviour Science*, 140, 154-160.

222 Pessoas com baixa pontuação nas escalas de neuroticismo têm cães com alta variabilidade de cortisol: Schöberl, I., M. Wedl, A. Beetz e K. Kotrschal. 2017. Psychobiological factors affecting cortisol variability in human-dog dyads. *PLOS ONE*, 12, e0170707.

222 Chaplin e Scraps: Disponível em: https://www.youtube.com/watch?v=txSJDmt4u6Q.

223 Nós gostamos de cães com aparência de gente: Hecht e Horowitz, 2015, pp. 153-163.

223 ursos de pelúcia: Hinde, R. A. e L. A. Barden, 1985. The evolution of the teddy bear. *Animal Behaviour*, 33, 1371-1373.

223 Mickey Mouse: Gould, S. J., 1979. Mickey Mouse meets Konrad Lorenz. *Natural History*, 88, 30-36.

223 Esses personagens, observou Lorenz, aproximam-se — e exageram — da aparência dos bebês: Lorenz, K., (1950) 1971. Ganzheit und Teil in der tierischen und menschlichen Gemeinschaft. Reimpresso em R. Martin, org., *Studies in Animal and Human Behaviour*, vol. 2, pp. 115-195.

223 Espécies carismáticas: Kellert, S. R., 1996. *The Value of Life: Biological Diversity and Human Society.*

223 Os cachorros [...] sincronizam-se com nossa rotina: Duranton, C., T. Bedossa e F. Gaunet, 2017. Interspecific behavioural synchronization: Dogs present locomotor synchrony with humans. *Scientific Report*, 7, 12384.

224 *"aumentar e amplificar aspectos de nós mesmos"*: McDonald, H., 16 de maio de 2017. "What animals taught me about being human." *The New York Times. 182 cães como "pseudo-humanos"*: Fudge, 2008, p. 2.

224 *"Qualquer sugestão de que os animais de estimação possam ter outras motivações [...]"*: Serpell, J., 2003. Anthropomorphism and anthropomorphic selection: Beyond the "cute response." *Society & Animals, 11*, 83-100.

225 *"não havia dúvida de que eles eram homens"*: Levinas, E., 1997. The name of a dog, or Natural rights. Em S. Hand, trad., *Difficult Freedom: Essays on Judaism.*

227 *primeiros exemplos de antropomorfismo:* Horowitz, A. C. e M. Bekoff, 2007. Naturalizing anthropomorphism: Behavioral prompts to our humanizing of animals. *Anthrozoös, 20*, 23-35.

228 *"espasmos de horror e indignação"*: Serpell, 2017, p. 311.

228 *mortes como consequência de um ataque canino:* Ver, por exemplo, Langley, R. L. 2009. Human fatalities resulting from dog attacks in the United States, 1979-2005. *Wilderness & Environmental Medicine, 20*, 19-25; Os números do Center for Disease Control são proporcionais há anos.

228 *mortes por salmonela:* 29 em 2010, de acordo com o Center for Disease Control. Disponível em: https://www.livescience.com/3780-odds-dying.html.

228 *chance de morrer ao cair da cama:* Em 2014, os números do National Safety Council indicam 38 mordidas fatais de cães e 1.045 mortes por queda da cama. Johnson, R. e L. Gamio, 17 de novembro de 2014. "Ebola is the least of your worries." *Washington Post.* O CDC informa que o número de mortes por "queda envolvendo a cama" foram de 13.312 de 1999 a 2017, cerca de 739 por ano. Disponível em: https://wonder.cdc.gov.

230 *é possível compartilhar um espaço sem saber como o outro se sente dentro dele:* Alusão à fala do personagem Costello em Coetzee, J. M., 1999. *The Lives of Animals.* [*A vida dos animais,* Companhia das Letras, 2002.]

Referências

230 milhões de cães de abrigo: Serpell, 2017, p. 310.

231 caudectomia, conchectomia e cordectomia: Ver http://www.akc.org/expert-advice/news/issue-analysis-dispelling-myths/. Acessado em 22 de agosto de 2018. Um documento incrível, com alegações que não têm base em nenhuma evidência e, de fato, descartadas pelo consenso científico – afirma, por exemplo, que a caudectomia não é dolorosa porque o procedimento "é feito pouco após o nascimento, quando o sistema nervoso do filhote ainda não está totalmente desenvolvido. Como resultado, o filhote sente pouca ou nenhuma dor, e não há nenhum efeito negativo duradouro na saúde". (Sobre a questão da dor, um estudo científico com filhotes que passaram pela caudectomia relatou que todos eles "uivaram", com uma média de 24 uivos por filhote durante o procedimento.) (Noonan, G. J., J. S. Rand, J. K. Blackshaw e J. Priest, 1996. Behavioural observations of puppies undergoing tail docking. *Applied Animal Behaviour Science, 49,* 335-342.) (Sobre o tema da dor e da caudectomia, ver também Bennett, P. C., e E. Perini, 2003. Tail docking in dogs: A review of the issues. *Australian Veterinary Journal, 81,* 208-218; Mathews, K. A, 2008. Pain management for the pregnant, lactating and pediatric cat and dog. *Veterinary Clinics of North America Small Animal Practices, 38,* 1291-1308; Patterson-Kane, E, 2017. Canine Tail Docking Independent Report Prepared for the Ministry for Primary Industries: Technical Report; Turner, P., 2010. Tail docking and ear cropping-A reply. *Canadian Veterinary Journal, 51,* 1057–1058; Wansbrough, R. K., 1996. Cosmetic tail docking of dogs. *Australian Veterinay Journal, 74,* 59-63.)

A alegação no documento do AKC de que "a conchectomia e a caudectomia [...] preservam a habilidade do cão de desempenhar sua função histórica" ignora informações relevantes, como o fato de que a caudectomia era feita para diferençiar cães *não* trabalhadores antes do século XIX na Inglaterra: a caudectomia acontecia não por precisão "histórica", mas para evitar um "imposto por cauda" (Wansbrough, 1996).

231 *Há milhares de cachorros [...] usados em pesquisas:* 2016: Departamento de Agricultura dos Estados Unidos, Serviço de Inspeção da Saúde de Animais e Plantas. Relatório Anual de Uso Animal por Ano Fiscal; 2017: Favre, comunicação pessoal.

232 *cães foram usados nos últimos cinco anos em tipos de "experimentos, aulas, pesquisas, cirurgias ou testes":* Ver "Public Search Tool" em https://www.aphis.usda.gov/aphis/ourfocus/animalwelfare/sa_awa/awa-inspection--and-annual-reports.

232 *um esporte a partir de cães incitados a brigar e matar outros animais:* Kalof, 2007; também Dickey, 2016.

232 *Relatório do USDA:* Disponível em: http://aldf.org/resources/laws-cases/animal-fighting-case-study-michael-vick/.

233 *os de estimação ficam em gaiolas cor-de-rosa:* A. Podberscek, 2009, em Serpell, 2017, p. 306.

233 *Vídeos de fazendas de carne canina:* Disponível em: https://www.usatoday.com/story/sports/winter-olympics-2018/2018/02/12/inside-grim-scene--korean-dog-meat-farm-miles-winter-olympics/328322002/.

MEU CÃO ME AMA?

247 *O experimento de desamparo aprendido de Seligman:* Overmier, J. B. e M. E. P. Seligman, 1967. Effects of inescapable shock on subsequent escape and avoidance learning. *Journal of Comparative and Physiological Psychology,* 63, 28-33.

249 *teste do "nado forçado"/teste do "desespero":* McArthur, R. e F. Borsini, 2006. Animal models of depression in drug discovery: A historical perspective. *Pharmacology Biochemistry & Behaviour,* 84, 436-452.

249 *"reproduzindo ou prevenindo estados depressivos":* Can, A., D. T. Dao, M. Arad, C. E. Terrillion et al, 2012. The mouse forced swim test. *Journal of Visualized Experiments,* e3638.

Referências

250 *Dogs are included to heighten the sense of reality of a scene:* "Os cães participam de filmes não por serem excelentes atores, mas porque fazem parte de nossa vida": O efeito de real: Barthes, R., 1986. *The Rustle of Language.* [*O rumor da língua,* Martins Fontes, 2012.]

252 *A lenda sobre o greyhound e o bebê:* Ver, por exemplo, Ibn al-Marzubān. The superiority of dogs over many of those who wear clothes. Em A. Mikhail's. *The Animal in Ottoman Egypt,* pp. 76-78; S. de Bourbon's. De Supersticione: On St. Guinefort; W. R. Spencer's Beth Gêlert; e outros.

253 *"o cão enxerga seu mestre como um deus":* Darwin, C. 1871. *The Descent of Man* e *Selection in relation to sex,* vol. 1, p. 66.

254 *"olhar de culpa":* Horowitz, A., 2009. Disambiguating the "guilty look": Salient prompts to a familiar dog behavior. *Behavioural Processes, 81,* 447-452; Hecht, J., Á. Miklósi e M. Gácsi., 2012. Behavioural assessment and owner perceptions of behaviours associated with guilt in dogs. *Applied Animal Behaviour Science, 139,* 134-142.

254 *cães para "apoio emocional":* Ver, por exemplo, Crossman, M. K., 2017. Effects of interactions with animals on human psychological distress. *Journal of Clinical Psychology, 73,* 761–784.

255 *os cães param de realizar um comando:* Range, F., L. Horn, Z. Virányi, e L. Huber, 2008. The absence of reward induces inequity aversion in dogs. *Proceedings of the National Academy of Sciences of the United States of America, 106,* 340-345.

255 *por puro otimismo:* Horowitz, A., 2012. Fair is fine, but more is better: Limits to inequity aversion in the domestic dog. *Social Justice Research,* 25, 195–212.

255 *como se pudessem sentir empatia, mas não por você:* Quervel-Chaumette, M., G. Mainix, F. Range e S. Marshall-Pescini, 2016. Dogs do not show prosocial preferences towards humans. *Frontiers of Psychology, 7,* 1416.

256 *"O homem é incapaz de expressar amor e humildade [...]":* Darwin, C., 1872. The expression of the emotions in man and animals, pp. 10-11.

CONTRA O SEXO

260 *para cada um dos cem cachorros que você encontra, dezoito cães saudáveis são sacrificados:* Como é discutido mais adiante no capítulo, a taxa exata de eutanásia é muito difícil de se conseguir. Este valor se baseia nos 670 mil cachorros mortos, de acordo com a ASPCA, em 2017. Disponível em: https://www.aspca.org/animal-homelessness/shelter-intake-and--surrender/pet-statistics. Acessado em 8 de maio de 2017.

260 *centenas de milhões:* Outro número difícil de calcular. Em 2011, a World Health Organization, preocupada com a raiva, estimou 200 milhões. Disponível em: http://www.naiaonline.org/articles/article/the-global--stray-dog-population-crisis-and-humane-relocation#sthash.3xG5GVNv.btP8rtlv.dpbs.

261 *Castrar é o padrão:* Ver, por exemplo, Bruce Fogle, em Kerasote, 2013; Pukka's promise: The quest for longer-lived dogs, p. 345.

261 *ovário-histerectomia:* Disponível em: https://www.avma.org/public/PetCare/Pages/spay-neuter.aspx.

262 *"Para o cachorro urbano, de todo modo, a expectativa de sexo é extremamente pequena":* Ackerley, J. R., 1965/1999. *My Dog Tulip,* p. 175.

263 *"donos de pet responsáveis":* Ver, por exemplo, American Veterinarian Medical Association: "responsible pet owners can make a difference". Disponível em: https://www. avma.org/public/PetCare/Pages/spay-neuter.aspx.

263 *compará-lo negativamente a Michael Vick:* Kerasote, 2013, p. 331.

264 *Leis de "castração":* Disponível em: https://www.avma.org/Advocacy/StateAndLocal/Pages/sr-spay-neuter-laws.aspx. Acesso em 5 de julho de 2017.

264 *O termo "castração":* Em 1972, "castração" fez sua primeira aparição no *New York Times:* Beck, A. M., 12 de novembro de 1972. "Packs of stray dogs part of the Brooklyn scene." Antes disso, havia classes de gatos "castrados" em exposições e algumas referências a "castração" no fim dos anos 1960.

Referências

264 Ele fez um apelo para que "todos os donos CASTREM": "Bick's action line", *Cincinnati Enquirer,* 10 de agosto de 1967. Para a evolução da política de castração, também tomei como base a história completa em Grier, 2006.

264 História da castração (e dos abrigos): Grier, 2006, pp. 102 e seguintes; Stephen Zawistowski, 2008. *Companion Animals in Society.*

265 "emasculador": White, G. R., 1914. *Animal Castration: A Book for the Use of Students and Practitioners.*

265 após a Segunda Guerra Mundial: Stephen Zawistowski, comunicação pessoal, 18 de julho de 2017.

265 clínicas de castração: 14 de maio de 1972. "Solving the pet explosion." *San Francisco Examiner;* 12 de maio de 1973. "Spay neuter unit to open Friday." *Los Angeles Times.*

265 o custo de matar os 13 milhões de cães abandonados: Carden, L. 30 de maio, 1973. "Abandonment: Dog's life, human problem." *Christian Science Monitor,* p. 1.

266 The Mike Douglas Show: Lane, M. S. e S. Zawistowski, 2008. *Heritage of Care: The American Society for the Prevention of Cruelty to Animals,* p. 40.

266 na cidade de Nova York, um serviço de recolhimento foi criado: 6 de julho de 1877. "Destroying the dogs." *The New York Times,* p. 8; Brady, B., 2012. The politics of the pound: Controlling loose dogs in nineteenth-century New York City. *Jefferson Journal of Science and Culture,* 2, 9-25.

267 Leis de castração em Los Angeles: The Los Angeles County Code, Section 10.20.350. Disponível em: https://www.lacounty.gov/residents/animals--pets/spay-neuter.

267 multa para transgressões: American Veterinary Medical Association. Disponível em: https://www.avma.org/Advocacy/StateAndLocal/Pages/sr-spay-neuter-laws.aspx.

267 mais de cem mil animais por ano: Rowan, A. e T. Kartal, 2018. Dog population & dog sheltering trends in the United States of America. *Animals,* 8, 68-88.

268 *"Com a castração, alguns tipos de câncer são eliminados":* Los Angeles County Animal Care & Control. Disponível em: http://animalcare.lacounty.gov/spay-and-neuter/. Acesso em 10 de agosto de 2018.

269 *Leis de castração em Nova York:* New York Consolidated Laws, Agriculture and Markets Law AGM, § 377-a: Spaying and neutering of dogs and cats.

269 *os animais castrados terão "uma vida mais saudável e duradoura":* Disponível em: http://www.animal alliancenyc.org/yourpet/spayneuter.htm. Acesso em 10 de agosto de 2018.

269 *"Castrar também impede o nascimento de animais indesejados":* Disponível em: https:// www.nycacc.org/sites/default/files/pdfs/adoptions/DogPassport.pdf. Acesso em 22 de fevereiro de 2019.

269 *as leis exigem que os pit bulls sejam castrados:* Disponível em: http://blog.dogsbite.org/2010/06/cities-with-successful-pit-bull-laws.html.

271 *o número de eutanásias:* Várias fontes, por exemplo, julho/agosto de 2008. "Gains in most regions against cat and dog surplus, but no sudden miracles." *Animal People;* Serpell, 2017 (citando ASPCA, 2014); ASPCA. Disponível em: https://www.aspca.org/animal-homelessness/shelter-intake-and-surrender/pet-statistics. Acesso em 8 de maio de 2017; Stephen Zawistowski, comunicação pessoal, 18 de julho de 2017.

271 *Um extenso relatório de 2018:* Rowan e Kartal, 2018.

271 *"overground railroad dos animais de estimação":* Brulliard, K., 13 de maio de 2017. "These rescuers take shelter animals on road trips to help them find new homes." *The Washington Post.*

272 *Outras mudanças sociais profundas [...] também afetaram os índices de eutanásia:* Rowan e Kartal, 2018.

272 *a inauguração de uma clínica de castração subsidiada não impactou de forma alguma:* Scarlett, J. e N. Johnston, 2012. Impact of a subsidized spay neuter clinic on impoundments and euthanasia in a community shelter and on service and complaint calls to Animal Control. *Journal of Applied Animal Welfare Science, 1,* 53-69.

Referências

273 *"você fará sua parte"*: Disponível em: https://www.avma.org/public/Pet-Care/Pages/spay-neuter.aspx. Acesso em 18 de maio de 2017.

274 *56% dos cães que têm donos estão acima do peso ou são obesos:* Para os Estados Unidos: Disponível em: https://petobesityprevention.org/2017; ver também P. Sandøe, C. Palmer, S. Corr et al., 2014. Canine and feline obesity: A One Health perspective. *Veterinary Record, 175,* 610-616.

274 *o metabolismo de cães castrados desacelera:* Oberbauer, A., 2017. Conferência da International Society for Anthrozoology, Effective options regarding spay or neuter of dogs, Davis, Califórnia; Belanger, J. M., T. P. Bellumori, D. L. Bannasch et al., 2017. Correlation of neuter status and expression of heritable disorders. *Canine Genetics and Epidemiology, 4,* 6; Lund, E. M., P. J. Armstrong, C. A. Kirk e J. S. Klausner, 2006. Prevalence and risk factors for obesity in adult dogs from private US veterinary practices. *International Journal of Applied Veterinary Medicine, 4,* 3-5.

274 *"A falta de exercícios físicos ou o excesso de alimentação"*: Disponível em: http://www.animalalliancenyc.org/yourpet/spayneuter.htm. Acesso em 10 de agosto de 2018.

274 *reduzir [...] "em cerca de vinte e cinco por cento"*: Ver, por exemplo, http://newscenter.purina.com/Life SpanStudy.

275 *menor probabilidade de romper discos e ligamentos:* Ver também Karen Becker, em Kerasote, 2013.

275 *na Noruega, era ilegal realizar o procedimento nos cachorros:* Korneliussen, I., 29 de dezembro de 2011. "Should dogs be neutered?" *ScienceNordic.*

275 *Lei de Bem-Estar Animal do país:* Disponível em: https://www.animallaw. info/statute/noway-cruelty-norwegian-animal-welfare-act-2010#s9. Acesso em 10 de agosto de 2018.

276 *mais de 80% nos Estados Unidos:* Sociedade Protetora dos Animais dos Estados Unidos, via D. Quenqua, 2 de dezembro de 2013. "New strides in spaying and neutering", *The New York Times.*

276 *A Suíça conta com uma cláusula em sua Lei de Proteção Animal*: Swiss Federal Food Safety and Veterinary Office. "Dignity of the animal," Disponível em: https://www.blv.admin.ch/ blv/en/home/tiere/tierschutz/ wuerde-des-tieres.html. Acesso em 10 de agosto de 2018.

276 *Número de cães castrados em "comunidades carentes"*. Disponível em: http://www. humanesociety.org/issues/pet_overpopulation/facts/pet_ownership_statistics.html.

277 *"Castrar jamais deve ser um substituto [...]"*: Korneliussen, 2011.

277 *"A biologia básica sugere [...]"*: Hart, B., 2017. International Society for Anthrozoology conference. Effective options regarding spay or neuter of dogs. Davis, Califórnia.

277 *Os vários efeitos dos hormônios:* Role of estrogen on learning, memory, and mood: Gillies, G. E. e S. McArthur, 2010. Estrogen actions in the brain and the basis for differential action in men and women: A case for sex-specific medicines. *Pharmacological Reviews, 62*, 155–198; estrogen in growth and development of bone: Väänänen, H. K. e P. L. Härkönen, 1996. Estrogen and bone metabolism. *Maturitas, 23 Suppl*, S65-69; testosterone on increasing muscle mass: Griggs, R. C., W. Kingston, R. F. Jozefowicz et al., 1989. Effect of testosterone on muscle mass and muscle protein synthesis. *Journal of Applied Physiology, 66*, 498-503; progesterone as "neuroprotective": Wei, J. e G. Xiao, 2013. The neuroprotective effects of progesterone on traumatic brain injury: Current status and future prospects. *Acta Pharmacologica Sinica, 34*, 1485-1490.

278 *No Penn Vet Working Dog Center, os cachorros:* Cindy Otto, comunicação pessoal, 9 de julho de 2018.

278 *aumento no número de cachorros com disfunção adrenal:* Kerasote, 2013, pp. 333-334.

278 *"pode acionar células metastáticas"*: Hart, 2017. Para saber mais sobre a biologia: Zink, C., 2013. Early spay-neuter considerations for the canine athlete: One veterinarian's opinion. Disponível em: http://www.

caninesports.com; Sandøe, P., S. Corr, e C. Palmer. Routine neutering of companion animals. Em *Companion Animal Ethics*, 2016, pp. 150-168.

278 *os índices das doenças que supostamente diminuem com a castração:* Hart, 2017.

279 *taxas de comprometimento cognitivo relacionado à idade:* Hart, B. Effect of gonadectomy on subsequent development of age-related cognitive impairment in dogs. *Journal of the American Veterinary Medical Association, 219,* 2001, 51-56.

280 *Redução de comportamentos indesejados após a castração:* Hart, 2017.

280 *Riscos da cirurgia:* Sandøe et al., 2016.

281 *existe um risco, incluindo o de morte, ao se usar anestesia:* Os relatos das taxas de mortalidade durante a anestesia variam de acordo com o expoente, provavelmente devido às diferenças situacionais não controladas entre os estudos. Mas este 1% é confirmado em vários deles, por exemplo, Bille, C., V. Auvigne, S. Libermann et al., 2012. Risk of anaesthetic mortality in dogs and cats: An observational cohort study of 3546 cases. *Veterinary Anaesthesia and Analgesia, 39,* 59-68.

286 *subsídios para pesquisas que levassem ao desenvolvimento de um esterilizante químico acessível:* Disponível em: https://www.michelsonprizeandgrants.org/. Acessado em 10 de agosto de 2018.

287 *vasectomia, laqueadura tubária e histerectomia:* Alliance for Contraception for Cats and Dogs. Disponível em: http://www.acc-d.org/research-innovation/non-surgical-approaches; Mowatt, T., junho de 2011. "The 'pill' for strays: Nonsurgical sterilization: New approaches to overpopulation." The Bark; Quenqua, 2013; 2017. International Society for Anthrozoology conference. Effective options regarding spay or neuter of dogs. Davis, Califórnia.

287 *para início de conversa, o corpo deles não consegue manter a temperatura central sob o efeito da anestesia:* Ver, por exemplo, Fox, L. K., M. C. Flegal e S. M. Kuhlman, 2009. Principles of anesthesia monitoring–body tempe-

rature. *Journal of Investigative Surgery, 21*, 373-374; Clutton, R. E., 2017. Limiting heat loss during surgery in small animals. *Veterinary Record, 180*.

287 *"um obstáculo para o controle populacional":* Miller, L. e S. Zawistowski, 2017. Animal shelter medicine: Dancing to a changing tune. *Veterinary Heritage, 40,* 44-49.

288 *"consultas com veterinários para informações":* Disponível em: https://www.avma.org/KB/Policies/Pages/Dog-And-Cat-Population-Control.aspx. Acesso em 8 de agosto de 2017.

291 *A ideia é óbvia se pensarmos em alguém que quer nos castrar":* Kagan, S. "How much should we care about animals?" Roundtable, Universidade Columbia, 10 de maio de 2017.

292 *"olhar para cada animal como um animal":* Sandøe, 2015.

294 *"reconheceu-se que os animais podem se sentir frustrados [...]":* Sandøe, 2015.

294 *Neuticles:* Disponível em: http://www.neuticles.com. Acesso em 1º de novembro de 2018.

295 *"Ele vai ficar menor, ou menos musculoso, mais afeminado":* White, R. "Cutting edgy", *New York Post,* 18 de agosto de 2013.

295 *"Uma cadela no cio é um verdadeiro caos [...]":* Oberbauer, 2017.

295 *Gonadectomia em macacos:* Richards, A. B., R. W. Morris, S. Ward et al. "Gonadectomy negatively impacts social behavior of adolescent male primates", *Hormones and Behavior, 56,* 2009, 140-148.

296 *os machos são uma óbvia preferência para o papel:* Cindy Otto, comunicação pessoal, 3 de agosto de 2017.

296 *para cães de busca e salvamento e outros cães de trabalho, os veterinários especializados recomendam castrar as fêmeas:* Jones, K. E., K. Dashfield, A. B. Downend e C. M. Otto, 2004. Search-and-rescue dogs: An overview for veterinarians. *JAVMA, 225,* 854–860.

298 *"não é um problema canino, é um problema humano":* Carden, 1973.

299 *Um abrigo [...] não protege de fato os animais [...]:* Rollin, B. E., 2011. *Putting the Horse before Descartes: My Life's Work on Behalf of Animals*, p. 55.
299 *as raças de cães que aparecem nos filmes:* Herzog, H., 2014. Biology, culture, and the origins of pet-keeping. *Animal Behavior and Cognition*, 1, 296-308.
300 *o modo como agimos em relação a eles não é "moralmente irrelevante":* Kagan, S., 2016. What's wrong with speciesism? (Society for Applied Philosophy annual lecture, 2015). *Journal of Applied Philosophy, 33*.

SEM GRAÇA

306 *"Eu roubei cartas. Esta é minha punição":* Ziel, P., 2005. Eighteenth century public humiliation penalties in twenty-first century America: The "shameful" return of "Scarlet letter" punishments in U.S. v. Gementera. *BYU Journal of Public Law, 19,* 499-522.
307 *um juiz no caso do roubo de correspondências:* Juiz Hawkins, 2004. United States v. Gementera. Tribunal de Apelação dos Estados Unidos para o Nono Circuito, 379 F.3d 596.
307 *atos de roubo de dignidade:* Gruen, L. 2014. Dignity, captivity, and an ethics of sight. Em L. Gruen, org. *The Ethics of Captivity*, capítulo 14.
308 *corridas frenéticas:* Lindsay, S., 2005. *Handbook of Applied Dog Behavior and Training*, vol. 3, p. 322.
309 *"isolamento em cativeiro":* Hediger, H., 1964. *Wild Animals in Captivity: An Outline of the Biology of Zoological Gardens.*
309 *Cães no Bristol Zoological Garden e como companheiros:* Flack, A. "Dogs in zoos: Marking new territory", 24 de janeiro de 2012. Disponível em: https://sniffingthepast.wordpress.com/2012/01/24/dogs-in-zoos-marking--new-territory/.
309 *Cães e guepardos no Zoológico de San Diego:* Disponível em: http://zoo.sandiegozoo.org/animals/cheetah.
310 *reféns:* Parte desta seção é extraída de meu ensaio de 2014, *Canis familiaris*: Companion and captive. Em Gruen, 2014, pp. 7-21.

310 *devemos permitir que ele floresça para se tornar "o que quer que seja":* Nussbaum, 2004.

O CONTO DO CACHORRO

313 *a indústria de 70 bilhões de dólares dos animais de estimação:* 2017. American Pet Products. Disponível em: https://www.americanpetproducts.org/press_industrytrends.asp.

314 *A linguagem das palavras com cachorro:* "Adulação" e "*hangdog*" vêm de Barnette, M., 2003. *Dog Days and Dandelions: A Lively Guide to the Animal Meanings behind Everyday Words*; "You old dog" via *Green's Dictionary of Slang*. Para saber mais sobre palavras com cachorros, veja Serpell, 2017; ver também Pfister, D. S., 2017. Against the droid's "instrument of efficiency," for animalizing technologies in a posthumanist spirit. *Philosophy & Rhetoric*, 50, 201–227.

315 *Também não é claro se um estado "natural" é o ideal para qualquer animal:* Horta, O., 2010. Debunking the idyllic view of natural processes: Population dynamics and suffering in the wild. *Télos*, 17, 73-88.

Índice

Abercrombie & Fitch, 187, 191, 194, 195, 196–197, 198
Ackerley, J. R., 262
adoção
    como alternativa às práticas de criação, 159
    procedimentos para requerimento e outros bloqueios, 290–291
    experiência da autora com, 289–290
    nomes criativos usados para aumentar os números de, 112
    movimentação dos cães entre os abrigos para, 271
    programas dos abrigos para, 272
    política de castração em, 265, 269–270, 272
Afghan hounds, 128, 141, 220
    comportamento agressivo, 190n
    diferença entre as raças, 141, 147
    efeitos da castração, 280
    percepção dos donos, 227–228
    companhias aéreas, banimento de raças com problemas respiratórios em, 152

Alexandre, o Grande, 29
Instituto Americano de Frenologia, 132
American Kennel Club (AKC)
    padrões das raças do. *Ver* padrão da raça
    regulamentos comerciais de criação, 160
    falta de registro de raças mestiças no, 154
    cordectomia e, 231
    histórias inventadas para os cães de raça e, 128–129
    golden retriever descrito por, 140–141
    crescimento do, 163
    fontes bibliográficas do, 115–116
    regras de nomeação do, 30–32
    número de raças no, 123–124
    raças populares no, 151
    sobre a fábrica de filhotes, 158
    política de castração, 264–265, 266, 272, 297
    livros de registros genealógicos, 30–31

American Staffordshire terriers, 144
American Veterinary Medical Association, 273, 288
Amtrak, e viagens de animais de estimação, 66-67
Anderson, Wes, 303
Animal Care Centers of NYC (ACC), 269
leis de crueldade animal, 48, 59, 62-66, 80
leis de bem-estar animal, 59-61, 65n
antidepressivos, pesquisa em animais com, 249-250
Attas, Amy, 149, 151, 163
autobiografias de cachorros, 105-106

baribas, Benim, 26-27, 104
vozinha de bebê, 91-92
criadores de quintal, e necessidade de mais cães, 159
basenjis, 146
basset hounds, 123, 153
Bateson, Patrick, 67
BBC, 155
beagles, 23, 117, 126, 130, 159-160, 231
Becker, Karen, 278
terriers bedlington, 123
Bedossa, Thierry, 274, 275
camas para cachorros, 106, 187, 193-194, 200
Beezelbub, 283-285

comportamento, dos cães
impacto da castração no, 277-278, 296
pesquisa de cognição canina no, 215-216
donos multados por, 58
comportamento humano refletido no, 12
tentativas dos seres humanos de interpretarem o, 253-257
mau comportamento e, 81-82, 225-230
Bentham, Jeremy, 59
Bergh, Henry, 61
Bernard, Claude, 69
boiadeiros berneses, 279
bichons, 124
biscoitos, 202, 203-205, 206, 207-208
mordidas
diferenças das raças, 146-147
percepção dos donos, 227-228
taxas de, 228
cão-de-santo-humberto, 123, 130, 142
Book of Saint Albans, 131
botas, para cachorros, 194, 211
border collies, 139, 140, 309n
buldogues, 190
boston terriers (boston bull terriers), 50, 116
boxers, 145, 151, 155, 279
boykin spaniels, 147
Brandes, Stanley, 32

problemas respiratórios
    restrições das companhias aéreas relacionadas a, 152
    buldogues e, 150-151
    cruzamento consanguíneo resultando em, 149-150
    pequinês e, 155-156
    pugs e, 151
criadores
    recomendações do AKC sobre práticas de criação e, 158
    valor da criação de raças para, 67-68
    descomercialização das raças e, 157-158
    isenção da castração para, 291
    desejo de manter a pureza de uma raça e, 131-134, 163
    variar os cães em termos de forma por, 112
    diversificar os cães para cumprirem certas funções por, 112
    cães como atividade lucrativa para, 158, 159-160
    exposições caninas impulsionando a seleção por, 114
    doenças hereditárias do cruzamento consanguíneo e, 153-154
    falta de regulamentação dos, 68
    cruzamento de linhagem usado por, 153
criações de pequena escala e criadores de quintal como alternativas, 159-160

criação. *Ver também* cruzamento híbrido; cruzamento consanguíneo
    recomendações do AKC sobre, 158
    fundo genético fechado em, 114, 116
    variedade de cães resultantes da, 111-112
    descomercialização das raças para mudanças na, 157-158
    variar os cães em termos de forma na, 112
    diversificar os cães para cumprirem certas funções na, 112
    exposições caninas impulsionando a seleção por, 114
    moda *versus* funcionalidade na, 165
    saúde dos cães como foco da, 156-157, 166
    crescimento populacional de humanos e a necessidade de cachorros e, 159
    seleção natural na, 114, 163
    padrões de. *Ver* padrões da raça
operações de criação de filhotes
    recomendações do AKC sobre, 158
    descomercialização das raças e, 157-158
    cães como proposta de negócios para, 157-158, 159-160
    criações de pequena escala e criadores de quintal como alternativas para, 159

raças, 111-167. *Ver também* cães mestiços; cães de raça pura; *e raças específicas*
evidências artísticas e arqueológicas das primeiras aparições de, 129-130
tipos de coleira relacionados a, 190
debate acerca da raça mais antiga, 127-128
descomercialização, 157-158
desejo de previsibilidade e, 138-139
desejo de manter a pureza das, 131-133
taxas de mordidas por, 146-147
estrelas caninas e popularidade de raças específicas, 125
exposições caninas e a inclusão de uma variedade de, 123-124
primeiros exemplos de, 127
primeira lista com tipos de cão, 130-131
testes genéticos para determinar, 113
imaginar o cão ideal nas, 164-165
cruzamento consanguíneo para características fixas de melhor forma das, 116, 118, 128, 149
restrições legais das, 141-143, 146
problemas de saúde das, 114
nacionalidade das, e nomes dos cães, 41
respostas dos donos às perguntas sobre a raça dos cães, 112
fixação dos donos em saberem, 113

diferenças de reatividade entre as, 139-140
determinação sem confirmação por parte dos abrigos a respeito das, 112-113
padrões das. *Ver padrões das raças*
como status dos donos, 124-125
criação da raça pastor-alemão por Von Stephanitz, 118-119, 133-134, 162
livro de registros genealógicos das, 116
variações entre os cães das, 138-139
padrões das raças
padrões do buldogue como primeiro exemplo de, 120
desenvolvimento dos, 119-120
citações com exemplos de, 111, 114, 118, 126, 131, 137, 139, 147, 149, 156, 161-162, 164
generalizações sobre temperamento e caráter nos, 140-141
doenças hereditárias relacionadas aos, 149, 154, 157
cruzamento de linhagem usado para sustentar os, 153
tamanho e peso especificados nos, 121
procedimentos cirúrgicos para, 231
exemplo do sussex spaniel, 121
simetria e proporções descritas nos, 121-122
British Veterinary Association, 157
spaniel bretão, 131

Índice

bull baiting, 120
buldogues, 116, 120, 122, 123, 190, 191, 199, 220
 cruzamento com outra raça para novas características dos, 118
 doenças hereditárias dos, 149-152
 popularidade dos, 151
bull terriers, 50, 144
Byron, George Gordon, Lord, 31

cairn terriers, 251
loja Canine Styles, 182-183
Carlyle, Thomas, 216
catálogos, 189-191, 192, 195, 196, 197, 198, 201, 205, 207, 209
gatos
 experiência da autora com, 281-285
 Derrida sobre o olhar dos, 213-214
 opinião de Pavlov sobre, 21n
Cavalier King Charles spaniels, 124, 153, 155
cavapoos, 124
Chaplin, Charlie, 222
Carlos V, 189
brinquedos de roer, 174-175
chihuahuas, 118, 123, 126
crianças
 falar com os cães como se fossem, 91-92
 discurso interior das, 108
chimpanzés
 pesquisa de cognição animal sobre, 218
 nomes de Goodall para os, 20

como pessoa legal, 74, 75
 ferramentas feitas e utilizadas por, 217
chow-chows, 123, 143
Cícero, 75
clonagem, 230
 diferenças entre os originais e os filhotes de, 147-148
status de propriedade dos cães e, 70
roupas, para cães, 182-184, 187, 194-196, 306
clumber spaniels, 111, 121
casacos, para cães, 183, 191, 195
cocker spaniels, 121, 146, 191, 231
coleiras, 124, 183, 188-192
collies, 105, 121, 125-126, 134, 139, 140
Universidade Columbia. *Ver também Laboratório Horowitz de Cognição Canina*
 pesquisa com cães no, 232
comandos, 89, 98-100, 138
cães de competição. *Ver* exposições caninas
Conditioned Reflexes (Pavlov), 22
coton de tulears, 70
tribunais
 disputas pela custódia de cachorros nos, 48-52
 punições dos donos dos cães nos, 64-65
Crawford, Cynda, 290
cães híbridos da raça setter, como uma raça, 116

cruzamentos híbridos
  Darwin sobre proles mais saudáveis através dos, 133
  deterioração da raça a partir dos, 133-134
  novas características com o uso de, 154
  redução das doenças hereditárias com o uso de, 154
dogos cubanos, 142
custódia dos cães, disputas no divórcio pela, 48-52

dachshunds, 122, 123, 142, 144, 147, 178, 274
dálmatas, 31, 123, 125, 130, 153, 154
comportamentos perigosos dos cães
  donos multados por, 58
  percepção dos donos sobre, 227-228
  Dangerous Dogs Act (Reino Unido), 143
Darwin, Charles, 57, 215
  expressão emocional dos cães e, 244, 253, 256, 257
  resultados dos cruzamentos misturados e interespecíficos e, 133-134
cirurgia de cordectomia, 231
deerhounds, 123
lojas de departamentos, acessórios caninos nas, 187
Derrida, Jacques, 213-214
Descartes, René, 57, 244
castração, 260-301

efeitos adversos e hormonais da, 277-280, 286-287
idade do cão na, 287
comportamento agressivo e, 280
considerações da autora sobre a prática da, 270, 300-301, 290-292, 298-301
efeitos comportamentais da, 280, 296
redução do sexo pela, 261
isenção da castração para criadores, 300
abordagem específica para a raça na, 269-270
leis das cidades para os pit bulls, 269
clínicas dedicadas à, 265
descrição da, 261
desaprovação dos donos que mantêm seus cães intactos em vez de, 263
necessidades biológicas dos cães *versus*, 292
ponto de vista do cão levado em consideração na, 298-299, 300-301
abordagem europeia sobre a, 274-276
índices de eutanásia e, 265, 270-272
exceções na lei para, 296-298
justificativa da saúde para, 268, 269, 279-280, 286, 287, 296
superpopulação de cães abandonados como justificativa para, 265-266

leis de, 264-265, 267-268, 288
política de Los Angeles sobre a,
    267-268, 296
taxas de mortalidade da, 281, 285
obesidade e mudanças no metabolismo a partir da, 274-275
linguagem dos donos para a,
    261-262
sensibilidade dos donos e a necessidade de, 295-296, 298-299
controle populacional como justificativa para a, 265-266, 267-269, 270, 272
opinião pública sobre a, 271
justificativa da segurança pública para a, 269-270
programas de apoio dos abrigos para instruir donos de cães sobre a, 287-289
regras dos abrigos para a, 264, 265, 272-273, 280
esterilizantes como alternativa para a, 286-287
concessões e riscos da cirurgia de, 281-282
implante testicular e, 294-295
compreendendo as consequências para os cães, 277-278
divulgação dos veterinários, 264, 284, 285
grande difusão da, 263
Dickey, Bronwen
    sobre o cruzamento híbrido, 118
    sobre criação de cães com pedigree, 132
    sobre pit bulls, 144, 145
Diógenes, 216
divórcio, disputa pela custódia dos cães no, 48-52
Dobbs, Clara L., 118
dobermans, 116, 141, 143, 231, 279
Doutor Dolittle, 90
camas para cachorros, 106, 185, 187, 193-194, 200
biscoitos caninos, 202-204, 205, 207-208
botas para cachorros, 196, 211
tigelas para cachorros, 185, 201, 206
Laboratório de Cognição Canina.
    Ver Laboratório Horowitz de Cognição Canina
pesquisa de cognição canina, 82-83, 216, 218-219
Dog Fancier (revista), 133
rinha de cães, 232-233
alimentos caninos, 187, 200-210
dicas e instruções para os donos sobre como usar, 207-208
desenvolvimento do biscoito e, 201-203
alegações para, 203-205
conteúdo dos, 206
recomendações de saúde para, 208-209
como ração, 200-201, 205
obesidade e os padrões de alimentação dos donos, 274-275
petiscos e, 203

casinhas de cachorro, 192-193
relação cão-homem, 9-15
contradições sobre o lugar do cão na sociedade e, 13
curso da vida dos seres humanos transformado pela, 10
cão como melhor amigo do homem, 176
cães como o centro da, 9-10
contato visual na, 11
impacto nos donos e nos cães, 317
magia da, 14-15
observações sobre o comportamento canino refletido no comportamento humano na, 12
pesquisas com os cães sobre a, 10-11
Dog Owners' Annual, 135
recolhimentos caninos, 266-267
exposições caninas
    decisões na seleção da criação motivadas pelas, 112-113
    raças incluídas nas, 123-124
    competitividade para os prêmios e trapaças nas, 122-123
    cães híbridos da raça setter como categoria nas primeiras exposições, 116
    desenvolvimento dos padrões das raças para as, 120-121
    propagandas dos alimentos caninos e, 204
    primeiros exemplos de, 119-120
    desenvolvimento das regras dos kennel clubs para as, 123
popularidade das raças puras e, 119
exceção da castração para, 297-298
coisas de cachorro, 181-211
roupas, 182-184, 187, 195-196
coleiras, 124, 183, 188-192
alimentos caninos, 187, 200-211, 274-275
perfumes, 183-184
móveis e camas, 187, 192-194
tosa e banho, 196-197
miscelânea, 198-200
propriedades dos cães, 182-183
número de, em um lar típico, 184-185
lojas de artigos esportivos e de departamentos com linha própria de, 187
brinquedos, 187, 197-191, 210-211
Dogs Trust, 155
dogue-de-bordéus, 161-162
Druzhok (o cachorro de Pavlov), 21-22

conchectomia, 231
programas educacionais, para donos de cachorros, 287-288
Egito Antigo, 129, 188
emoções dos cães, 243-257
cães nos filmes e, 250-252
"olhar de culpa" e, 254
tentativas dos seres humanos de interpretarem as, 253-257
"ciúme" e, 255

estudos médicos e psiquiátricos
   sobre, 246-247
observar os cães para, 243-246
pesquisas e, 246-250
Inglaterra. *Ver* Reino Unido
buldogues ingleses, 149, 190
pugs, 121
setters ingleses, 32
etologia, nomeação de animais na, 19-20
eutanásia
   por morder, 227
   excesso de cães recolhidos e, 267
   evolução dos métodos utilizados para a, 267
   de cães saudáveis (conveniência; férias), 53
   política de castração e índices de, 266, 270-271
Evans, Mark, 155
experimentos, status de propriedade dos cães em, 68-70
olhos
   descrição das raças sobre os, 121, 149, 150, 156
   relação cão-homem e contato através dos, 12, 218-219
   concentrar a atenção sensorial ao apertar os, 178
   capacete de piloto de dirigível para os, durante viagens de carro, 200
   cruzamento consanguíneo e problemas com os, 153
   tamanho do focinho e o impacto na visão e nos, 82-83
   preferências por cães com base no tamanho dos, 171, 223
membros da família
   nomes caninos baseados em nomes de, 37-38
   relacionamento dos cães com, 78-79
   importância familiar, 50
   custódia do cão no divórcio e, 48-49, 50-51
   percepção das pessoas sobre os cães e, 52
animais de fazenda
   biscoitos para, 201-203
   cruzamento consanguíneo de, 117
   pessoas falando com os, 89
   status de propriedade dos, 62, 225
   exposições de exemplares com pedigree entre os, 119
Dog fashions for, 122
Favre, David, 63, 65, 76, 77, 79, 80, 83
FBI, 65
Finnegan (Finn), 68
   processo de adoção, 289-290
   vida em família da autora e, 78-79
   autora falando com, 92-93
   mistura de raças de, 113
   características distintivas de, 137
   coisas de cachorro (propriedades) de, 184
   emoções de, 245

escolha do nome de, quando filhote, 44
apelidos de, 17-18
outras pessoas falando com, 90
brinquedos de, 78-79, 184-185, 211
fonte de alimento, cachorros como, 233
teste do nado forçado, 249-250
foxhounds, 30, 31, 117, 123
fox terriers, 115, 130
perfumes para cachorros, 183-184
Francione, Gary, 57, 72-73
buldogues franceses, 106, 150, 151, 190
Fudge, Erica, 105, 224
Fuller, John, 146
acessórios, para cachorros, 48n, 184, 192-193, 201
móveis, para cachorros, 185, 187, 192-194
Fyt, Jan, 130

fundo genético, na criação, 114, 116
genética
problemas na identificação das raças e falta de compreensão da, 145-146
clonagem e, 147-148
diferenças entre raças e, 139-140
doenças hereditárias a partir do cruzamento consanguíneo e, 149-156, 298, 299-300
ligação entre cães e lobos e, 172
testes genéticos, para determinação da raça, 113

pastores-alemães, 191, 262, 279
estátua no AKC, 115
banimento de, 143
doenças hereditárias em, 152-153
filmes com, 125
coluna de jornal sobre a nomeação de, 42
clube para os donos de, 276
criação da raça por Von Stephanitz, 118-119, 133-134, 162
como raça de trabalho, 165
bracos alemães de pelo curto, 149
goldendoodles, 124
golden retrievers, 140-141, 162, 221, 279
Goodall, Jane, 20, 21, 217
setters gordon, 119-120
dogue alemão, 113, 123, 126, 153, 199, 231
cães da montanha dos Pireneus, 126
Grécia Antiga, 22, 56, 216, 252
greyhounds
como raça, 123, 127
coleiras usadas por, 195
dog cakes para, 203
em pinturas, 130
nomes de corrida para, 25
dormindo com seu mestre na cama, 192
contos galeses sobre, 252
Grier, Katherine, 132
sobre lojas de departamentos vendendo itens para cães, 187
sobre os pet shops do século XIX, 186-187

operações de criação de filhotes, 158
sobre regulações das operações de criação, 160
tosa e banho, 196-197
Gruen, Lori, 307
cães de guarda, 58, 129, 131, 186, 189
olhar de culpa, nos cães, 254

fantasias de Halloween, 306
Hart, Benjamin, 277, 278, 279, 280, 285-286, 237
Hartsdale Pet Cemetery, Hartsdale, Nova York, 32-33
saúde dos cães
  efeitos hormonais adversos da castração na, 278-279, 286
  justificativa da castração relacionada à, 268, 269, 280, 285-286, 287, 296
conselhos dos alimentos caninos, 204, 207, 208-209
como foco da criação, 156-157, 166
doenças hereditárias do cruzamento consanguíneo e, 149-156
Hediger, Heini, 309
Henrique, terceiro conde de Lencastre, 192
cães de pastoreio, 131, 140, 153
cães desabrigados. *Ver* cães abandonados
Horand (cão), 119
Laboratório Horowitz de Cognição Canina, Barnard College, Universidade Columbia
panorama do, em números, 237-241
práticas de nomeação, 23-25
hounds, 123, 130. *Ver também raças específicas*
relação homem-cão. *Ver* relação
cães de caça, 29, 31, 94, 118, 128, 129-130, 131, 190, 203, 314. *Ver também raças específicas*

Ikea, 66
cruzamento consanguíneo
uso dos criadores, 154-155, 298
fundo genético fechado no, 114, 116
descomercialização dos cães para mudanças no, 157
desejo de manter a pureza de uma raça usando, 133
documentário sobre, 155-156
pastor-alemão como primeiro exemplo de, 133-134
características fixas para manter a melhor forma usando, 117-118, 128, 149
doenças hereditárias do, 149-156, 298, 299-300
heterozigose para reduzir os problemas do, 153-154
problemas resultantes do, 154-155
discurso interior das crianças, 108
cães de Instagram, 106
setters irlandeses, 163, 247
terriers irlandeses, 123, 191

cães d'água irlandeses, 121n, 145, 156
Ilha dos cachorros (filme), 303

jack russell terriers, 181-182
ciúme, nos cães, 255

Kagan, Shelly, 291, 300
Kant, Immanuel, 57
Kennel Club (Reino Unido)
regras das exposições caninas e, 123
pesquisa sobre cruzamento consanguíneo no, 155, 156
cães resgatados e, 136-137
kennel clubs. *Ver também* American Kennel Club (AKC); Kennel Club (Reino Unido)
regras das exposições caninas desenvolvidas por, 123
livros de registros genealógicos mantidos por, 116
Kerasote, Ted, 263, 278
King, Tammie, 165
Kvam, Anne Lill, 276-277

labradores mestiços, 113, 146, 289
labradoodles, 67, 163, 172
labradores retrievers, 49, 125, 129, 178, 233, 274, 279, 306n
linguagem usada com os cães
vozinha de bebê na, 91-92
retratos ficcionais da, 90
discurso interior das crianças na, 108

atitude do dono mostrada na, 314-315
responsabilidades da, 314-315
Lassie, 205
leis e legislação
estatutos contra a crueldade animal, 48, 59, 63-66
leis de bem-estar animal, 59-61
criadores não regulamentados sob, 67
restrições específicas para raças nas, 141-143, 146-147, 269
disputas pela custódia dos cães no divórcio e, 48-52
donos multados pelo comportamento dos cães, 57-58
status moral dos animais e, 72-73
cães de focinheira sob, 191
individualidade pessoal para animais e, 74-76
regulação de pet shops sob, 160, 161
pit bulls sob, 143-145
punições de donos nos cães sob, 64
leis de castração nas, 264, 267-270, 288
bem-estar do cão considerado nas, 79
Leakey, Louis, 217
desamparo aprendido, 247-249
Levinas, Emmanuel, 225
Life (revista), 143
cruzamento de linhagem, 153-154

Linnaeus, Carl, 131
propriedade viva, conceito, 76-78, 79-80
Lofting, Hugh, 90
Lorenz, Konrad, 223
Los Angeles, lei de castração em, 267, 268, 296

Maddie's Shelter Medicine Program, Universidade da Flórida, 163, 290
Malcolm, Harry, 121
maltipoos, 160
Marjoribanks, Dudley Coutts, primeiro barão de Tweedmouth, 162
valor dos cães como mercadoria, 68
mastiffs, 122, 123, 127, 130, 142, 164
McCaig, Donald, 109
McDonald, Helen, 224
Mesopotâmia, 189
metabolismo, e castração, 274
Michelson, Gary, 286
animais no espelho, 213-235
antropomorfismo e, 224-225
natureza contraditória dos, 229-230
Derrida sobre o olhar de sua gata e, 213-214
cognição canina e, 215-216, 218-219
ações dos cães similares às ações dos donos, 223
mau comportamento dos cães e, 225-228
narcisismo humano e, 221-222
fotos dos cães associadas com seus donos e, 220-221
lado aspirante dos donos refletidos por, 219-220
natureza paradoxal do tratamento aos cães, 230-234
personalidade de cães e donos combinam, 222
confecção de ferramentas e o uso por animais e, 216-217
cães mestiços. *Ver também* vira-latas
problemas na identificação das raças com, 145-146
testes genéticos para avaliar a linhagem de, 113
reputação negativa de, 134-137
determinação sem confirmação por parte dos abrigos, para determinar a linhagem das raças, 112-113
Molassine, alimentos caninos, 203, 204
vira-latas
  cruzamentos híbridos resultando em, 133-134
  como primeira raça, 127-128
  significado do termo, 135
  reputação negativa dos, 133-137
macacos
  pesquisa de cognição animal em, 218
  nomeação dos, em pesquisas, 22
monges de New Skete, 64

taxas de mortalidade
  clonagem e, 70
  cirurgia de castração e, 281, 284
  filmes, cães em, 125, 250-253,
    303-304

focinheiras, 189, 191
nomes, 17-45
  regras do American Kennel Club
    para, 30-32
  uso pelos baribas, para a comunica-
    ção com vizinhos, 26-27, 104
  cuidados tomados com os, 36
  mudar ou manter o nome dos cães
    de abrigo, 42-43
  Laboratório de Cognição Canina,
    prática de uso de, 23, 24, 25
  comportamento do cão ou aparên-
    cia como base para os, 41
  reconhecimento do próprio nome
    pelo cão, 23
  exemplo de falta de nome, 94
  explicações de como os donos deci-
    dem os, 37-38
  nomeação dos chimpanzés por
    Goodall, 20-21
  orientações dos especialistas sobre
    os, 28
  nomes humanos usados para, 38-39
  comportamento humano para no-
    mear, 18-19, 25
  pesquisa informal sobre, durante os
    passeios com cães, 34
  coluna de jornal sobre, 33-34, 42

século XIX, 29-30, 31-32
de cães que não são de estimação,
  24-25
nome de Pavlov para seu cão, 21
cemitério para cães, exemplos de,
  32-33
provérbios como base dos, 26-27
filhotes se acomodando aos nomes,
  45
reflexo dos donos visto nos, 36-41
macacos de estudo nomeados, 22
uso dos nomes em publicações de
  pesquisas, 23-24
prática da ciência de não usar
  nomes de animais individuais,
  19-23
como indicador de alguma coisa
  entre humanos, 25-26
títulos usados nos, 43-44
pesquisa no Twitter sobre os, 35-36
singularidade dos, 39-40
seleção natural, 114, 163
mastim napolitano, 164
neurociência, prática de nomear os
  macacos na, 22
castração. *Ver* Neuticles, 294-295
monges de New Skete, 64
Nova York
  proibição de cães em restaurantes
    de, 141
  *padrões das raças como status dos
    donos*, 124-125
  lei de castração para superpopu-
    lação de cães abandonados
    em, 269

primeiros recolhimentos caninos para cães desabrigados em, 266-267
pet shop em, 186, 187
raiva em, 142, 266
clínica de castração em, 265-266
estado de Nova York
estatutos contra a crueldade animal em, 62-63, 63-64
leis de bem-estar animal em, 59-60
New York Times
artigo sobre a preparação dos cães para o inverno, 66
coluna (1985) sobre os nomes dos cães no, 33-34, 42
sobre a raça spitz, 141-142
Nonhuman Rights Project, 74
Noruega, política de castração na, 275-277, 286, 291-292

Nussbaum, Martha, 310, 311
Oberbauer, Anita, 295-296
obesidade, em cães, 274-275
observação de cachorros
emoções caninas vistas na, 243-245
pesquisa do Laboratório Horowitz de Cognição Canina e, 238-239
hipóteses a partir da, 169-179
ouvindo o que as pessoas dizem aos seus cães, 88, 90, 93, 95-97, 98-102, 103, 104, 107, 108-109

obesidade nos cães e, 274-275
Olbermann, Keith, 35
old english sheepdogs, 125
poodles, 124
Otto, Cindy, 278, 297
Exogamia. *Ver também* cruzamentos híbridos
Darwin sobre proles mais saudáveis por meio dos, 133
redução das doenças hereditárias com o uso de, 154
Ovídio, 29
donos
animalidade dos cães e, 316
Vínculos com cães. *Ver* união
Raça relacionada ao status de, 124-125
enterro ao lado dos animais em cemitérios para animais de estimação, 32
coleiras mostrando a posse dos, 189
desconforto com a vida sexual dos cães, 261-262, 292
acessórios caninos indicando o status dos, 210
ações dos cães similares às ações dos donos, 223
cão como melhor amigo do homem, 176
nomes dos cães como reflexo dos, 36-38
programas educacionais para, 287-288

permitir uma existência digna para o cão, 310-311
pesquisa sobre o comportamento dos, Laboratório Horowitz de Cognição Canina, 240
isolamento dos cães pelos, 309-310
fotos dos cães associadas com, 220-221
personalidade de cães e donos combinam, 222
previsibilidade de cães e, 137-138
ser dono de um cão, coleiras mostrando, 188
ser dono de um cão, 47-85
estatutos contra a crueldade animal e, 48, 58-59, 62-66
leis de bem-estar animal e, 58-61
clonagem de cães e, 70
disputas sobre a custódia dos cães no divórcio, 48-52
cães como objetos e, 66-67
falta de direitos dos cães, 47-51
importância familiar dos cães e, 47, 50, 52, 73
status de propriedade dos cães. *Ver* status de propriedade dos cães

uso de cães em pesquisas e, 68-70
pinturas, cães em, 129-130
Pape, W. R., 120
Pavlov, Ivan, 21-22
cães com pedigree
   reconhecimento do AKC e listagem de, 123-124

exposições caninas para. *Ver* exposições caninas
doenças hereditárias em, 149-156
cruzamento de linhagem usado em, 153
Pedigree Dogs Exposed (documentário), 155-156
pequinês, 31, 155-156
Penn Vet Working Dog Center, Filadélfia, 275, 297
individualidade pessoal para animais, 74-76
pessoas, cães como, 172
cemitérios para animais de estimação, exemplos de nomes em monumentos de, 32-33
Pet Dealer (revista), 187
indústria dos animais de estimação
início da, 185-186
sentimentos dos donos pelos cães e, 210
variedade de coisas de cachorro disponíveis na, 187
dicas de adestramento e instruções oferecidas pela, 208-210
pet shops
   roupas nos, 182-183, 187, 194-196
   coleiras nos, 124, 183, 188-192
   alimentos caninos nos, 187, 200-210
   conhecimento geográfico dos cães para encontrar os, 182
   primeiras lojas de acessórios para animais de estimação, 186

perfumes nos, 183-184
móveis e camas nos, 187, 192-194
tosa e banho nos, 196-197
miscelânea nos, 198-200
ruídos e cheiros dos, 186
sites dos, 182-183
variedade de coisas de cachorro nos, 182
restrição dos, 160, 161
brinquedos nos, 187, 197-198, 210-211
pit bulls, 112, 143-145
cruzamento híbrido dos, 118
leis de castração dos, 269
cães classificados incorretamente como, 144-145
legislação sobre, 144-146
popularidade dos, 124, 143-144
como uma "casta social" dos cães, 144-145
Platão, 216
plott hounds, 113
pointers, 119, 120, 123, 139, 154, 309n. *Ver também raças específicas*
cães policiais, 296
lulu-da-pomerânia, 178, 191
poodles, 123, 124, 126, 191, 220
controle populacional, como justificativa para a castração, 264, 267-269, 270, 272
serviços de recolhimento, 266-267. *Ver também* abrigos
status de propriedade dos cães

estatutos contra a crueldade animal e, 64-65
valor da raça como mercadoria e, 67
clonagem de cães e, 70
desenvolvimento dos padrões das raças para definir, 119-120
disputas pela custódia dos cães no divórcio e, 48-49
cães como objetos e, 66-67
evolução do sistema jurídico e, 54-56
donos multados pelo comportamento dos cães e, 58
conceito de propriedade viva e, 76-78, 79
valor dos cães como mercadoria relacionado ao, 68
status moral dos animais e, 72-73
status de propriedade dos animais de fazenda estendidos ao, 62
uso de cães em pesquisas e, 68-70
tratamento dos cães e, 53-54, 62
provérbios, nomes com base em, 26-27
segurança pública, como justificativa para a castração, 268-270
pugs, 122, 123, 127, 151, 153, 164, 300
Pumpernickel, 221
raça mestiça de, 113
coleira usada por, 188
punição dos donos aos cães, 64
dos donos sob estatutos contra a crueldade animal, 63-64, 80

reação dos cães "envergonhados" à, 305-307
filhotes
  acomodando-se aos nomes, 45
  castração de. *Ver* castração
fábricas de filhotes
  recomendações do AKC sobre as, 158
  descomercialização dos cães para mudanças, 157-159
cães de raça pura
  coleiras adequadas para, 190-191
  desejo de manter a pureza dos, 131-134, 163
  cães como produtos na criação de, 157-158, 159-160
  exposições caninas e a popularidade dos, 119
  primeiro pastor-alemão como exemplo de, 118-119, 133-134
  histórias inventadas para elevar a superioridade dos, 127-129
  testes genéticos para verificar a raça dos, 113
  saúde dos cães como foco da criação de, 156-157, 166
  importação de, no período entre guerras, 185-186
  cruzamento consanguíneo para características fixas de melhor forma dos, 117-118, 127, 149, 298
  significado do termo, 127
  problemas de saúde dos, 114

natureza paradoxal da abordagem dos humanos em relação aos, 229-230
criações de pequena escala e criadores de quintal como alternativas para, 159
livros de registros genealógicos para, 116
Purina (marca de alimentos caninos), 207, 209

perguntas, ao falar com os cães, 101-102
catálogo da Q-W Dog Remedies and Supplies, 190, 209

raiva, 58, 142, 266
Rembrandt, 130
pesquisas
  emoções dos animais vistas em, 246-250
  teste do nado forçado em, 249-250
  Laboratório Horowitz de Cognição Canina e, 237-241
  nomeação de macacos em, 22
  natureza paradoxal do tratamento dos cães em, 231-232
  prática de não usar nomes individuais em, 19-21
  status de propriedade dos cães em, 68-70
  uso dos nomes de animais em publicações de pesquisas, 23-24

estudos de Seligman sobre desamparo aprendido dos cães em, 247-249
rhodesian ridgebacks, 152, 153
Rin-Tin-Tin, 205
Ritvo, Harriet, 120, 122, 128
Rollin, Bernard, 53, 299
Roma Antiga, 54, 56, 74-75, 188
Roosevelt, Teddy, 143
rottweilers, 141, 142-143, 231

Safire, William, 33-34, 42
são-bernardo, 142, 233, 279, 309n
Sandøe, Peter, 132, 159, 281, 292, 294
Schultz, Alfred P., 134
ciência. *Ver também* pesquisa
prática de não usar nomes individuais em, 19-21
terriers escoceses, 198
Scott, John, 146
Scott, Sir Walter, 31
Scully, Matthew, 55
criação seletiva. *Ver* criação
Seligman, Martin, 247-248
Serpell, James
  sobre raças agressivas, 146-147
  sobre motivação dos animais de estimação, 224-225
  sobre o comportamento natural dos cães, 81-82
  sobre rottweilers, 142
  sobre descrever raças como perigosas, 227-228

sobre o tratamento dos cães pelo povo indígena Yurok, 94
setters, 30, 115, 116, 119-120, 121, 123, 130. *Ver também raças específicas*
vida sexual dos cães
  Ackerley sobre cães urbanos e, 262
  desaprovação dos donos que mantêm seus cães intactos, 263-264
  necessidades biológicas dos cães e, 291-292, 294-295
  silêncio dos manuais de adestramento e de como cuidar de um cachorro sobre a, 292
  desconforto dos donos com a, 261, 292-294
  castração dos cães e a. *Ver implantes testiculares após a castração e*, 294-295
Shakespeare, William, 127
Sharp, Lesley, 22
shar-peis, 116
sheepdogs, 121, 125, 165
cães de abrigo (cães resgatados)
  como alternativa para os criadores comerciais, 160-161
  decisão dos donos de manter ou mudar o nome original dos, 42-43
  restrições dos pet shops a favor da venda de, 160, 161
  Kennel Club do Reino Unido sobre, 136

abrigos. *Ver também* serviços de recolhimento
adoção como alternativa às práticas de criação, 159
determinação da raça sem confirmação por parte dos, 112-113
nomes de raças usados para aumentar os índices de adoção em, 112
animais castrados em, 264, 272
índices de eutanásia reportados por, 270
adoção de Finnegans, 289
crescimento populacional de seres humanos e a necessidade de cães e, 159
impacto do sistema de abrigos nos, 272-273
movimentação dos cães entre os abrigos para adoção, 271
programas de apoio para donos de cães por, 287-288
política de castração dos, 264, 265, 272, 299
shih tzus, 124, 183
exposições. *Ver* exposições caninas
husky siberiano, 145
skye terriers, 123
sloughis, 114
Smith Dog Biscuits, 202
sociedade, contradições sobre o lugar dos cães na, 12-14
spaniels, 31, 119, 123, 127, 130, 134, 205, 309n. *Ver também raças específicas*

espécie, direito de dar nome à, 18
padrões de discurso, ao falar com os cães, 91-92
spitz, 141-142
esportes
cães de competição, 297-298
nomes de cães retirados de, 37
raças esportivas, 123
lojas de artigos esportivos, acessórios caninos em, 187
Spratt, James, 202, 203, 204, 206, 207
staffordshire bull terriers, 144
leis estaduais. *Ver* leis e legislação
status dos donos
raças relacionadas ao, 124-125
acessórios caninos indicando, 210
esterilizantes, como alternativa à castração, 286-287
cirurgia de esterilização. *Ver* castração
Stone, Christopher, 75
lojas. *Ver* pet shops
cães abandonados
ter um cão na Europa e a falta de, 276-277
recolhimentos caninos, 266
relacionamento dos seres humanos com, 260
como justificativa para a castração, 265-266
como ameaças à segurança pública, 269
políticas de castração em, 270, 285-286

Streisand, Barbra, 70
livros de registros genealógicos,
    30–31, 116
procedimentos cirúrgicos
para os padrões das raças, 147
para castração. *Ver* castração
sussex spaniels, 121
suéteres, para cães, 54, 88, 183, 191,
    200

caudectomia, 231
falar com os cães, 87–109
tratar os cães como crianças (vozinha de bebê) ao, 90–92
noção bíblica de domínio refletida na linguagem usada ao, 89
categorias de conversas caninas ao, 95
categoria Time dos Torcedores ao, 97–98
comandos ao, 89, 98–99
comentários sobre tentar compreender o cão ao, 97
preocupação sobre os cães responderem ao, 93–94
o reconhecimento dos cães do próprio nome ao, 23
o silêncio do cão preenchido pelo roteiro do dono ao, 105–106
retratos fictícios ao, 90
categoria Perguntas Para Sempre Sem Resposta ao, 101
saudações aos cães e aos seus donos, 104
falas dos cães de Instagram e, 106
categoria Instruções ao, 97–100
ouvir a própria conversa com os cães, 102
ouvir o que as pessoas falam com os cães quando ninguém mais está por perto, 88, 90, 93, 94–100, 101, 102, 104, 107, 109
ouvir o que as pessoas falam com os cães quando outros estão ouvindo, 102–104
amor dos donos pelos cães expresso ao, 109
categoria Comentários Maternos ao, 96–98
conteúdo que não faz sentido ao, 109
diálogo criado pelo dono para os cães ao, 106–108
previsibilidade, 87–88
repetição ao, 92, 97, 100
falar com animais de fazenda como predecessor a, 88–89
falar com parentes humanos por meio da conversa com os cães, 26–27, 102–103
presença por toda parte, 94
vocabulário e falas telegrafadas usadas ao, 92
voz e tom de voz usados ao, 91–92
exemplos de mulheres *versus* homens ao, 96
falar com humanos
    por cães, 179

falar com os cães como substituto de, 27, 104-105
Tannen, Deborah, 104-105
Terhune, Albert Payson, 134
terriers, 116, 118, 122, 123, 129, 139, 196. *Ver também raças específicas*
implantes testiculares, 294-295
Thomas, Keith, 56
Todd, Zazie, 151
poodles toy, 191
brinquedos, 78
preferência dos cães por brinquedos de roer, 174-175
lojas para cães com, 187, 197-198, 210-211
posses de Finn, 184-185
variedade de, em um lar típico, 184
trens, e viagens de animais de estimação, 66-67
petiscos, para cães, 182, 203, 210, 255, 274
Tsang, Vivien, 63
Tweedmouth, Dudley Coutts Marjoribanks, primeiro barão, 162

Kennel Club do Reino Unido. *Ver* Kennel Club
Reino Unido
legislação específica por raça no, 142-143
falta de regulamentação dos criadores de cães no, 67-68
tratamento dos donos de cães durante a crise de raiva no, 58

vivissecção no, 69
Universidade da Flórida, Maddie's Shelter Medicine Program, 163, 290
Upton, 221
vida em família da autora e, 78-79
mistura de raças de, 113
comportamentos distintivos de, 137-138
escolha do nome de, quando filhote, 44-45
falando com, 93
brinquedos de, 79, 210-211
USDA (Departamento de Agricultura dos Estados Unidos), 232

valor dos cães
criação e, 67-68
valor como mercadoria, 68
van Eyck, Jan, 129-130
veterinários
clínicas dedicadas à castração e, 266
castração e, 264-265, 284, 285, 288
Vick, Michael, 232-233, 263
vivissecção, 69
vocabulário, ao falar com os cães, 92-93
vozes, ao falar com os cães, 92-93
von Stephanitz, Max, 118-119, 133-134, 162
Vygotsky, Lev, 108

País de Gales, número de criadouros
  no, 67
Walter B. Stevens & Son, 197
welsh springer spaniels, 118
White, E. B., 9-10
Wise, Steven, 74, 75
wolfhounds, 122
lobos
  arqueologia sobre a ligação entre
    cães e, 172
  a cabeça dos cães comparada com
    a dos, 150
  domesticação, e formação de laços
    com filhotes, 162
  o impacto da domesticação nos,
    10, 172, 260, 298-299
Wysong (marca de alimentos caninos), 206

Xenofonte, 28
Xoloitzcuintle, 128

yorkshire terriers, 123, 151, 160
povo indígena Yurok, 94

Zawistowski, Stephen
  sobre ter um animal na Europa,
    276
  sobre o cruzamento consanguíneo
    de buldogues, 149
  sobre cruzamento híbrido, 154
  sobre cruzamentos de modo
    informal, 117
  sobre a necessidade de mais cães e
    criações de quintal em pequena escala, 159-160
  sobre o número de cães sacrificados, 271
  sobre a criação de cães com pedigree, 163
  sobre castrar antes da adoção,
    265-266, 272
zoológicos, 309-310

Este livro foi composto na tipografia Minion Pro,
em corpo 12/16, e impresso em
papel off-white no Sistema Cameron da
Divisão Gráfica da Distribuidora Record.